建筑师与设计师视觉笔记

本书旨在鼓励视觉表达，其理念基于这样一种观点，即视觉修养与文字修养同等重要。为了开拓表达视觉信息的能力，全书用实例说明了如何像记录文字信息那样来记录视觉信息。这些实例说明，记录视觉形象如同记录文字笔记，所不同的在于视觉记录的内容主要是图形而不是文字。

本书内容包括引言、视觉记录指导、视觉日记、视觉笔记选、工具和技巧以及结语等六大部分。本书可供广大建筑师、设计师、建筑与美术院校师生及广大美术爱好者学习参考。

建筑师与设计师视觉笔记

[美] 诺曼·克罗　保罗·拉索　著
吴宇江　刘晓明　译

中国建筑工业出版社

著作权合同登记图字：01-1999-0201 号

图书在版编目（CIP）数据

建筑师与设计师视觉笔记/（美）克罗（Crowe，M.），（美）拉索（Laseall，P.）著；吴宇江，刘晓明译．北京：中国建筑工业出版社，1999

书名原文：Visual Notes for Architects and Designers/Published by Van Nostrand Reinhold

ISBN 978-7-112-03721-6

Ⅰ．建… Ⅱ．①克… ②拉… ③吴… ④刘… Ⅲ．建筑-视觉 Ⅳ．TU114

中国版本图书馆 CIP 数据核字（1999）第 01974 号

责任编辑：张惠珍　董苏华

建筑师与设计师视觉笔记
［美］诺曼·克罗　保罗·拉索　著
吴宇江　刘晓明　译

*

中国建筑工业出版社出版、发行（北京西郊百万庄）
各地新华书店、建筑书店经销
北京建筑工业印刷厂印刷

*

开本：787×1092毫米　1/16　印张：$13\frac{3}{4}$　字数：300千字
1999年4月第一版　2012年9月第三次印刷
定价：**46.00**元
ISBN 978-7-112-03721-6
(17811)

自　序

当此书尚在编写之时，勒·柯布西耶的速写手稿已经出版了。这位后来成为20世纪最有影响的建筑师所作的笔记，就是我们想努力达到的例子。显然，这些手稿表达了作者的热情、强烈的好奇心、探索的精神以及聪明才智。这些手稿提供了思想与图像之间相互激发而产生灵感的实例。

勒·柯布西耶的手稿也许会吓住一些人，因为这些人怯于把自己与有名望的艺术家来作比较。但是，如果仔细阅读他的旅行笔记的话，就会消除这种担忧。勒·柯布西耶的手稿本身谈不上有什么优美之处，仅仅是些记录。作者并不打算让它们具有很好的视觉效果，也不想让人看了之后而趣味盎然。这些手稿都是草图，非常潦草，有的图重叠在一起，有的则被划掉，有的甚至很难理解，因为这些手稿乱得只有作者本人能看懂。那么，这些画稿及其潦草的文字为什么会有其内在的实用价值呢?如果仔细阅读这些手稿，就会发现它们是充满了思想的。勒·柯布西耶的笔记与其说是企图再创造出视觉的真实，勿宁说是记录了一些体现普遍原则的，或仅仅是一些有用的观察结果的特征。视觉笔记就像人们上课、听报告和读书时所作的笔记一样，是从整体中提炼出来的，可以独立存在的，具有自身生命的意匠。

《建筑师与设计师视觉笔记》一书旨在鼓励视觉修养，其理念基于这样一种观点，即视觉文化(这里文化的含义包括敏锐性和表达能力两者——译者注)与文字修养同等重要。为了开拓表达视觉信息的能力，我们用实例来说明如何像记录许多文字信息那样来记录视觉信息。这些实例说明，记录视觉形象如同记录文字笔记，所不同的在于视觉记录的内容主要是图形而不是文字。

我们希望本书将使人们认识到画符号性草图的方法既实用又方便。经常会有人劝我们不要再画任何东西了，因为除非我们具有某些艺术天赋，否则，我们用画作的记录是没有用的。然而，另一方面，经常会有人鼓励我们在写信、听讲座或起草报告时作文字记录，其原因就在于我们并非是卓有成就的作家。我们承认文字记录很有用，但我们并不为别人很强的文字能力所吓倒，因为，我们并不期望我们的记录文笔极佳。我们所期望的是记录清晰、准确，但不必漂亮。假如我们对视觉表达抱有同样态度的话，我们就能掌握同样有趣而且有用的方法。这种方法能补足我们在其他领域的实力，并使我们更加了解自身以及周围的世界。

本书可使任何希望掌握符号绘图方法的人们通过仔细阅读书中实例，以及毫不犹豫地投入其中而达到目的，这就是说，开始按照实例的说明去做。

由于我们俩人都是建筑师，所以，我们侧重于引用本专业的实例。我们认为本专业的实例能说明普遍的原则。因为大多数人通过日常的经验而熟悉城镇和建筑，所以，由建筑师看中而提供的城镇和建筑实例，易于让人接受。此外，我们还收集了一些其他令人感兴趣领域如音乐、文学、工程、科学和旅游领域的实例。这些例子说明在记录信息、解决问题和加深理解方面，视觉记录的用途很广泛。

我们写本书的目的是为了满足一种需求，而此需求尚未有其他资料可满足。建筑业和其他领域的从业人员和学生们，都需要收集视觉信息。我们一直是通过实地调研和国外学习活动来指导大学生的学习。我们在实地调研时与许多外专业的专家一块工作，我们发现干劲十足的建筑师、植物学家等专业人士都尽一切力量去了解一系列复杂的现状条件并随时记下他们的个人感受，以备日后参考。正是在这方面，我们已在《建筑师与设计师视觉笔记》一书中强调：记录视觉信息的能力将有助于人们在这个丰富而复杂的世界中提高和扩大其自身的知识、理解和作用。

诺曼·克罗、保罗·拉索

致　谢

我们衷心感谢朱迪思·迪梅约、理查德·韦斯利和杰克·怀曼阅读了本书初稿，并耐心地提出建议。我们特别感谢所有为第4章供稿的作者，他们的手稿极大地增强了本书的真实可靠性。最后，我们还要感谢许多其他朋友，感谢他们乐于和我们一块讨论本书的议题，并提出许多新颖的观点、信息和灵感。因而，这些内容我们才能以文字和图形的方式体现在本书各章节之中。

目　录

1 引 言

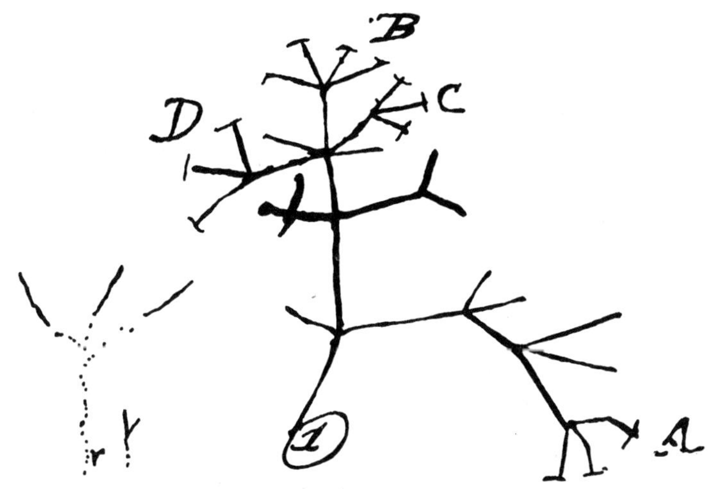

图 1-1 查尔斯·达尔文（Charles Darwin）的树形图，代表了可追溯的生物学物种的进化

视觉笔记就是与文字记录相对应的图形记录。记视觉笔记是指记录以视觉信息为主的信息，这些视觉信息用文字是不能描述清楚的。记笔记一直是对不完善的记忆的有效补充，而且，记笔记和对笔记的挑选活动是创造的重要手段。把观察结果和体验记在笔记本上是很古老的一种习俗。过去，视觉笔记一度被建筑师认为几乎和文字笔记同样重要。对年轻建筑师来讲，速写是旅行和学习过程的组成部分。

因为现在照相既方便又便宜，所以，视觉笔记不像以前那么多了。总的来说，视觉修养也跟着走下坡路了。我们不得不依靠照相机替代以前一度由速写来完成的任务。当然，照相机能完成许多速写所做的工作，而且能把某些任务完成得更快，质量更高。但是照相机却不能记录思想、内在结构和图示的组织关系，也不能记录人的肉眼不能一下子就全部看清的其他东西。尽管照相机可以被创造性地使用，但它所要求的，并不比观察者与被观察对象之间肤浅的相互作用关系更多。照相机是相对中性的仪器，它对事物既不需要作高度的选择，也不会由于需要就引起对事物作深刻的了解。勒·柯布西耶曾经说过，照相机“阻挡了观察”。由于现在的视觉笔记通常不像以前的视觉笔记那样带有文字记录，因而我们相信，有些有价值的内容已经丧失了。我们的目的是鼓励人们去开发与使用视觉记录技术，特别是简洁、快速、有效的视觉记录。我们认为，妨碍非艺术家作图形记录的错误观点，是根据一个虚假的假设，即只有具备许多艺术才能的艺术家才能作画。尽管某些绘画只能由艺术家来作，但是，这不应阻碍非艺术家使用绘画来传递信息，就像不是有造诣的记者或作家就该拒绝写下任何东西一样。记视觉笔记是有用的、有效的，而且还可能是一项特别愉快的工作。一旦您摒弃了自己所画的东西必须是艺术品的想法，那么，作画就有了自身的动力，而且，毫无疑问地会给您带来满足感。

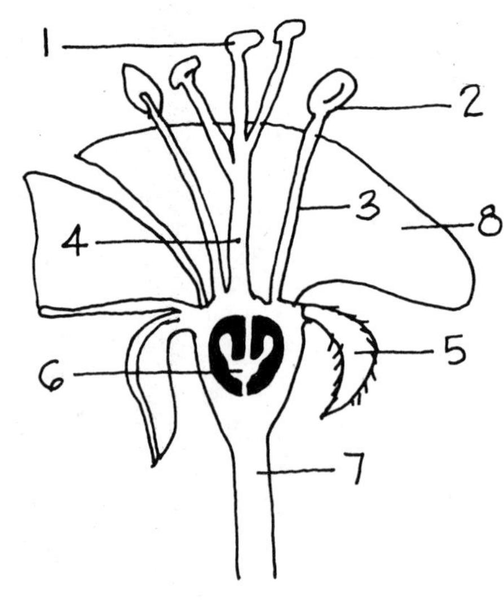

图 1-2

1.1 视觉笔记的应用

谁会需要记视觉笔记呢？也许是检查机器的工程师，或记录特殊仪器布置的科学家或实验员；也许是记录设计实例的园林建筑师，或记录一幢建筑的重要细部并打算予以重建或扩充的建筑师；也许是访问一个新地方而想记录其神秘现象背后的内容的旅游者；也许是大学生，他在参加生物、植物、考古、建筑艺术史的幻灯讲座和其他涉及视觉内容的讲座时需要作视觉笔记。

视觉笔记还有一个重要的作用，它可以记录人的肉眼或照相机所不能直接观察或记录到的东西。实验员画一张图来记录多种仪器的组合方式，而画一张实验室的全景图对他来说却没有什么用处。建筑师的绘画表现了他所研究的建筑是如何被组织的，交通系统的运作又是如何规划的，或建筑结构构件在何处又怎样与建筑物其他部分联系的。植物学家绘制植物某部位的分解图来说明营养物质如何通过叶脉传送到植物的边远部位，以及花的有性繁殖部分又是如何交接到一起的。视觉笔记记录的信息已被选作存档、研究和交流之用。这种记录性绘画通常是有分析性的，它们不像一张图片那样只是简单地表现，而是可以拆开来描述。与艺术家的绘画比如一幅速写相比，视觉记录需要许多的思想，而对绘画技巧的要求却不高，因为视觉笔记是用来解释已经选定了的信息的。虽然，速写不需要事先计划，但需要相当的技艺以作出精确的描绘。

此外，视觉笔记还有一个重要的应用领域。我们也许会有这样的想法，这种图形表达方式只是出于技术人员或其他专业人员的工作需要，而且只是一种有效的、可销售的技术而已。其实，它的作用要大得多。设想这样一个相似的情况：书面语言对思想和行动的作用。书面语言不仅以其为人们普遍接受的词汇和语法来表达思想，而且它还实实在在地调节着我们的思考方式。此外，它又将我们的思想、观点和概念反馈给我们。当我们归纳有关一个专题所学到的内容时，我们用书面语言来组织我们的思想，并把这些思想记录下来，最终在写作中又“把它全部写下来”。正是在这种“把它全部写下来”的过程中，原本只不过是散乱的思想和没有生气的真实环境被赋予了秩序，从而产生了新的关系和认识。因此，没有发达的书面语言的社会无法同有发达语言的社会在社会成就的高低方面相提并论，这并不令人感到奇怪。

图 1-3 罗马圭利亚（Guilia）别墅的拱廊，根据莱塔维利（Letarouilly）的绘画而作

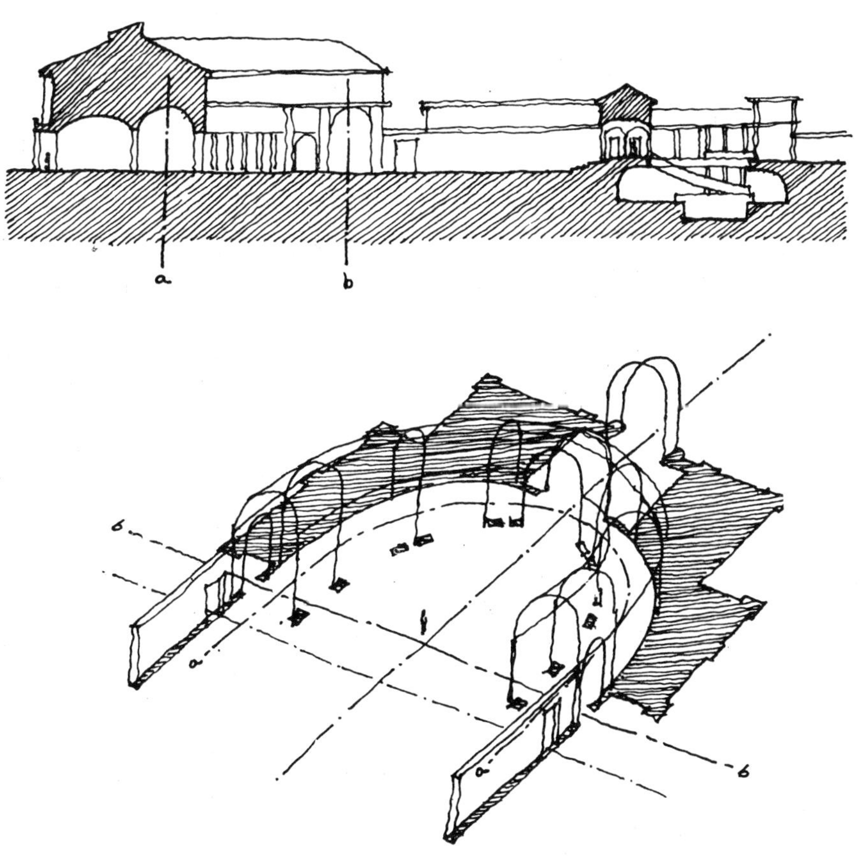

图 1-4 与图 1-3 所示同一建筑的视觉笔记，表达了一种不同于上述绘画的信息

图 1-5 埃及象形文字：以图画象征形成的词汇。尽管是一种笨拙的书写形式，但其文字和视觉世界在许多早期的书写形式中得到了统一

书面语言也有其局限性。视觉信息难以用文字来描述。有经验的作家用丰富的语言文字来描写他们希望我们看到并感受到的事物，比如，巴尔扎克对孚日广场(Place des Vosges)一套房子的室内情景的描述，还有罗马自然科学家兼作家普利尼在给友人的信中对他的在意大利的庄园的描写等。但是，文学并不能完全表达所有人眼所能看到的东西。一个令人感到有趣的说明是杜尔画的海象速写，它更像一个没有头发、充满皱纹、长着长牙的小狗。杜尔写生时描绘的精确性是无可挑剔的。但他看见的仅仅是一头海象，而且只根据对海象的短暂记忆与精确的文字描述来重新塑造这头海象的形象。

正如文字描述是充分又深刻地理解事物的源泉一样，视觉语言以其固有的途径使充分性和理解达到用其他手段无法达到的程度。我们前面谈到，为便于工作，工程师、技术员、科学家和其他人都做视觉笔记，这种说法可能会给人造成这样一种印象：视觉笔记仅仅是传递信息的一种手段。当然，可以把这种记录只看作传递信息的手段，人们也可以只这样来理解它。尽管客观信息既无活力，也无内在价值，但正是收集资料——选择——分类——“把它画下来”，这样一种活动，可以从中发现新的关系，并获得比表面观察所能提供的更加深入的理解。

表达，不管是通过文学、数学、音乐和图形的方式，都能激发出创造力。而创造力的发展依赖于符号与思维之间的关系。一个人创造力的高低取决于他对自己所生存的世界体验的深刻程度。想象力是建立在丰富感受的基础之上的，而这种感受又是来源于人们对精神与物质世界的积极而又理智的投入。

图 1-6 阿尔布雷克特·杜尔（Albrecht Durer）所绘的一只雄狮

图 1-7 阿尔布雷克特·杜尔所绘的一只海象。据说此画源于他对所见到的一只死象的记忆

图 1-8

1.2 视觉修养

书面语言是以技术为基础的工业化社会的基本技能。大多数人都学会了如何做文字笔记。通常在完成高中学业后，人们就学会用书面语言来理解别人和表达自己的感受。然而，理解和表达视觉信息仍是一项未得到很好开发的技能。

视觉修养包括两方面的技能：视觉敏锐性和视觉表达。视觉敏锐性是一种强化能力，即清晰、准确地在自己所处环境中"看到"多方面信息的能力。大多数人看一幢房子时，只看到屋顶、窗、门或者墙的颜色；而画家还能看到色彩的明暗、阳光形成阴影的方式和窗户的反光；建筑师会发现所用材料的形式、窗框或屋檐的细部，以及类似天沟、下水管、灯光等附件；社会学家会发现哪些窗户拉上了窗帘，房子的风格象征什么，或者房子保养得好坏。

视觉表达是一种开发视觉信息的能力，这种

图 1-9

能力在画家、设计师、舞蹈设计师、摄影师或建筑师身上表现得尤其突出。然而，这种能力对于每个人都很重要。视觉敏锐性与我们接收的视觉信息有关，而视觉表达则与我们发出的视觉信息有关。正如听与说是相关的又是不同的技能一样，看和表达是相互依赖，又相对独立的。看是视觉表达的开始，但要进行视觉记录，两者都必须有意识地开发。由于多数读者一开始并没有这两种技能，它们就成为记视觉笔记的目标和好处。

在《视觉修养入门》一书中，D·A·唐第斯(Dondis) 列出三个层次的视觉信息，即表达、概括和符号。表达是寻求精确地记录我们实际所见或所经历过的事物。写实性的速写图，其作用同照片一样，但它们必要时更有选择性。事实上，照片是从一个特定的视点精确地复制出所能见到的东西，而写实性的速写则记录了作画人最感兴趣的一部分视界。如果说相片是所见事物的复制品，那么，速写就是对所能看到的事物他如何看的记录。画速写或看别人的速写，既让人了解主题，又使人了解不同的观察方法。

在视觉表达中，概括可以被看作是“简化到更强烈更能显出精华的程度”。事实上，我们周围时时刻刻都充满了视觉信息。为了发挥其功能，我们必须从所见到的世界中创立秩序和意义。这是基本的概括过程，叫做感知。当我们访问某住宅时，尽管可看到房子的整个立面，但我们会注意到前走道和前门，因为它们对于想进入房子的人来讲很重要。感知通常处在一种下意识的、反射的层次上，而概括一旦结合视觉信息就会达到一个自觉的、有目的的层次。概括可以强调描述性速写中的某些内容，例如房子的窗户式样等，或者表现不能看见的如可能的房屋结构系统。

符号也是一种视觉信息的简化形式，但它是一种替代性图示，用来表示实际所见事物。我们可以用一个大众认可的房子的形象符号来替换写实性速写中的某一特定房屋。使用这种符号的好处在于它可以很快地画出来，并比实际缩小许多。这样一来，在画一幢房子时，许多符号就可以被放在一起，并在画面中同一空间显示出来。这种符号可以被安排在一个抽象的环境中，其秩序、位置和组合表达了更多的信息。

各种各样写实性的、概括性的、符号性的速写实例，都可以在其他书籍中找到。一部分资料的来源已列在本书书后的参考文献中，而作画技巧的特殊例子则放在本书第 5 章中。

图 1-10A 写实性速写

图 1-11A 抽象性速写

图 1-12A 符号性速写

图 1-10B

图 1-10C

图 1-11B

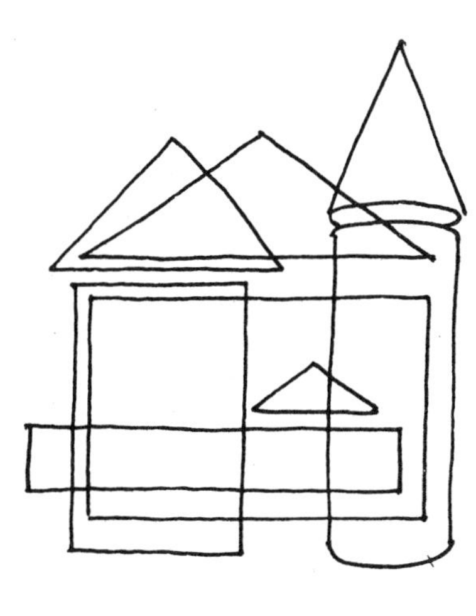

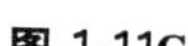

图 1-11C

图 1-12B

图 1-12C

图 1-13

1.3 笔记本

在做笔记时，我们需要综合运用写实性的、概括性的、符号性的速写，这就要求我们理解每一种绘画的基本步骤，以及它们结合的方式。儿童画人物时，是用符号来代表他们所知道的人体部位来形成人物形象的。头用一个圆表示，身体是头下方更大的圆，眼睛用两点表示，鼻、嘴、头发用适当排列的线条来表示，胳膊和腿用从身体向外伸出的单线代表。同样，房子用长方形表示，其上有一个三角形屋顶，正面有一个带十字分隔线符号的窗户。学校的数学和语文练习，加强了用符号作画的趋势。

爱德华兹博士(Dr. Edwards)在她的《用右脑画图》一书中指出，从符号作画到非符号作画的转化过程，限制了人脑的一部分去参与文字信息的处理工作，而人脑的另一部分又把视觉信息的过程接收下来。与其说绘画是由符号元素构成的，不如说它是一种形体的构图，它是对视觉信息记录的真实写照。

如果你想画出真实的、类似照片一样的图像，重要的工作是准确画出你所见到的形体，而不要受预先想好的形体或符号干扰。爱德华兹博士把这描述为："把左脑关在外面"，并提议多作练习以期这一过程变得熟练。在本书后面，我们会更详细

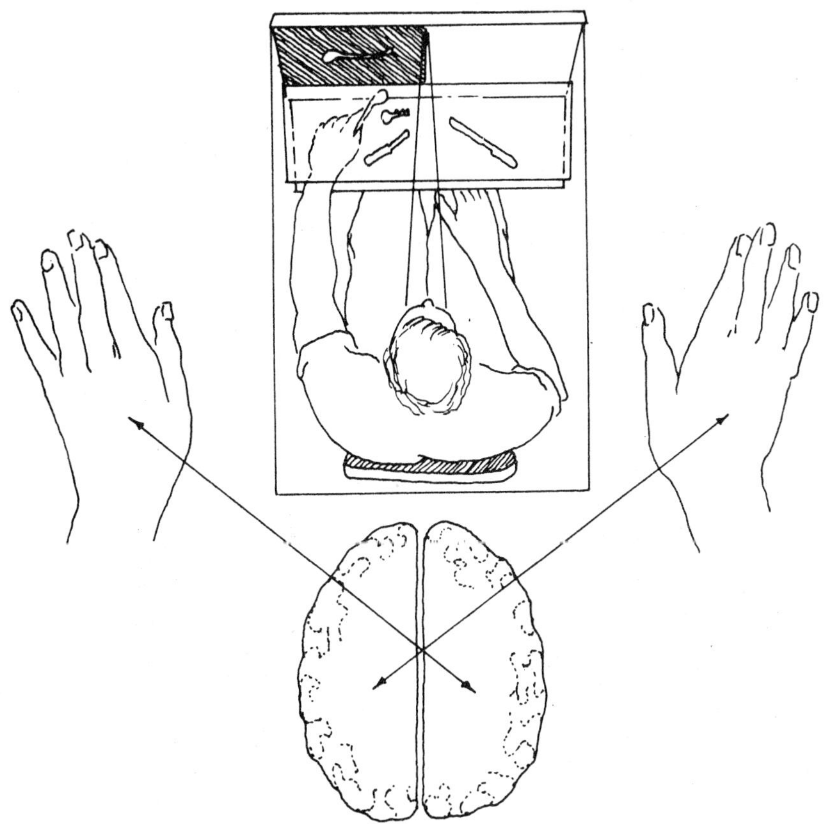

图 1-14 根据贝蒂·爱德华兹(Betty Edwards)的一幅画作出。图示研究揭示了大脑两边相对独立的工作，它们具有各自不同的“任务”，在某种场合，它们相互冲突

地介绍她的技术，而且我们也提出一些与她书中讨论的发现相关的练习。她介绍其中的一个练习是倒画一幅画。你要作的画最好是在最终扶正之后才能看懂的画，因此，你被迫画你所看到的形体，而不管它在原画中如何表现。所看到的线条、比例和调子仍然只临摹成线条、比例和色调，而不多任何东西。这就使得大脑的文字表达部分不再支配这些过程，也不再用符号元素和单纯描述绘画主题的记忆去使它们短路。

视觉符号法并不总是和上述写实的作画方法一样，但是，它和写实作画技巧具有某些共性——

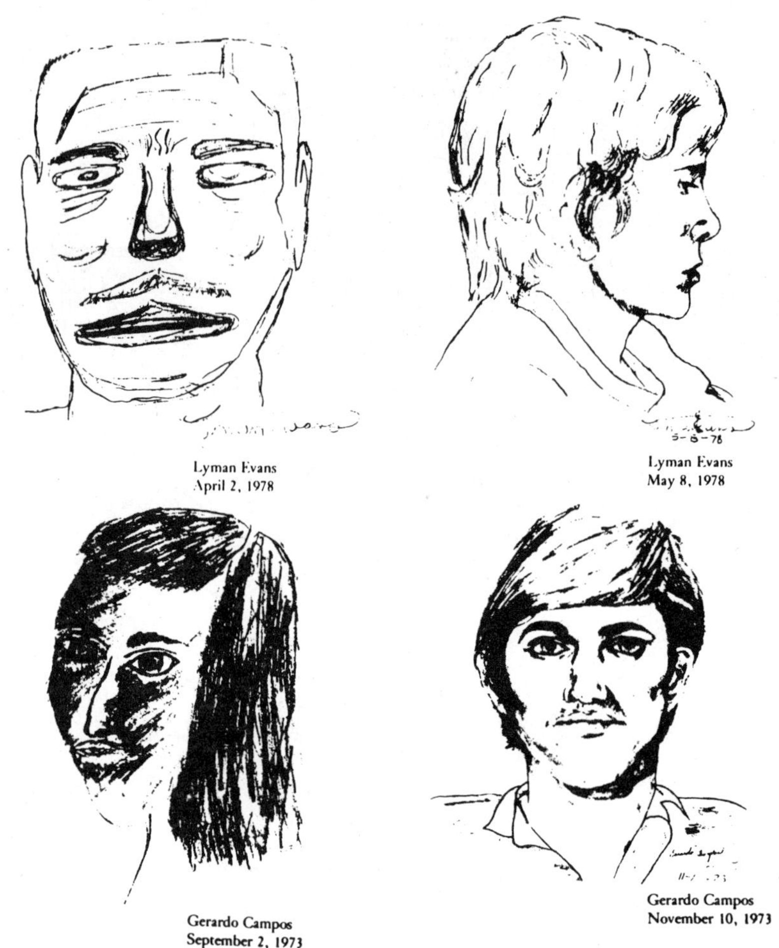

图 1-15 这两对绘画是分别在绘画课开始和结束时画的，它着重强调的是把左脑的支配作用“关在外面”的技巧。开始时的那对画用符号表现法画出面部，就像儿童的画那样。而结束时的那对画再现了视觉形式

正如爱德华兹博士希望教给的技巧那样。在下面的例子中你可以看到，对形状和比例的精确描绘，通常是很重要的，虽然对光线的精确临摹并不总是视觉符号法的目的。在精确表现光线的画中，画在纸上的线条概括地表现了物体或景色。根据儿童喜欢画符号性的东西而不画实物的嗜好，我们强调这样一种重要性——即认识视觉透视特点以及外观、形式和比例的重要性。视觉符号不必真实表现所见的物体，而要求从不同角度去表现这些物体，移动或旋转物体的某些部位来表达单一视角所不能见到的东西。与非写实的画相比，形式和比例仍需比较准确。因此，一些基本的绘画技巧对于做视觉笔记是必需的。基本绘画方法在本书中不再介绍。视觉笔记中的速写方法，特别是作画速度随着你的进步而提高，要注意准确描绘的问题。如果尝试几次做视觉笔记后，你仍不能掌握好一些方法相对准确地来记录形状和比例的话，我们建议你参考第 5 章或抽时间看看爱德华兹博士的书。这样当你回到做视觉笔记时，你就可更自信，并按可接受的准确性用钢笔或铅笔记录形体和比例了。

图 1-16 阿尔布雷克特·杜尔关于透视原理的插图，根据视线和一个“画像平面”画成

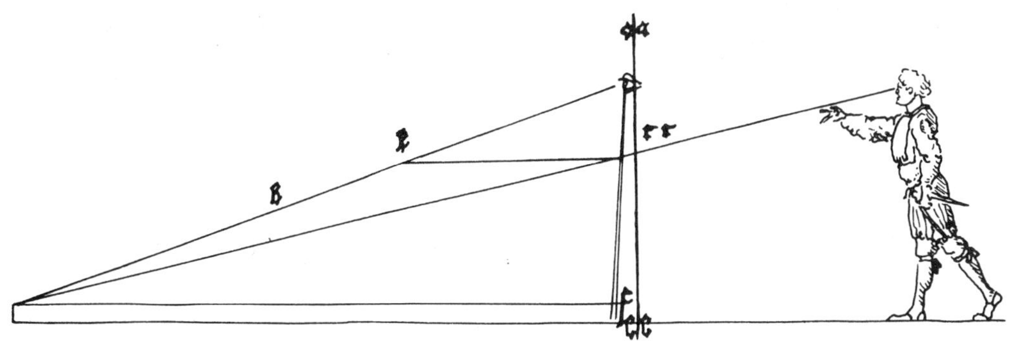

1 **图 1-17** 根据阿尔布雷克特·杜尔的一幅解释视觉透视构成法的插图绘成的画

图 1-18 威尼斯的一个风景点：建筑师路易斯·康年轻时所做的视觉笔记

1.4 使用本书

本书的大部分篇幅是应用视觉笔记的实例。这些实例安排顺序比较复杂且有环环相套的插图。如果你想要研究这些实例，并不需要按此顺序。本书作为参考书，允许读者一翻而过去寻找正好与手头所遇到问题相关的实例。这些实例展示了记录视觉信息的技巧，其风格多样，而且图示技艺和难易程度也不一样。我们提供了一个实例大拼盘，以便满足众多读者不同的需求、兴趣和技术水平。此外，有些例子起初也许给读者启发不大，但随着读者的需求、技术与兴趣的发展，其作用就会显现出来。

第2章叙述了记笔记的基本过程；第3章以日记的形式提示了日积月累的视觉笔记的作用；在第4章，收集了代表不同技巧、风格和主题的各界人士所做的视觉笔记实例，但愿借此得以展伸你对视觉笔记潜在作用的认识。最后，在第5章提出了有关记视觉笔记的若干实际建议。

1.5 起步

孩子们在绘画方面无拘无束。他们并不关心自己的画看起来是否很专业，或者别人是否看得懂。他们的画是自由精神状态的自发表现。孩子们常常会把画好的画扔到一边或腾出空间开始另画一幅。他们的画在自己眼中并不是有价值的东西，吸引他们的是作画的过程，而不是画好之后的沉思、使用或欣赏。

孩子们对绘画的想法是令人羡慕的，因为他们勇往直前。艺术家和绘画教师们有时鼓励他们的学生回到儿童时的天真无瑕中去，使他们超越对“弄脏一张干净画纸”的初始反抗心理。我们也一样，要鼓励读者们把对精巧的图画的期望放在一边，投入作画的过程中去。

最后，找一块你可以随身携带并在大部分时间使用的速写垫板或一本笔记本，并开始使用它。如果你的技巧并不像你所期望的那样足以在复杂的水平上工作的话，那么，我们建议你把作品的复印件和已画好信息的描图纸放在你的速写本中。作品复印件可以用不同的彩色铅笔来描绘，也可以用透明纸描下来以产生复合的图像。无论采用什么手段或达到什么目的，重要的是必须开始工作。正如写文章一样，当你用这种方法收集信息时，你记视觉笔记的技巧就会越来越高，而且随着对技巧和熟悉程度的提高，你就会越发懂得其潜在的用途。

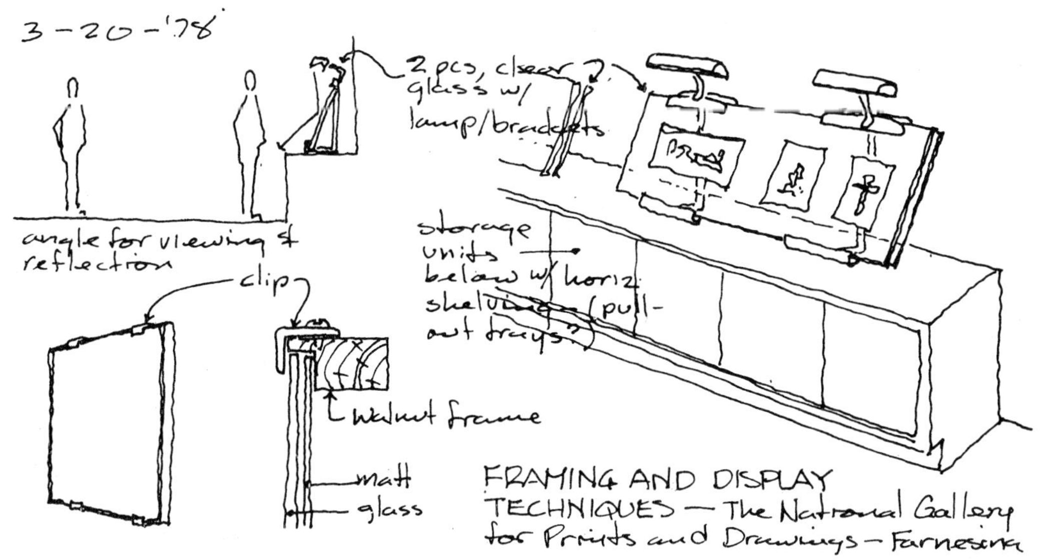

图 1-19

2　视觉记录指导

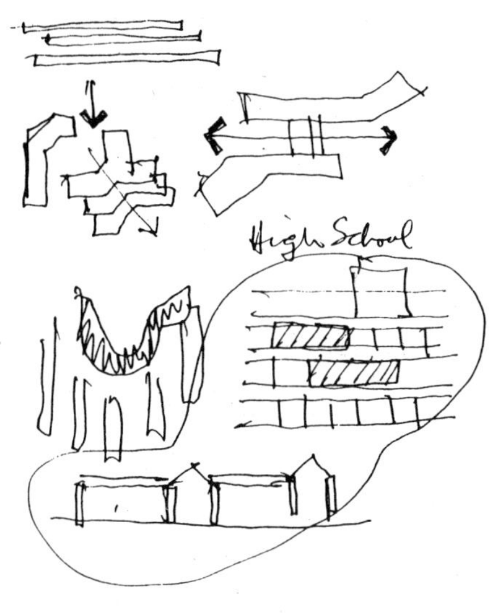

图 2-1

本书提供了不同行业人士的各种视觉记录实例。本章对亲自体验做视觉记录提出指导。像其他所有的指南一样，本书不能代替直接经验，但是它能够使你的视觉敏锐，并加深你对视觉笔记的认识。你应该注意到，为使条理清晰，本书中的例子排列得井然有序。但当你开始做视觉笔记时，却没有必要这么做，因为只要效果好就可以了。

创造过程需要 3 种活动：①收集与设计问题有关的各种因素和信息（要求、范围、形式）；②分析信息，以获得对设计问题的了解（关系、层次需要、解决方式）；③提出解决问题的办法（概念、结构、表达）。对每一种活动——记录、分析和设计，视觉笔记对设计者都能提供很大的帮助。

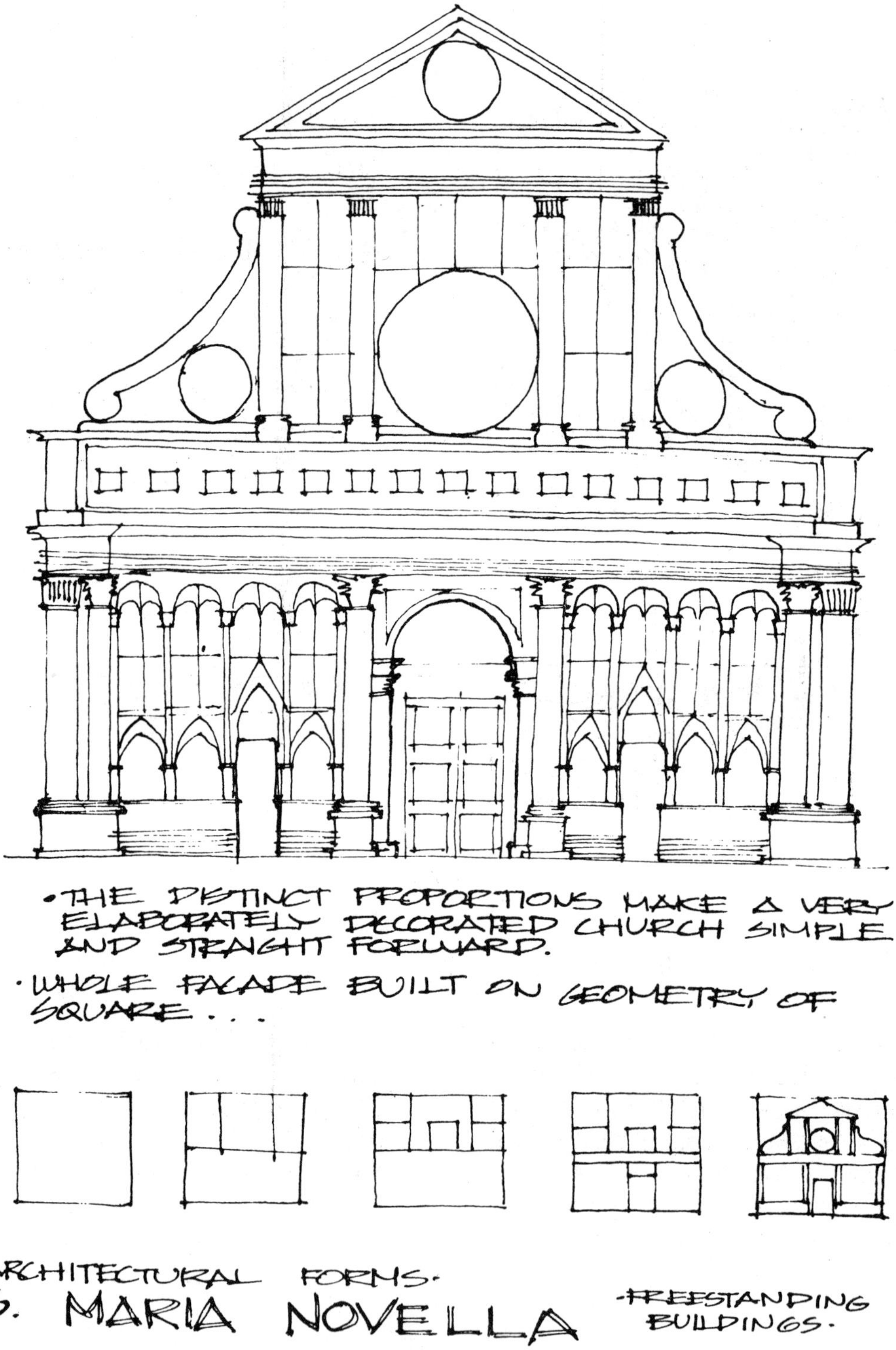

• THE DISTINCT PROPORTIONS MAKE A VERY ELABORATELY DECORATED CHURCH SIMPLE AND STRAIGHT FORWARD.

• WHOLE FACADE BUILT ON GEOMETRY OF SQUARE . . .

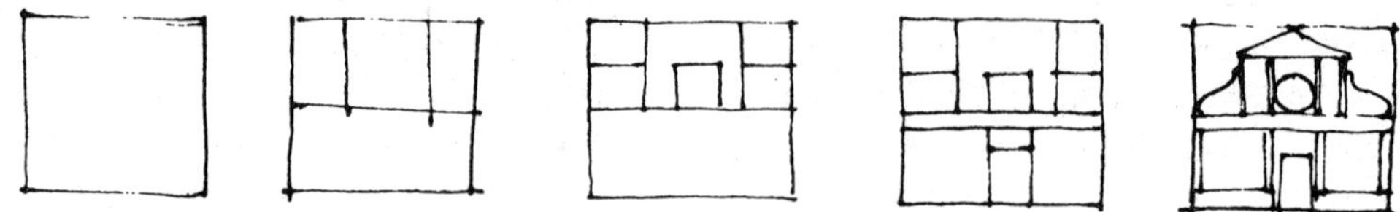

• ARCHITECTURAL FORMS •

• S. MARIA NOVELLA

• FREESTANDING BUILDINGS •

图 2-2 道格拉斯·加罗法洛（Douglas Garofalo）所作的圣玛丽亚·诺韦拉（Santa Maria Novella）的立面研究

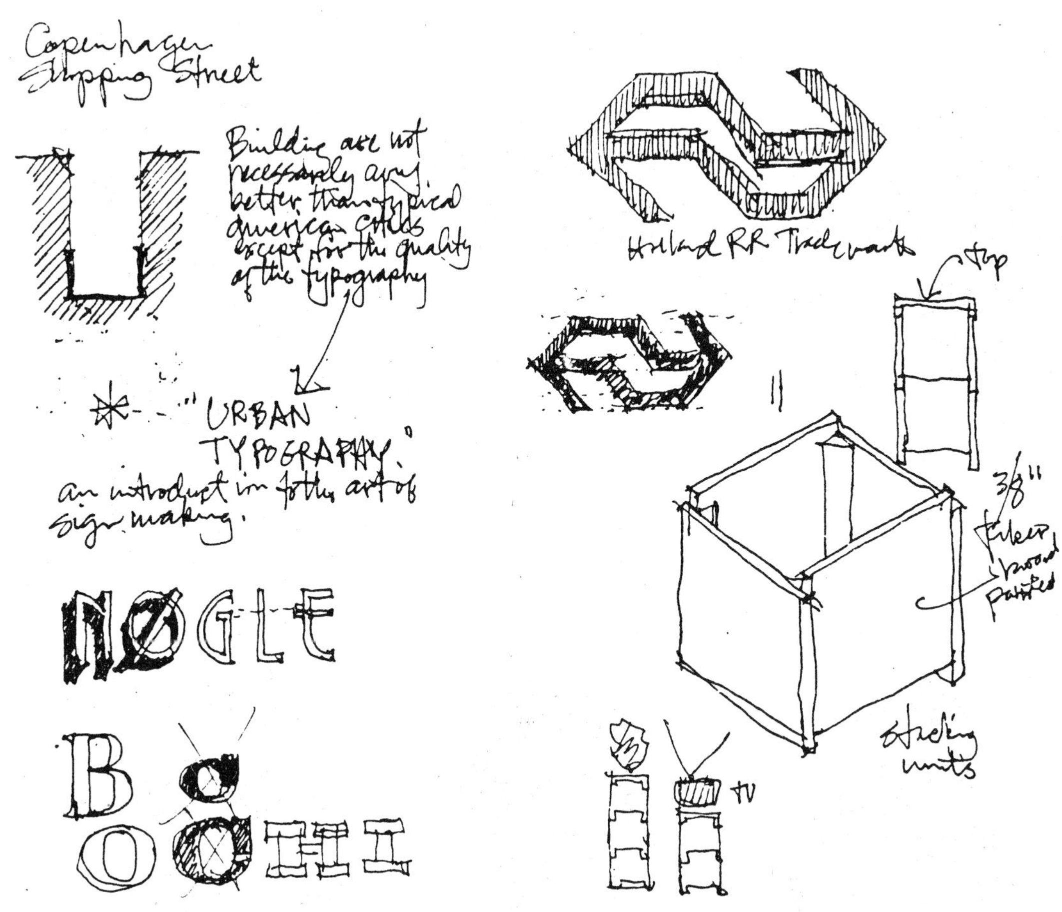

图 2-3 笔记记录

2.1 记录

设计的基础与视觉笔记的基础都是收集信息。设计工作难以展开的原因在于没有分析问题和解决问题的实践，也没有对解决这些问题的方法进行测试。但是，假如没有关于具体问题、设计前例以及我们所居住的地球的信息，那么，设计也不可能完成。设计过程的质量确实是通过实践而提高的，而设计成果的质量同样也要依靠我们对环境和生活的体验深度和多样性。

许多人可能会遇到同样的环境或事件，但是，没有两个人得到完全一样的体验。有些人，包括设计师在内，一生中几乎没有从他所见所闻中获取经验，因为他对环境的注意只停留在一个水平上。一个成功的设计师依靠的是体验，因此，他会很关心人们获得经验的途径。建筑师和设计师将以日常笔记作为记录体验的手段，同样重要的是把它作为开发视觉敏锐性的手段，因为视觉敏锐性可以提高体验的力度。许多建筑师在旅行时做笔记，以便记录对新环境的直接感受，当然，还有许多别的机会也可以做笔记，包括听课、讨论、在工作室工作、逛商场、读书及看电视。在上述每一种场合下记录信息需要一套综合的技巧：观察、感知、辨别、交流。为了视觉记录有个好开端，我们需要了解这些技巧。

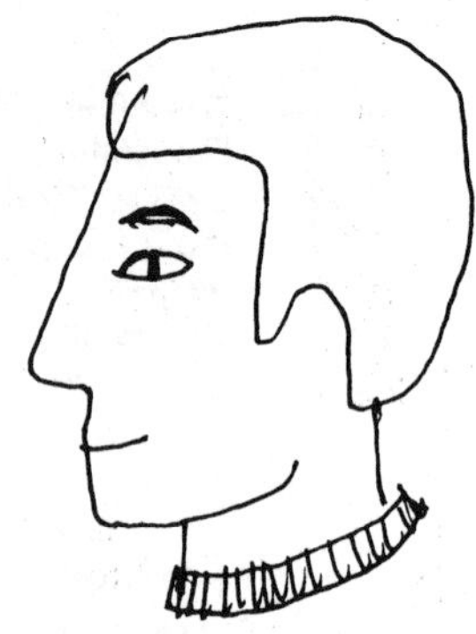

图 2-4 陈规画

图 2-5 写实画

2.1.1 观察

很明显,作画前首先要看一看对象,但是大多数人绘图时遇到的困难是由于没有花时间去仔细观察对象。贝蒂·爱德华兹曾描述过,大多数人不会观察自己想画的事物。多数人的思维是由左脑控制的,因为左脑在符号化、概括及合理化方面的能力很强,而右脑在空间感觉、细部观察和图形确认等方面能力很强。在仔细观察的过程中,左脑很容易受挫伤、疲劳,从而促使我们离开观察,转向运用符号、陈规或简易的方式。左脑的这种控制作用的一个典型实例是在画肖像时人们共同使用的老一套面孔。这些面孔不仅看起来不真实,而且在画他们的时候,我们对面孔总体和局部的情况都没有什么了解。我们在绘画时并没有观察我们所画的面孔。左脑的优势对于初学者来说并没有什么作用,但它是一种持续的力量,甚至能影响在绘画方面受过一定训练的人们。当建筑学专业学生在街道一角画他们所看到的建筑物时,不少人都画了鸟瞰图,而这种景观只有50英尺高的人才能看见。

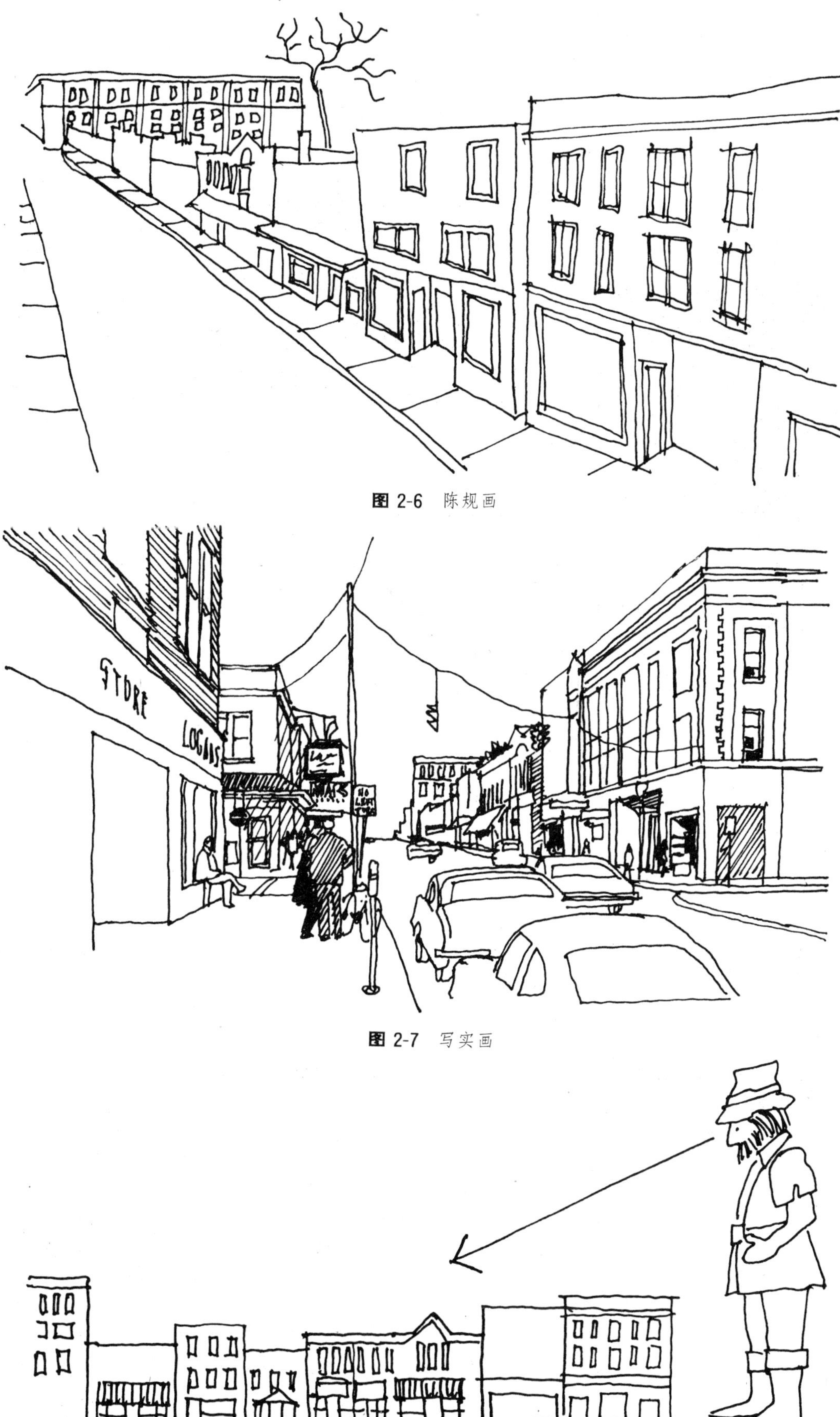

图 2-6 陈规画

图 2-7 写实画

图 2-8

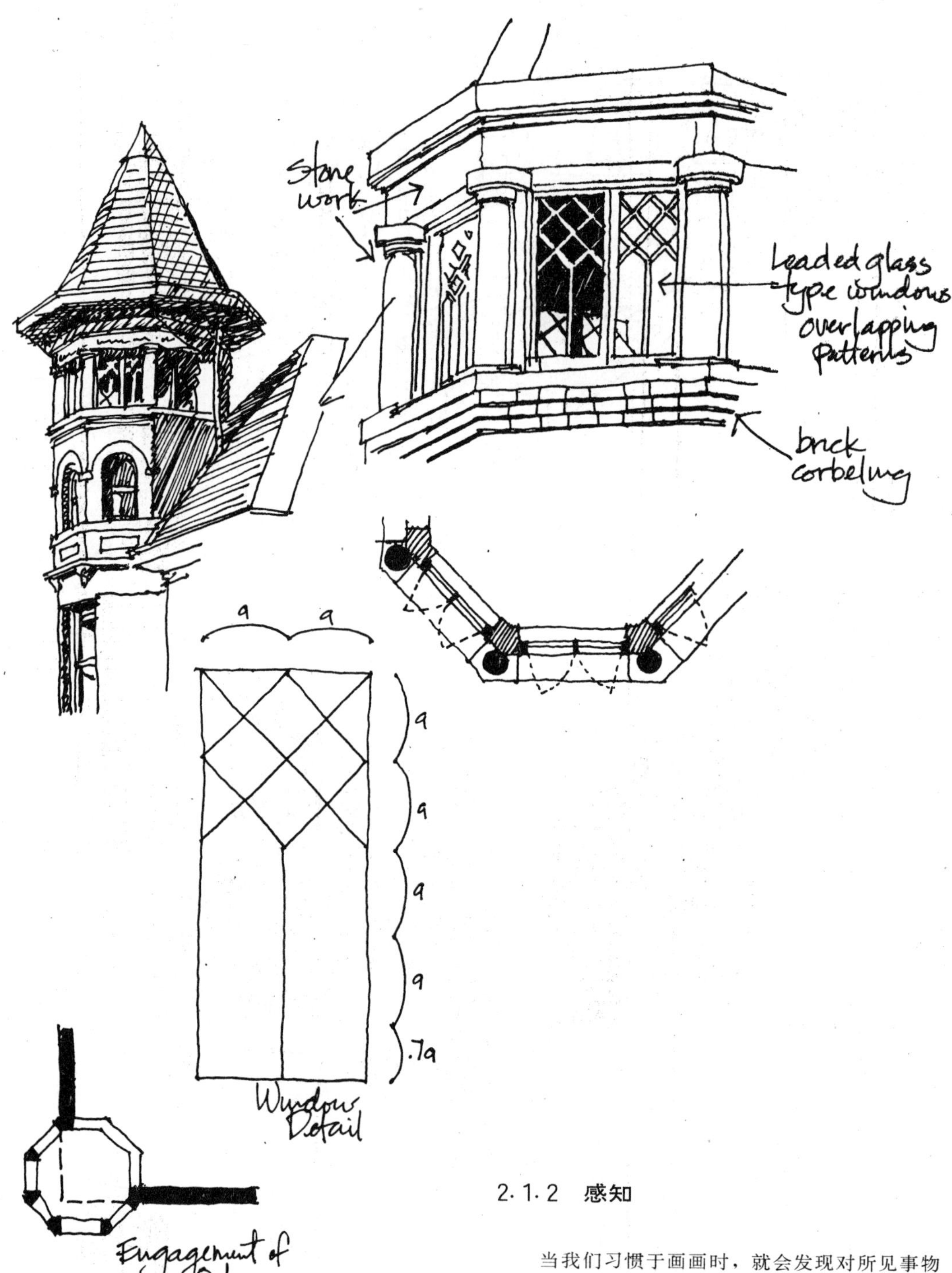

图 2-9 美国印第安纳州埃文斯维莱(Evansville)的住宅

2.1.2 感知

当我们习惯于画画时，就会发现对所见事物的信息了解更多了。画了几个窗子后，我们会注意到不同类型的窗框、窗扇和直棂、玻璃的反光、窗帘的形状和玻璃后的百叶窗。这种信息不仅可以作为更真实的速写的素材，而且其自然形式和对速写体验的贡献来说也是重要信息。笔记本的目的在于表达而不是画得漂亮，因此，记录这些新感知有许多方法：可以加文字说明，并用箭头指出信息，特殊物体的速写则可用大比例，以获取更细致、更准确的记录。最初的速写图也可用平面图、剖面图或图表等形式来补充表现更多的观察结果。

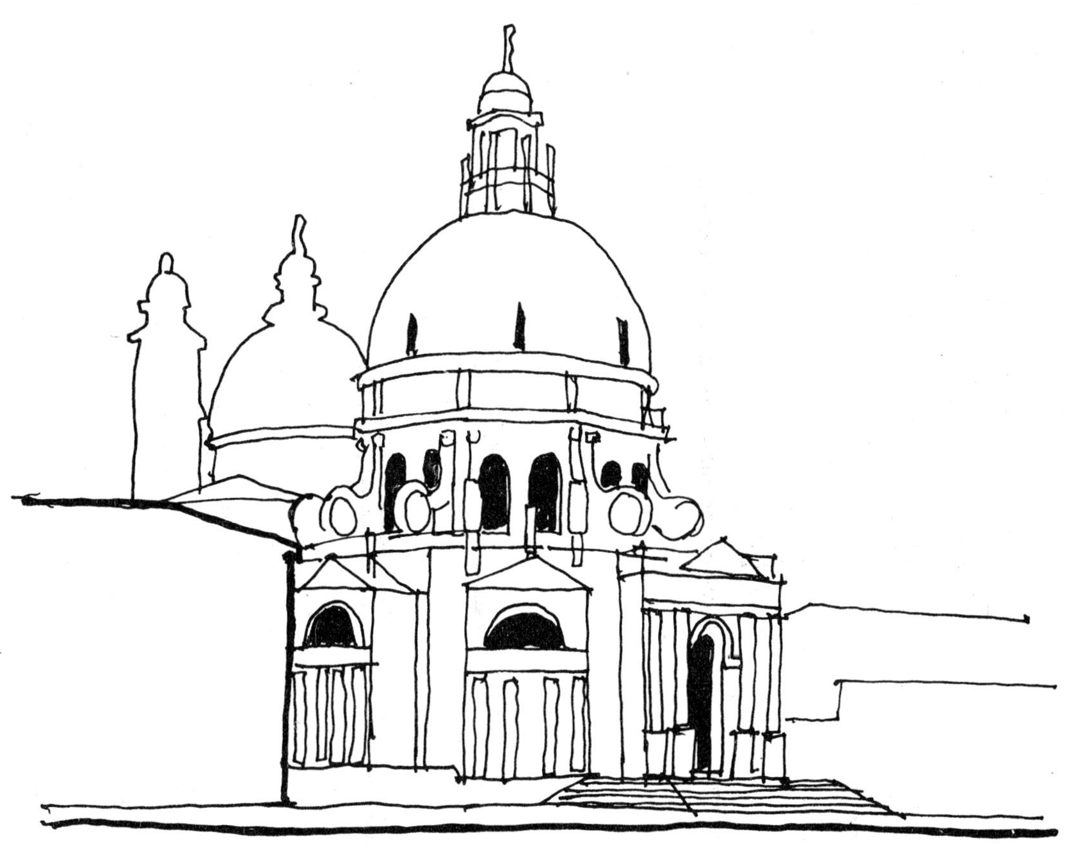

图 2-10 意大利威尼斯的圣玛丽亚·德拉萨卢特（Sante Maria della Salute）

2.1.3 辨别

辨别是对加强感知力的补充。尽管我们期待提高做视觉笔记的速度与精确度，但时间仍是限制因素，即使对最有成就的画家来讲也是如此。信息有多个层次。我们希望把精力集中在对我们的工作有重要意义的特殊信息上，在这样做时，我们练习辨别我们笔记的主题。也可辨别符号的种类。有些设计师做笔记取得很好的效果，他们运用概括的方法，尽管别人不易看懂，但使他们的绘画有用。这方面特别好的例子是卡通画画家的作品，他们的表达方式的特点，是力求用最节省的手段。他们的画简洁、清晰，并值得人们学习。

COMMUNICATION VARIABLES:

MESSAGE
RECEIVER
MEDIA
LOCATION
TIME
SEQUENCE
ENVIRONMENT
OBJECTIVES

图 2-11　意大利博洛尼亚（Bologna）

2.1.4　交流

最后这一种技巧是收集信息的最终目的，即和人们本身交流。人与人之间有效的交流必须考虑预期的接受者或听众、交流媒体、交流的内容等。尽管这些因素因人而异，但有一些普遍性看法还是有帮助的。

在规划室内交流活动时，我们的一个有利条件就是对接受者很了解。让我们考虑他们的思维方式和他们对视觉刺激的反应方式。有的人能有效地运用思维，这是因为他能把一大堆信息移开，一次只专注于一件事；而有的人则喜欢多样性与合理性，他乐意在一大堆信息中寻找思想。使这两种人产生最佳反应的信息的形式是不同的。

另外，在利用信息记录的方式上也有不同的表现。信息可以用来建立一个精确的模型或一张三维空间透视图，并作为表现设计问题的基础，或用来激发对特殊主题的进一步思考，这些在使用上都能得到特殊形式的视觉信息的帮助。最后，交流内容因人而有很大的不同，因为这取决于以下几个因素：时间、场所、条件、环境、序列、偏爱等。比如，假定你审读笔记或思考的最佳时机是在飞机或是火车上，那么，你可以对此做些调整，将简单的、醒目的记录记入笔记本中，以便于随身携带，你也可以在每页中或在书后留空，以插入你以后想到的东西；又比如，假如你通常在工作室中使用笔记的话，那么，时间、空间对你都没有什么限制，这样，就可以用更大的笔记本来做记录，在每一页上可记录更多的东西。

图 2-12 美国南卡罗来纳州查尔斯顿
(Charleston)

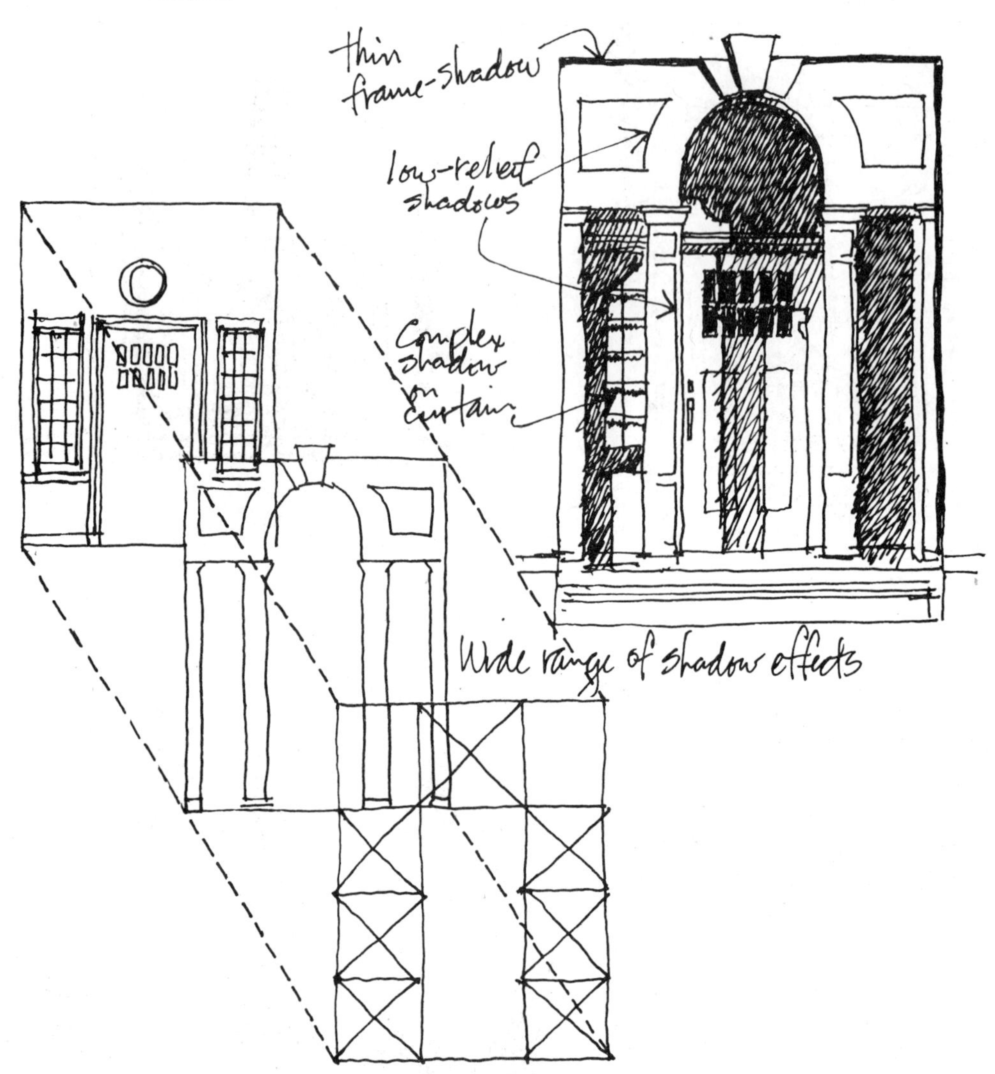

图 2-13 美国印第安纳州埃文斯维莱(Evansville)的住宅入口研究

2.2 分析

设计师对视觉记录的第二步就是研究所收集的信息。正如我们所看到的,记录信息本身对建筑师或设计师就有相当大的帮助,但记笔记的潜在作用超过了记录本身。一个人的洞察力可以通过思考和观察而获得加强。通常第二次观察一个物体,会产生新的思想或反馈出新的意义。为了让你了解笔记的这个用处,我们将探讨对分析有用的技巧,即审查、概括和重构。

2.2.1 审查

分析绘画的过程,如同直接观察一样,可能是一个发现的过程,大部分对于观察的建议也可以用在分析绘画。我们绝不能认为因为我们做了记录,那么,我们就会知道其中所含的全部信息。好的写实画的价值在于它对物体有下意识的反应,最初画的阴影图案,是视觉受到刺激的结果,经过重新审查,设计师就能发现产生阴影的原因。另外一个例子,是原画中包括多根探索某种形式的流动线条,经研究发现这些线条可能暗示着在建筑物中包括自然植被或曲线形状。这种审查可用新草图记录下来,也可直接修改或补充原作。

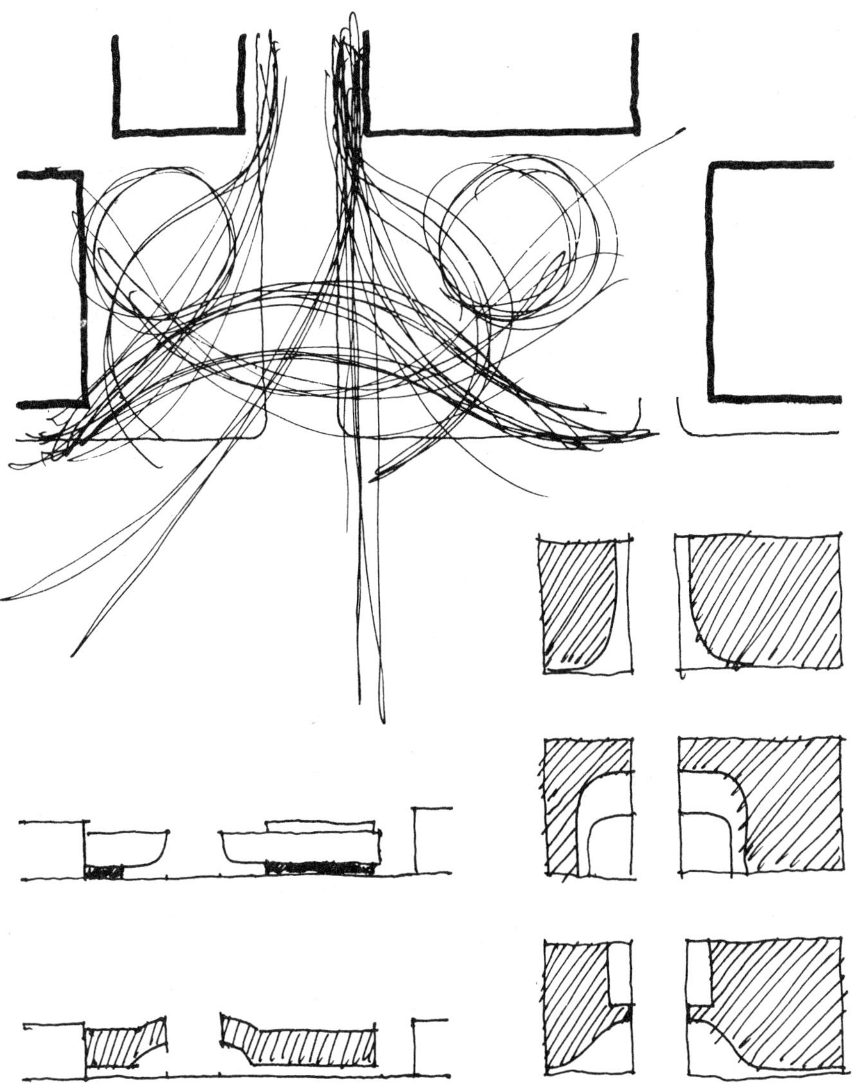

图 2-14 美国印第安纳州曼西(Muncie)的商业中心项目

图 2-15 美国加利福尼亚州圣巴巴拉（Barbara）的政府办公楼

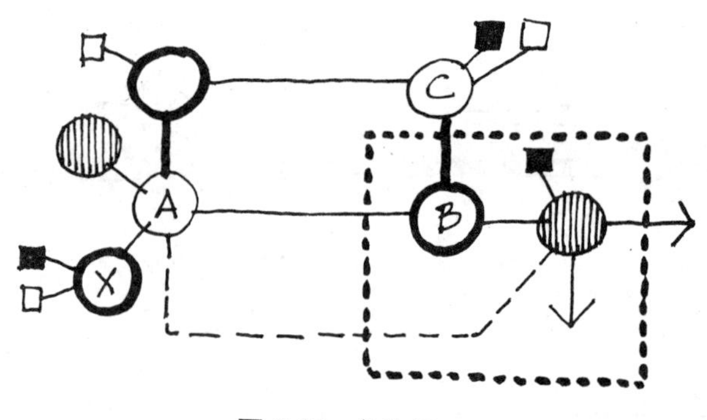

图 2-16 气泡图

2.2.2 概括

通常仔细修改视觉笔记有利于分析。一种概括方法是只选择一个或几个特征来表现。通过画一幢简单的建筑和其窗户的轮廓线，就可以更清楚地发现建筑式样与窗户之间的关系，以及窗户对主要建筑物形体构图的影响。画出一座城市中的综合大楼平面视图的反图像，就可以分清公共空间和私密空间的关系。另一种概括的方式，是把视觉笔记变成较不特殊的形式，变成视觉代号或语言符号，这种过程可揭示普遍性与结构性的东西，从而能够被传递到其他相关事物或设计问题上。符号化的图像有助于我们忽略设计的特殊风格，而关注到形体的构图，它也能暗示设计的更多意义或功能。

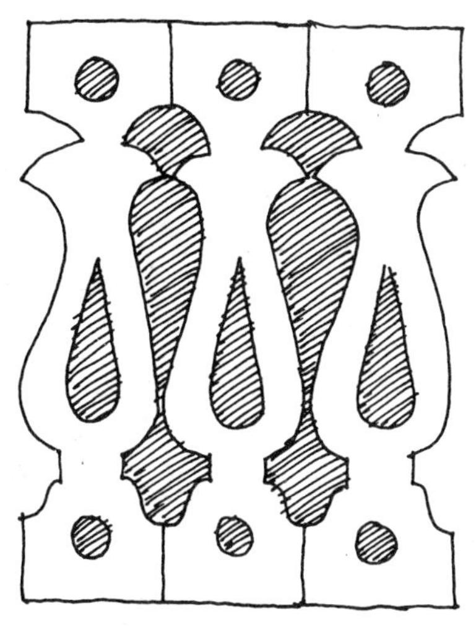

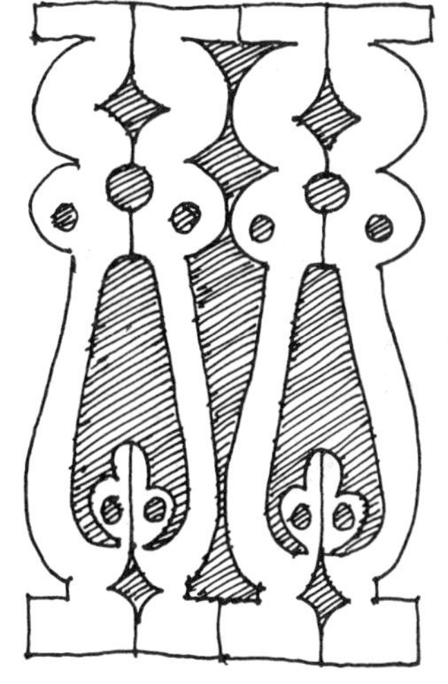

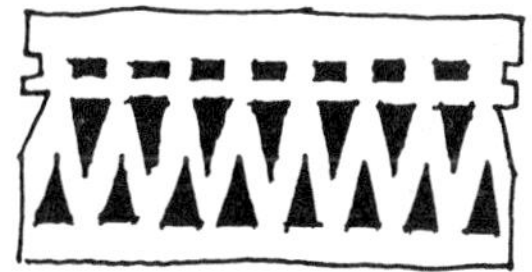

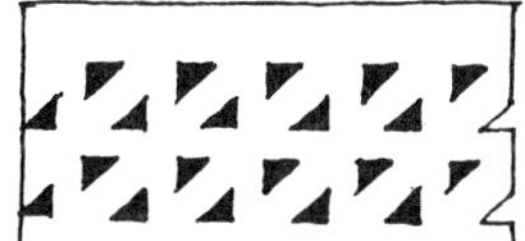

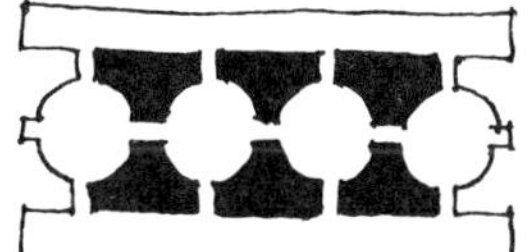

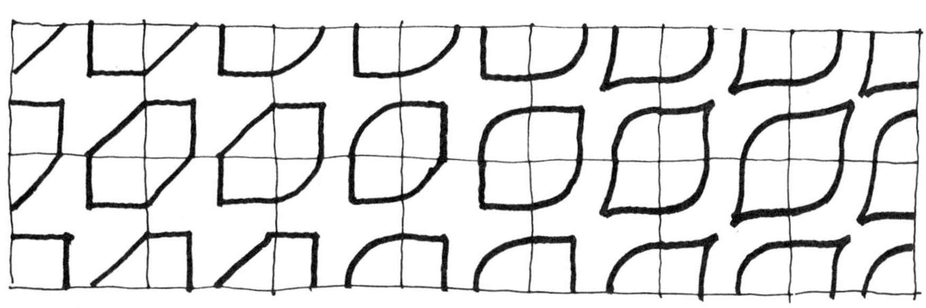

图 2-17 图案研究

2·2·3 **重构**

通常，分析视觉笔记会促使人们对所发现的图形进行取舍的思索。如果栏杆的护板被雕成有趣的装饰纹样的话，那么，在护板上研究不同的雕刻所产生的效果将是很有益处的。同样，很多视觉形象可从已概括的图形中重构而成。这些操作激发了人们的思想，使设计师把视觉笔记移到了其他主要领域，即设计研究上。

图 2-18 关系图

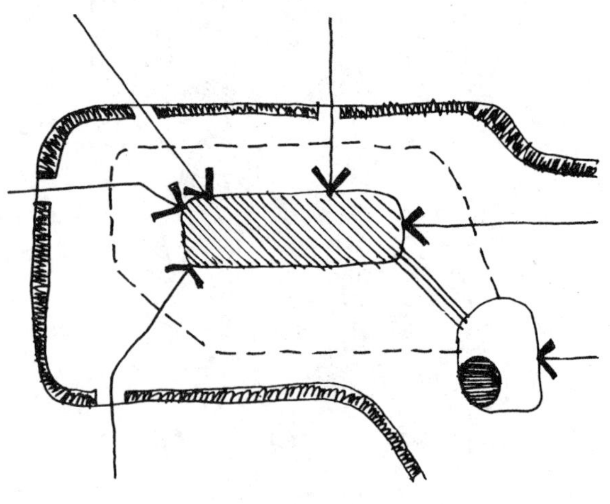

图 2-19 循环图

2.3 设计

许多成功的设计者并不把业主的委托作为他们唯一的设计或创新的机会。他们一直在思考总的设计问题，并创造新的形式。这就好比足球队在重大比赛之前所进行的热身赛一样。为了做好设计这项工作，你必须保持良好的精神状态。对于这种类型的练习，笔记本是很方便的工具，因为它可以为你能记录在某一地方的经验、分析和思想而提供准备好的精神食粮。

2.3.1 符号化

设计师，特别是建筑设计师，在做设计时需要考虑一系列的变量，其中包括人类行为、建筑技术和空间的界定。为了帮助处理所有这些信息，设计者经常用一种高度象征和抽象的视觉语言形式来表达它们。在纸上，寥寥几笔线条就可以表达出整幢建筑物或是一个社区的交通需要。在你做笔记时，你将会提高自己的视觉速记能力。本书第 5 章介绍了一些有关视觉笔记的建议。

2.3.2 灵活思考

几年前，詹姆斯·亚当斯（James Adams）写了一本非常有用的、题名为《概念大爆炸》的书，他在书中指出，我们的创造力经常被一些固定的思维模式所妨碍。只用一种思维方式的习惯或训练会引起我们在观察问题时忽视许多其他的方法。为充分利用我们的大脑，我们需要知道可替换的思维方式以及转变我们观念的技巧。

做视觉笔记有助于灵活的思考，它可以通过提供视觉的线索或提供能引起人们反应的刺激物来转变观念以及开辟调查研究的新途径。这方面的一个例子，就是在一个人工的、有几何图形的图案中重新绘制了一张平面图，其各部分之间的最新联系被揭示了出来，而且，真正独特的功能也可能会出现。与此相反的例子是，一张非常不紧凑的平面图可以使人知道，空间围合的表达有几种选择，我们应寻求所有这些思路并用图示的方法画出它们所包含的东西，以便获得转变思维的好处。因为视觉笔记本是一种永久的记录，它还可以在将来的某一天被人捡起来，并把现在涌现的思想继续下去。

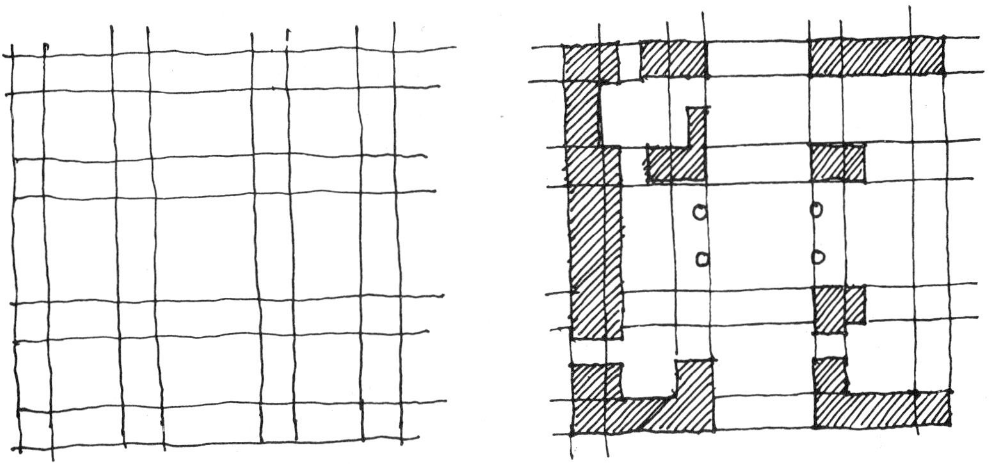

图 2-20 使用几何图形

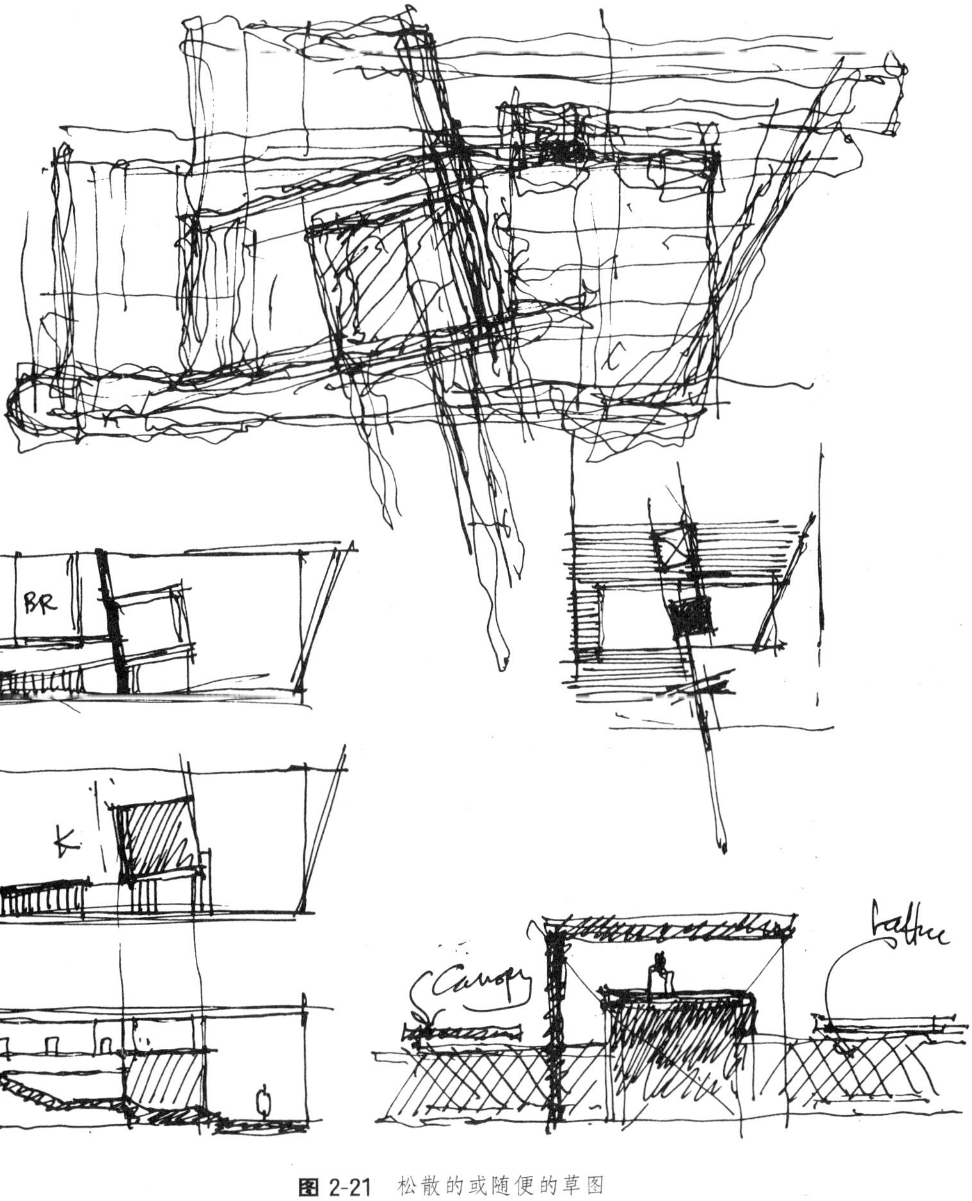

图 2-21 松散的或随便的草图

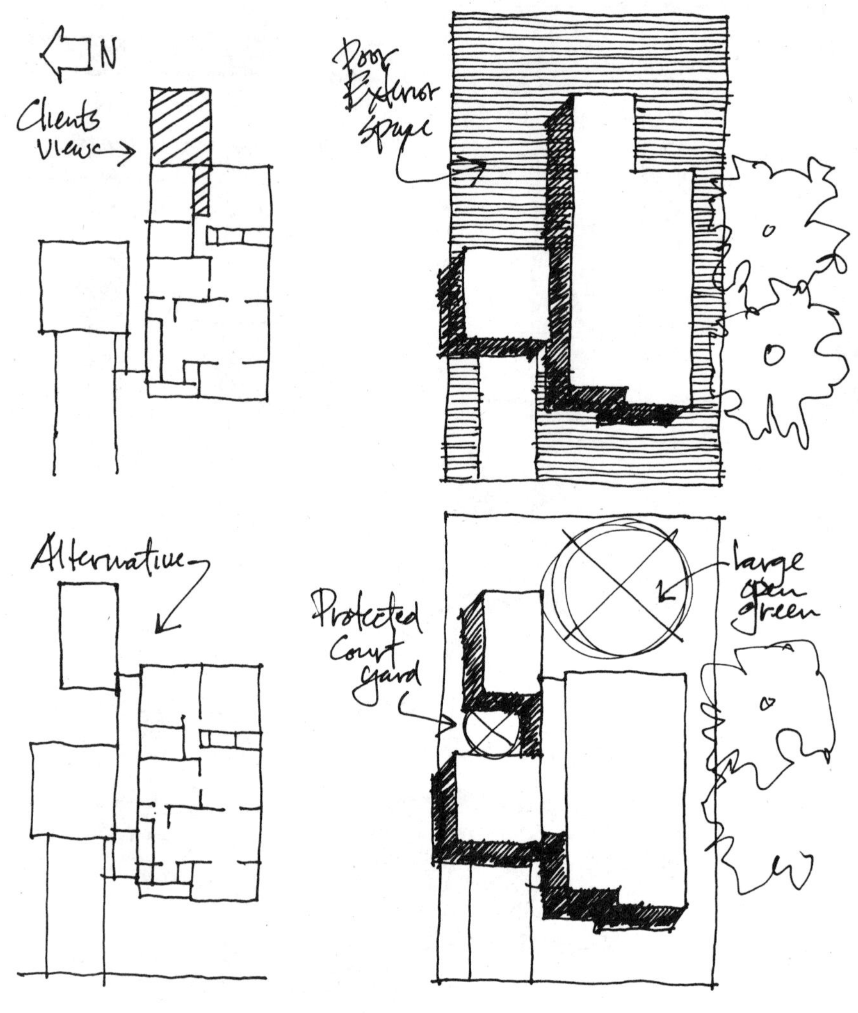

图 2-22 场地研究

2.3.3 寻找机会

假如设计仅仅是一种解决问题的方式，那么，许多设计活动都可以被取消，照这样下去，设计的许多价值也将要消失了。戴维·派尔（David Pye）已经鲜明地揭穿了“纯粹功能”设计的意图。他用图说明了人类在所有的设计中所接触到的存在的东西，包括被认为是非常实在的东西，如结构设计。我们也观察到设计问题不是固定不变的，它随着时间的变化而变化，而且还随我们对它的理解方式而变化。一位委托人可能会带着这样一个问题来找建筑师，即在他房子的后面再增加一间房，但建筑师可能会扩展委托人对问题的理解，如包括整幢房子的能量消耗或增建部分对后院空间的使用有什么影响。设计师在处理问题时，也在寻找机会；他不仅寻求应用已知的解决问题的办法，而且还寻求创造出新的解决问题的办法，这就是扩展人类的经验，并使得人类快乐。创造的关键之一是对设计课题和其解决方法之间的相似性的领会能力。不久以前，丹麦的数学家兼艺术家派特·

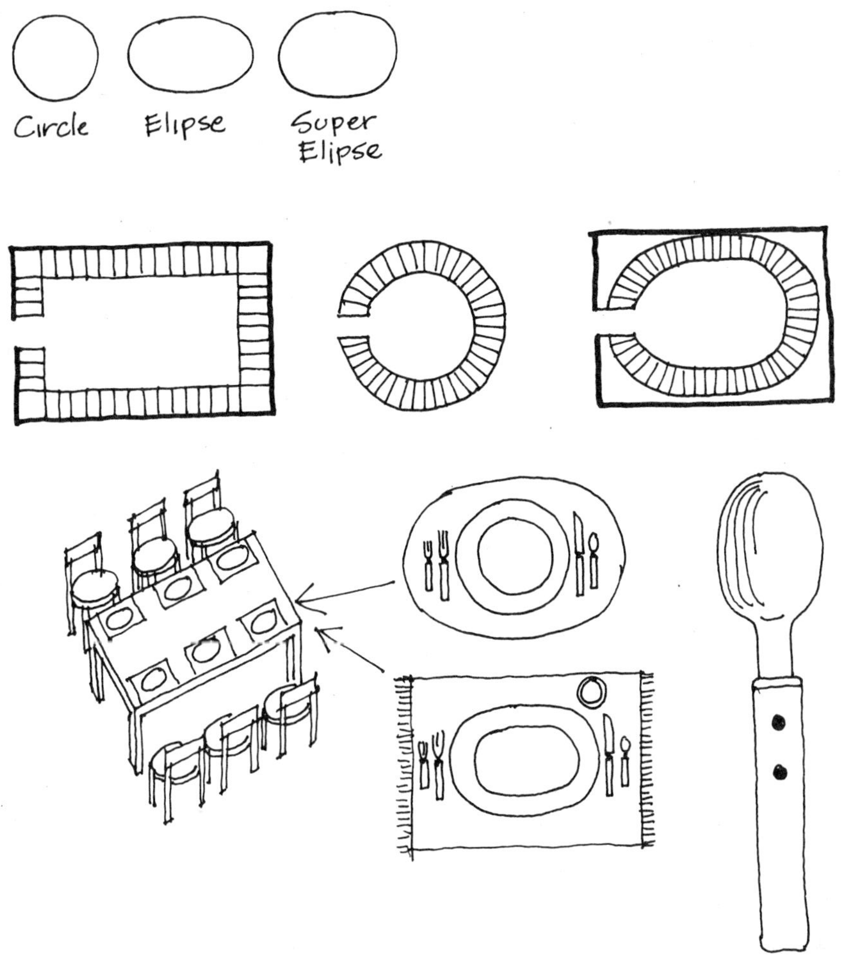

图 2-23 相似问题的共同解决方案

海因 (Piet Hein) 提出这样一个问题，即如何使一个环形的停车场适合安排在长方形的空间里面。他提出了一种改变椭圆方案的方法，而产生了一种丰满的或"超级的"椭圆，并以此作为两个形状之间的折衷物。随后，他又发现了可应用上述办法来解决的许多类似的问题，包括如何使菜盘的圆形与放置这些菜盘的矩形餐桌相适应。在视觉笔记本中，对于问题和其解决办法的图解，会使你有更多的机会看到这种相似性，并提高你的思维和设计能力。有许多别的技巧可以被用来提高创造力，可通过做视觉笔记得到应用（见第 5 章）。当你获得更多的体验时，你可在视觉笔记中增加这些技巧。

随着用作表现、抽象和象征的视觉标志被理解，其用途又为设计者所欣赏，我们现在就可以开始探究一个特定的视觉笔记本了。

3 视觉日记

图 3-1 希腊雅典卫城，查尔斯·让纳雷（勒·柯布西耶）年轻时一次旅游中所作。SPADM，巴黎/VAGA，纽约，1982 年

人们最初做视觉笔记的动机很可能来源于一个非常实际的情况。这类笔记很可能是通常的文字笔记的补充，诸如上课的学生、参加商业会议的人们或从一本书、一篇文章、一个报告中汲取主要内容的读者所为。一旦视觉笔记变得和文字笔记一样容易时，它不仅成为一种获取实际信息的新方法，而且也打开了一个新的丰富的世界。除了为特殊的、范围相当狭窄的行动记录特殊的信息之外，记日记也是一种可能性。

记日记是一种古老的传统。这里我们要区别笔记本和日记的功能，这种区别主要取决于作者的态度和目的。笔记本是用来记录与特殊任务有关的要点，如记住讲座中或书中有意义的观点，或在人们的职业或业余爱好中为解决某个特殊问题而收集信息。日记的作用在于收集可能出现的思想火花和图像，而与事先考虑的或已安排的任务无关。“日记”一词来源于拉丁词“白天”，它反映了人们每天记录思想、经验和图像的意愿。当然，一个人不需要像每天为了生存需要进食那样老想着自己的日记，但它仍是一项长期的事业。

由于日记是按时间记的，比如在一次旅程中或是几年的时间里记的，它成了作者生活记录的一部分。翻阅日记可以回顾起若不记日记可能大部分已忘记的事件。尽管日记可以被看作是一种回忆往事的手段，但其作用还多得多。它可以把不在同一时间里出现的思想和图像放在一起。否则，这些图像和思想会因时间久了而互相分离。作家爱德华·费舍尔（Edward Fischer）在一篇文章中很好地总结了这件事并鼓励读者记日记说：“按天来衡量，生活没什么意思。按年来衡量，事情就多得多，计划也就随之诞生了。记日记的一个最有说服力的理由是从所看到的图案形式中得到安慰。”

随着日记量的增大，它已不仅仅是一个记录了。根据爱德华·费舍尔的说法，它“会鼓励你将那些模糊不清的概念和感觉整理成你愿意支持的思想，并会帮助你把内心的混乱变成一种和谐的东西”。费舍尔提到的“和谐”，一方面是个人行为，另一方面是客观行为。客观观察和个人反应被记录下来以供以后再考虑。虽然，爱德华·费舍尔指的是书面日记。但是，既有图形又有文字的日记甚至可能更为重要。这种日记所帮助建立与提供探素的和谐是由思想以及产生思想的图形组成的。G·K·切斯特顿（Chesterton）认为，“每一个艺术家的心里都有类似建筑图案或建筑形式的东西。富有想象力的人的素质是图像化的，就像他梦中的风景，像他想创造的世界或他想漫游的地方，像他所在神秘星球上的奇异植物、动物以及他愿意思考的一类东西。总的环境、生长的格局或结构，尽管丰富多样，却支配着他的全部创造力”。

在这一章里，我们对一本日记的页码进行了选择和重组，这样做的目的是表达记日记的趣味性和实用性。随着日记的增多，就会有发现，被时间和空间分隔开的事件被放在一起，图形开始出现。这本日记的重要性并不在于记录的主题，而在于这些主题被记录的方式以及它们被放在一起所产生的相互关系。这样编页，是为了不让读者因日记中多余的东西而厌烦。因此，从这方面来说，这本日记并不是完全真实的。它是相关观察或基本相关观察结果的集合，用以说明日记的作用以及日记所能完成的工作。

比如，讨论文学或戏剧是必须考虑内容和形式的。同样，在讨论日记时，我们也要讨论记录些什么东西以及它是如何被记录的，因为这两者不可分离。因此，随着日记的展开就出现了故事套故事的现象。一方面，我们主要关切记录信息的表现技巧，并关切各种不同的信息如何发生相互作用的显示方法；另一方面，是理解信息与所记录思想的重要性，这样，人们才能明白技巧以及信息间的相互作用。视觉日记包括详细的调查结果，而这结果是在特定任务、旅行片断或偶然事件中发现的。特定任务产生所谓“实例研究”。它们以一定的完整性涵盖了整个主题的内容。片断和偶然的记录可以捕捉到稍纵即逝的东西。这样，把以实例研究形式出现的专项工作笔记与日记中的片断思想结合起来，可望表现视觉笔记的广度及其内在联系。理解日记最好的方法，是循着一系列事物及发现的内在联系，一页一页地通读下去。由于每一节都涉及颇为复杂的事件，因此，只有与作者一起“深入事件中”，才能最好地理解它们。这样，你就会与别人分享发现的快乐。你应该把这一章看成是一个经历过这件事的人所讲述的故事，它详细地描述了这些经历，并展示这些经历和现象导致的结果。

图3-2

图 3-3

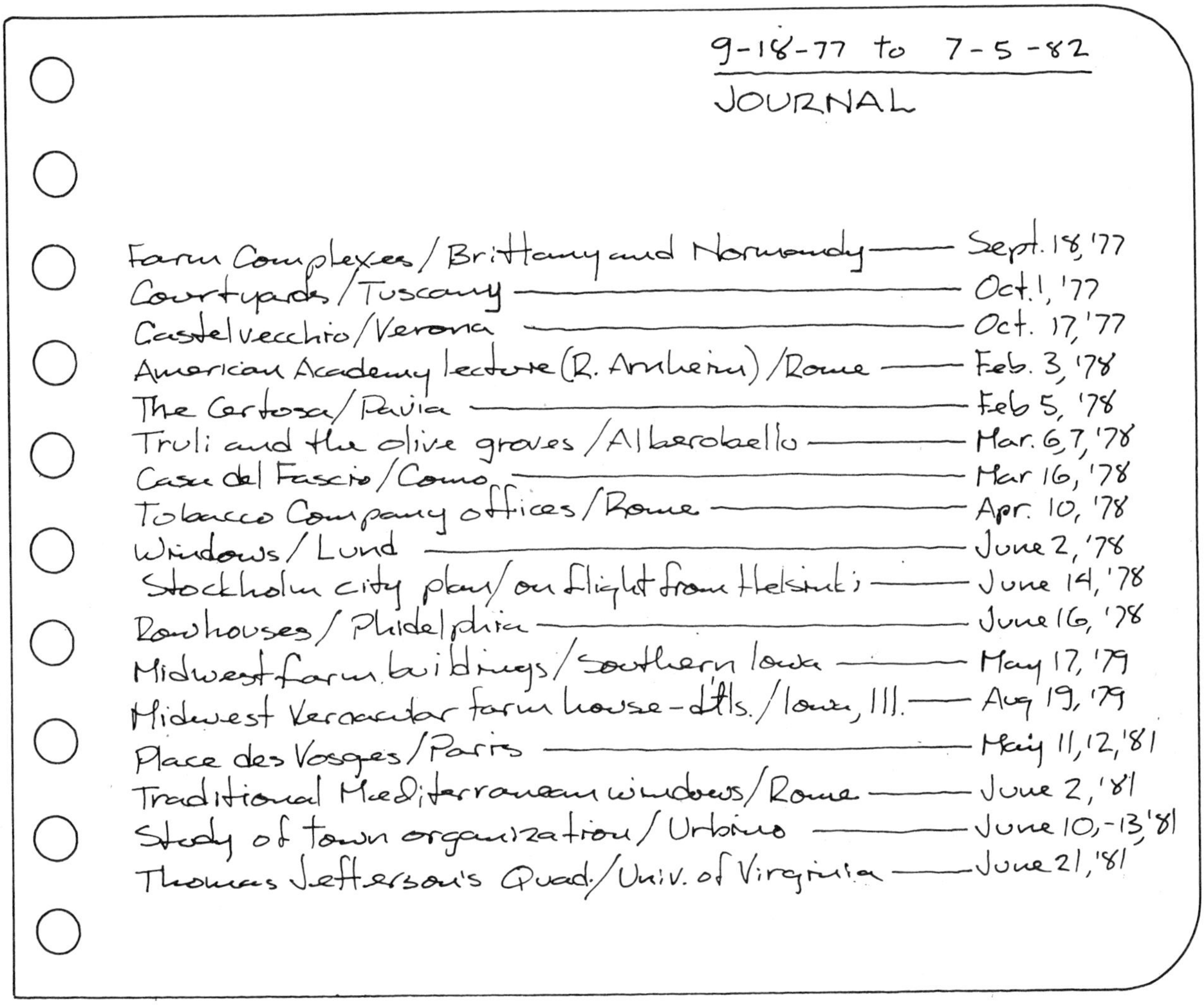

9-18-77 to 7-5-82

JOURNAL

Farm Complexes / Brittany and Normandy — Sept. 18, '77
Courtyards / Tuscany — Oct. 1, '77
Castelvecchio / Verona — Oct. 17, '77
American Academy lecture (R. Arnheim) / Rome — Feb. 3, '78
The Certosa / Pavia — Feb 5, '78
Truli and the olive groves / Alberobello — Mar. 6, 7, '78
Casa del Fascio / Como — Mar 16, '78
Tobacco Company offices / Rome — Apr. 10, '78
Windows / Lund — June 2, '78
Stockholm city plan / on flight from Helsinki — June 14, '78
Rowhouses / Philadelphia — June 16, '78
Midwest farm buildings / Southern Iowa — May 17, '79
Midwest Vernacular farm house - dtls. / Iowa, Ill. — Aug 19, '79
Place des Vosges / Paris — May 11, 12, '81
Traditional Mediterranean windows / Rome — June 2, '81
Study of town organization / Urbino — June 10, -13, '81
Thomas Jefferson's Quad / Univ. of Virginia — June 21, '81

图 3-4 日记目录（1977 年 9 月 18 日～1982 年 7 月 5 日）

图3-2 查尔斯·让纳雷（勒·柯布西耶）所作的一幅风景画。日记中把散乱的事件放进透视图中，有助于使“混乱变为和谐”。SPADM，巴黎/VAGA，纽约，1982 年

3.1 考察场所

3.1.1 场所感：相信直觉

图 3-5

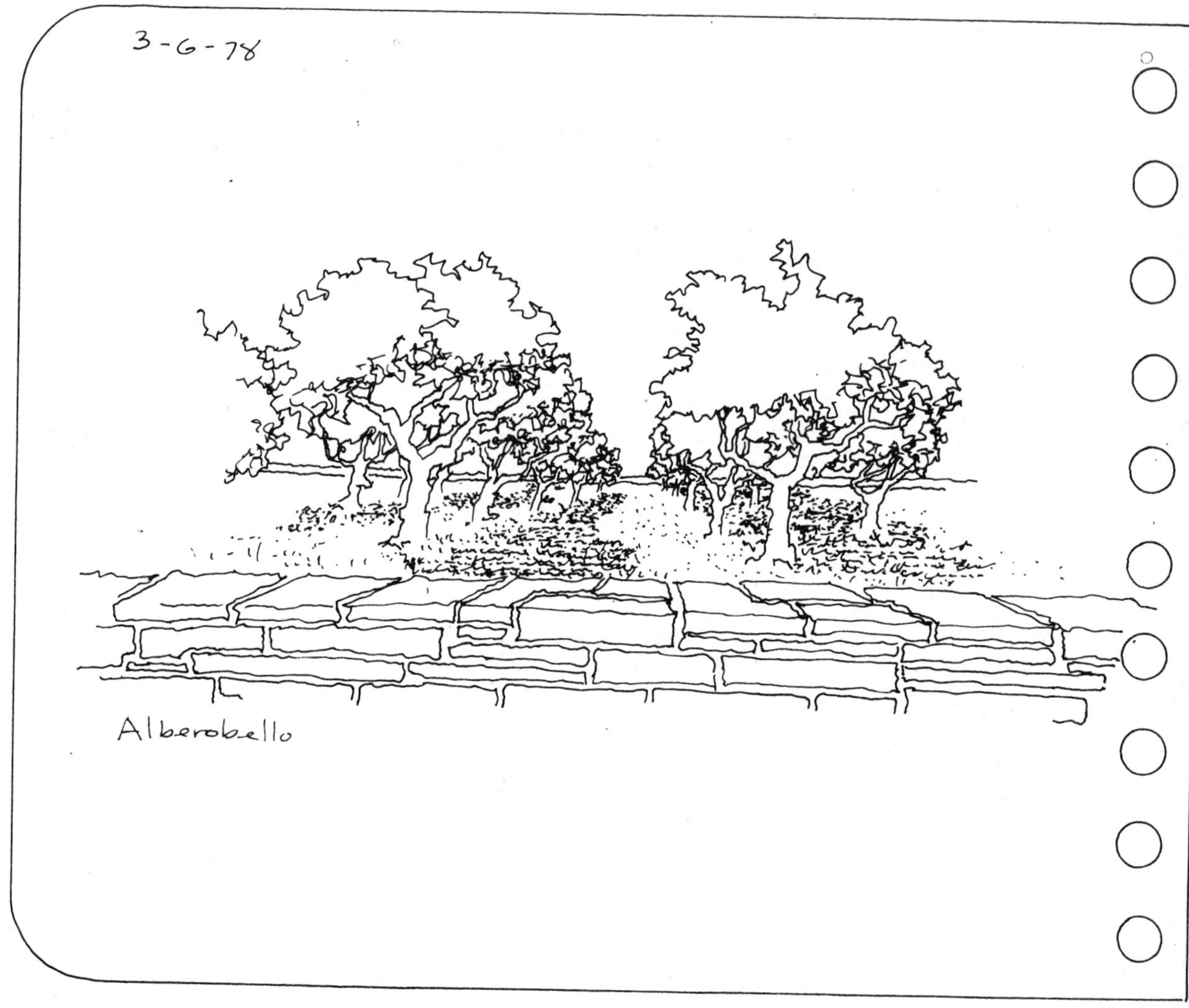

古罗马人有一个词“genius loci”，意为场所感。显然，它是一个非常综合的概念，并与场所的所有特征有关，这些特征合在一起就使该场所成为独特的场所。这个词可以用来指一个城市或一个地区，也可以小到一丛树、一幢建筑的房间和院子。建筑师兼建筑理论家C·N·舒尔茨(Schulz)坚持认为，现在懂得这样一个概念，与在古罗马时期懂得它一样重要。对于一个设计师来讲，这种场所感特别重要。除非我们懂得凑在一起形成场所特征的各种不同事物的特性，否则，我们将会冒着损害其宝贵特征的风险去修饰它。

以一个小镇为例，其场所的照片或精确图画从某些方面描绘了这个小镇，这对于人们体验该小镇是重要的，而体验比起图画必须从几个固定视点来看要更为细致。当然，没有什么媒体或什么综合媒介能代替人们对场所的亲身体验。但是，文字、图画与视觉记录放在一起，却能够有助于表达更多的整体特性。有效的视觉符号、文字和相片，可以为特征类似的设计工作或包括场所自身的更

图3-6

新改造工作提供大量的信息。

下面的实例研究和笔记涉及到一些有趣的场所，与体验的全部独特的符合一致，并涉及组成这些场所的特有细部。虽然笔记代替不了体验，但是，笔记可以传达基本的特性。如果把笔记同读者自身的经历结合到一起并进行比较的话，就会重现某种真情实感。最重要的是，组合这些日记的过程，需要那些做文字记录与做绘画记录的人作出一番贯彻始终的和考虑特别周到的努力。这比起相对被动的旅行访问来说，更有助于人们对所观察事物的深刻了解。做视觉笔记时需要密切注视基本关系，因为每一次持续的努力都会有新的发现，反过来，这又能揭示出更多有关场所特性的问题。我们提供了一张被调查的场所的相片，读者可以把图画和图片实景进行比较，从而更全面地理解场所的基本特性。文字记录颇为简单，这是由于作者有丰富的知识以及作者所依赖的其他信息来源，诸如书籍、地图和小册子等。

3.1.2 乌尔比诺镇（Urbino）：分析心理以试验直觉

图3-7

小山城。这是一个据说是“完全均衡”的例子。乌尔比诺镇的人口、经济、历史以及与内地的关系，被许多人认为构成了一个完美的相互比例关系，因此，它是值得仔细研究的。“完美”一词是有争议的，但许多观察者都发现乌尔比诺镇具有均衡力量的某些氛围和高水平的优雅。尽管这一点无法用数据来证明，但是，却难以否认在它那里确有着一种特定的完美无缺。

6月11日，在傍晚时分，从罗马向乌尔比诺镇靠近。一幅非凡的城镇景观来自这么一个优越的地点，即距离穿过宫殿建筑正下方围墙的大门西南约1500m处。傍晚时分，太阳从这个方向照亮了城市。并为进入这个城市作了出色的引导。

图3-8

6-11-81
Metropolitan Basilica
"new" south front of the Palazzo Ducale
the ramp
"Platform" (i.e., Mercatale)
Francesco di Giorgio
URBINO
fm S-W

图3-9

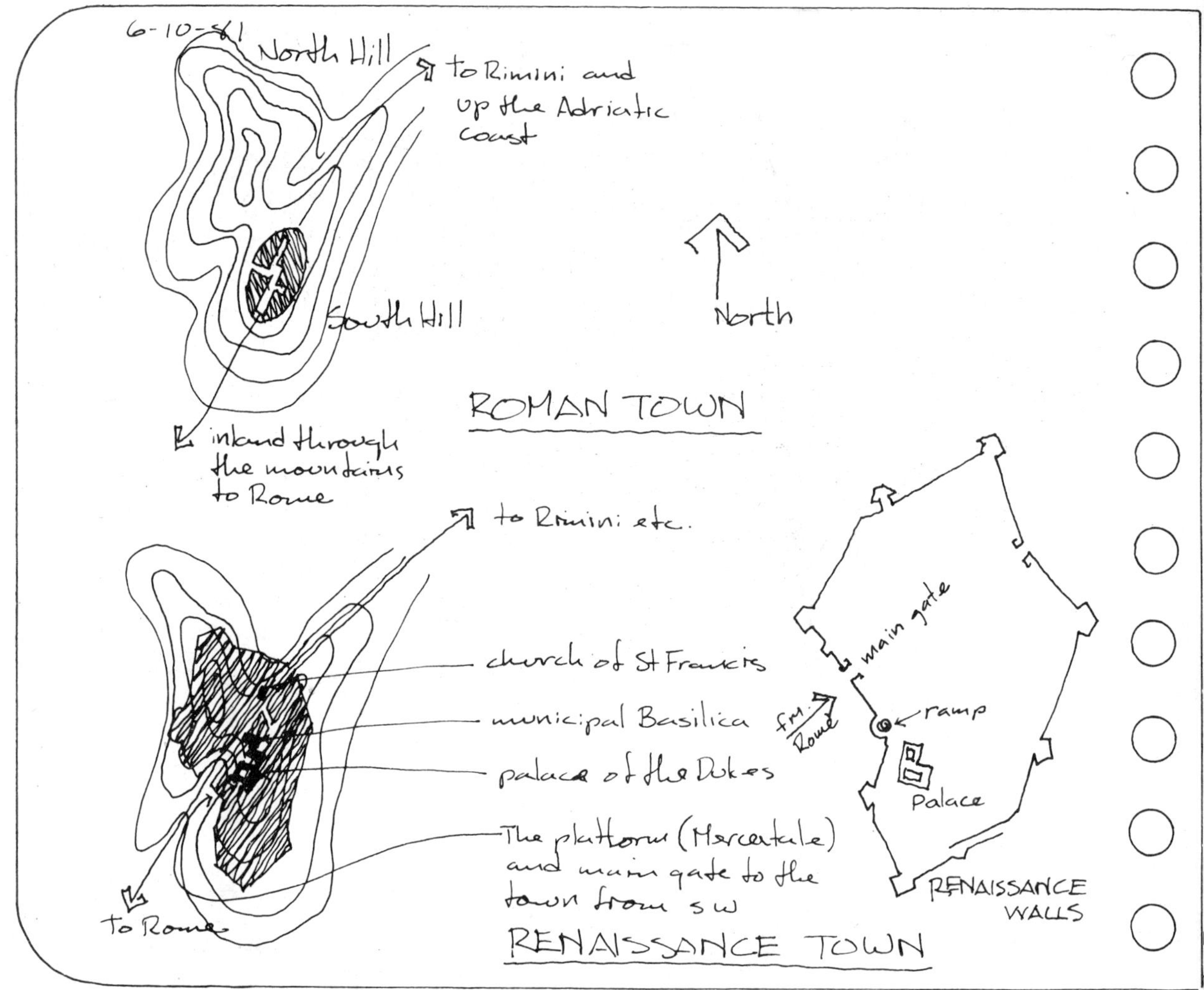

第二篇日记，记载了这个地方的历史轮廓，并对它的形态与环境作了一些解释。尽管这些文字记录很长、很细，但唯一重要的是它抓住了制约城市开发的主要特征。了解城镇的形成特别重要，它可以把今天我们所见到的这些等同于创造这种形式的历史环境。笔记涉及了一个罗马时期的城市是如何在南山上产生的，在中世纪时期又是如何扩展至北山的，以及文艺复兴时期的建筑师又是如何在位于两山头之间的鞍部修饰广场，并以此来帮助连接这两部分山头的。以上内容都根据历史和旅游指南绘成图画，并和小镇的平面图一起放进日记中。日记中还包括（本书中未列出）一个好餐馆的出处，两个主要旅馆的位置，以及对公爵宫（Ducal Palace）中所展示绘画的说明等等。换句话说，日记成了探索一个城市的工具，它既包含有实际的信息，又包含着深奥的信息。有些内容在去乌尔比诺镇之前已记录下来，这为在考察过程中收集诸如绘画、图表和笔记等形式的信息提供了方便。这样，日记是一件全面的工具而不仅仅是供日后参考的文献。用作日记的笔记本，与护照、旅行支票、导游书和雨伞一样，都是旅行的必备用品。

乌尔比诺镇像其他许多意大利省会城市一样，是建立在一个山顶上，确切地说是建在两个山

图3-10

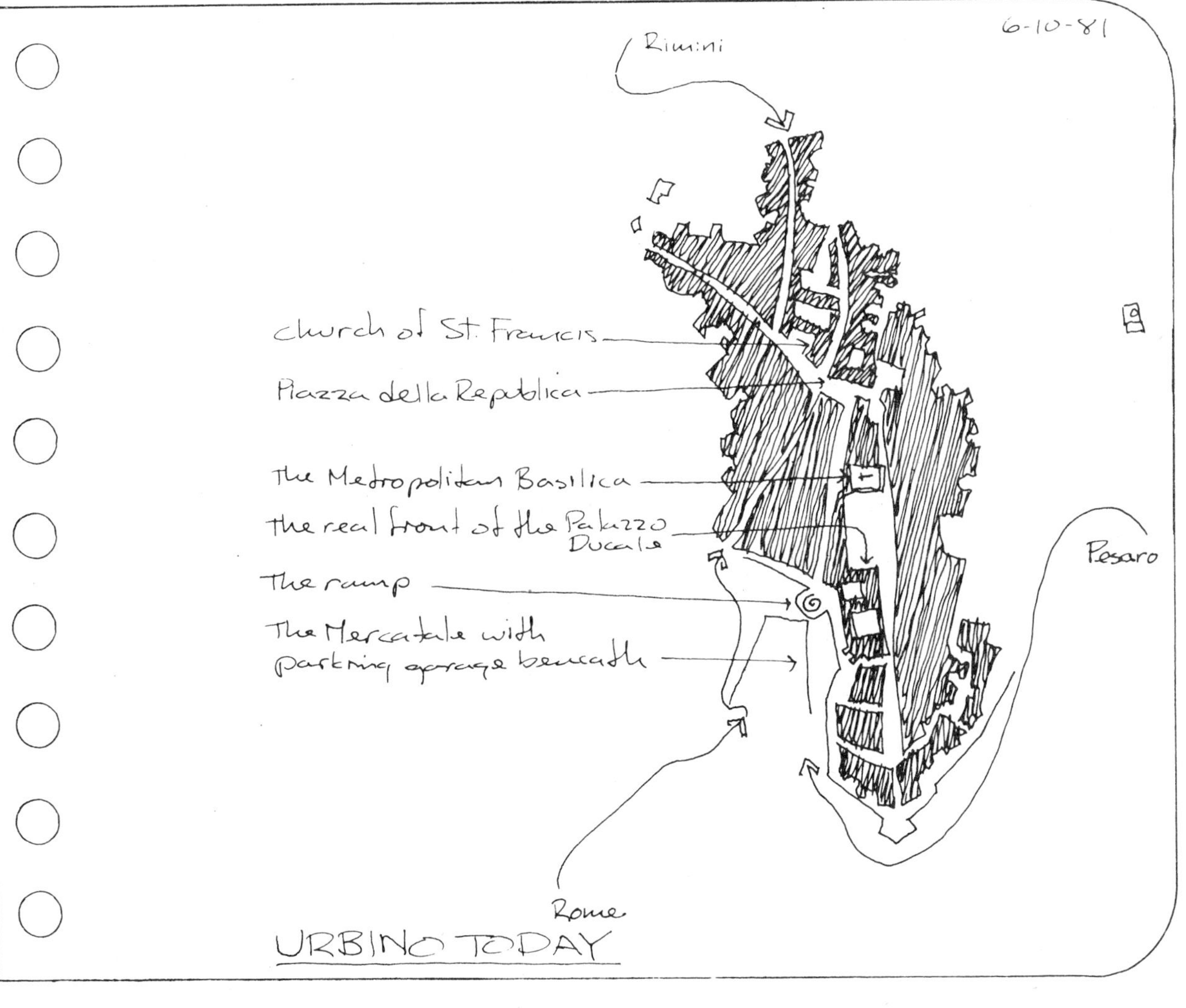

头上，这两座山之间有一小的鞍形。镇上的主要广场——共和广场就位于这个鞍上，还有附近的圣弗朗西斯（St. Francis）教堂也在此，作为连接城北镇与城南镇之间的纽带。当然，从以上所描述的优势点来看，这不是很明显。沿着从罗马来的道路，到底是什么使这一优势点变得如此的非凡呢？这就是，其城镇从山脚建起，直至公爵宫的两个塔楼所在的山顶。此外，这种建设形式的起始位置又通过山脚的一个宽阔平台而得以强调，此平台是老防护墙基础的标志，并为其上面的建筑艺术形式的集成提供了一份素材。

乌尔比诺镇今天看起来基本上就像文艺复兴时期那样，那个时代的建筑师通过设计某些建筑物、道路、墙和开放空间，使乌尔比诺镇的两部分相互变得协调。地形图是根据两本书中的资料绘制的，把它们一起放进日记中会有助于人们更全面地了解该城镇的形态。特别重要的是这个城镇是如何在中世纪之后被“重新定向”的，即让它面朝南向着来自罗马的路，而离开来自里米尼（Rimini）的路线。后者是几百年以前最重要的一条路。

描绘城镇的分析画只由内心来领会，但它有

图3-11

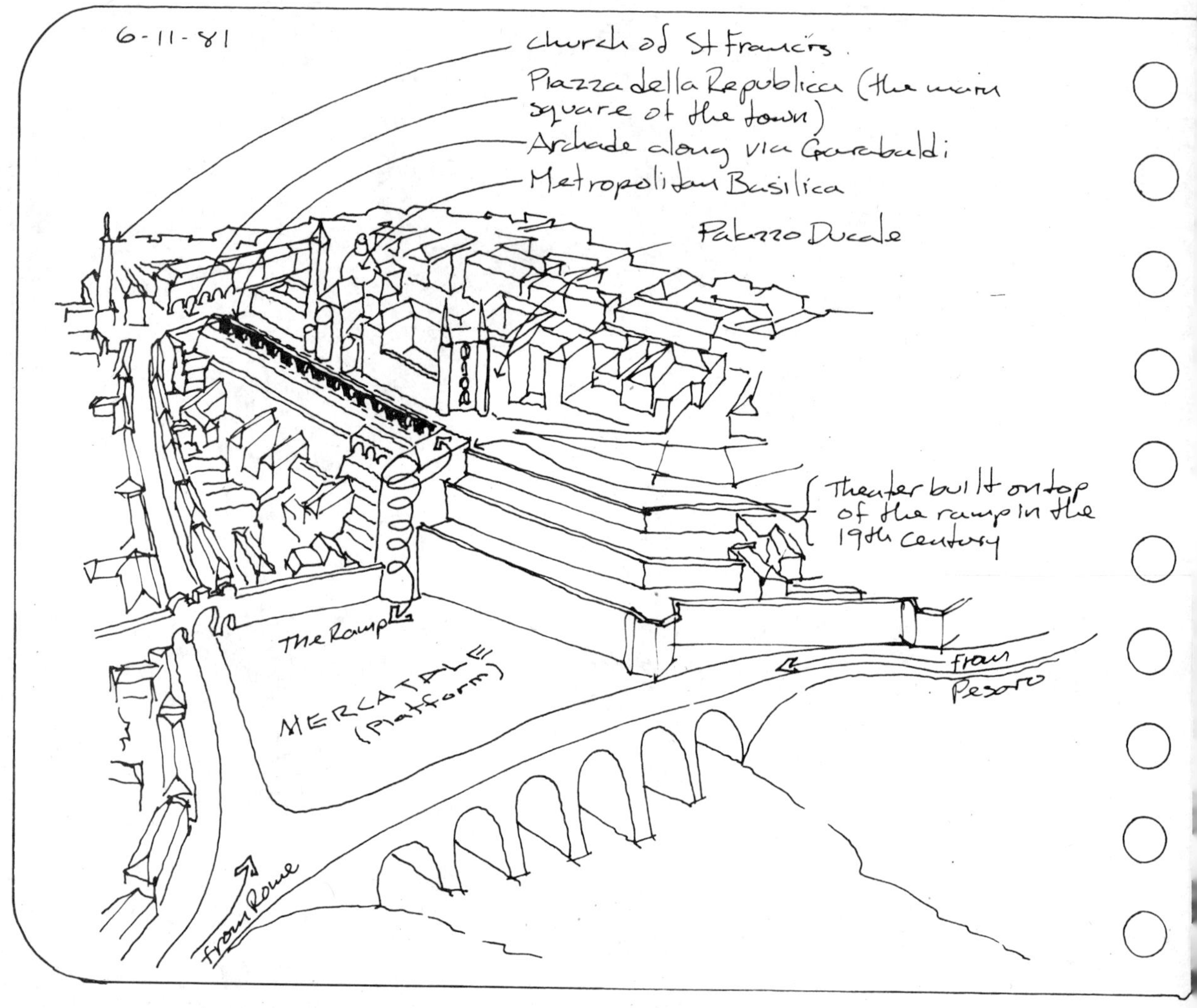

助于解释哪些部分在文艺复兴时期城镇重新定向中起重要作用。这幅画显示出平台是如何跨越山谷并被安置在一个适当的位置上，以形成城镇的"前厅"，同时成为便利的集市广场。这幅画还显示出建在文艺复兴时期的公爵宫后面的双塔是怎样为那些从西南方向向它靠近的人们提供一种立面的姿态。这幅画比较真实，它表现出质感、总体效果、城的尺度（从远处看时），但在细部方面画得不太准确。建筑物的数量、形状与相互之间的关系是近似的。此外，某些特点被概括或夸张以表现它在城市结构中各自的作用。

进一步选取把一些重要项目分离了出来。其

图3-12

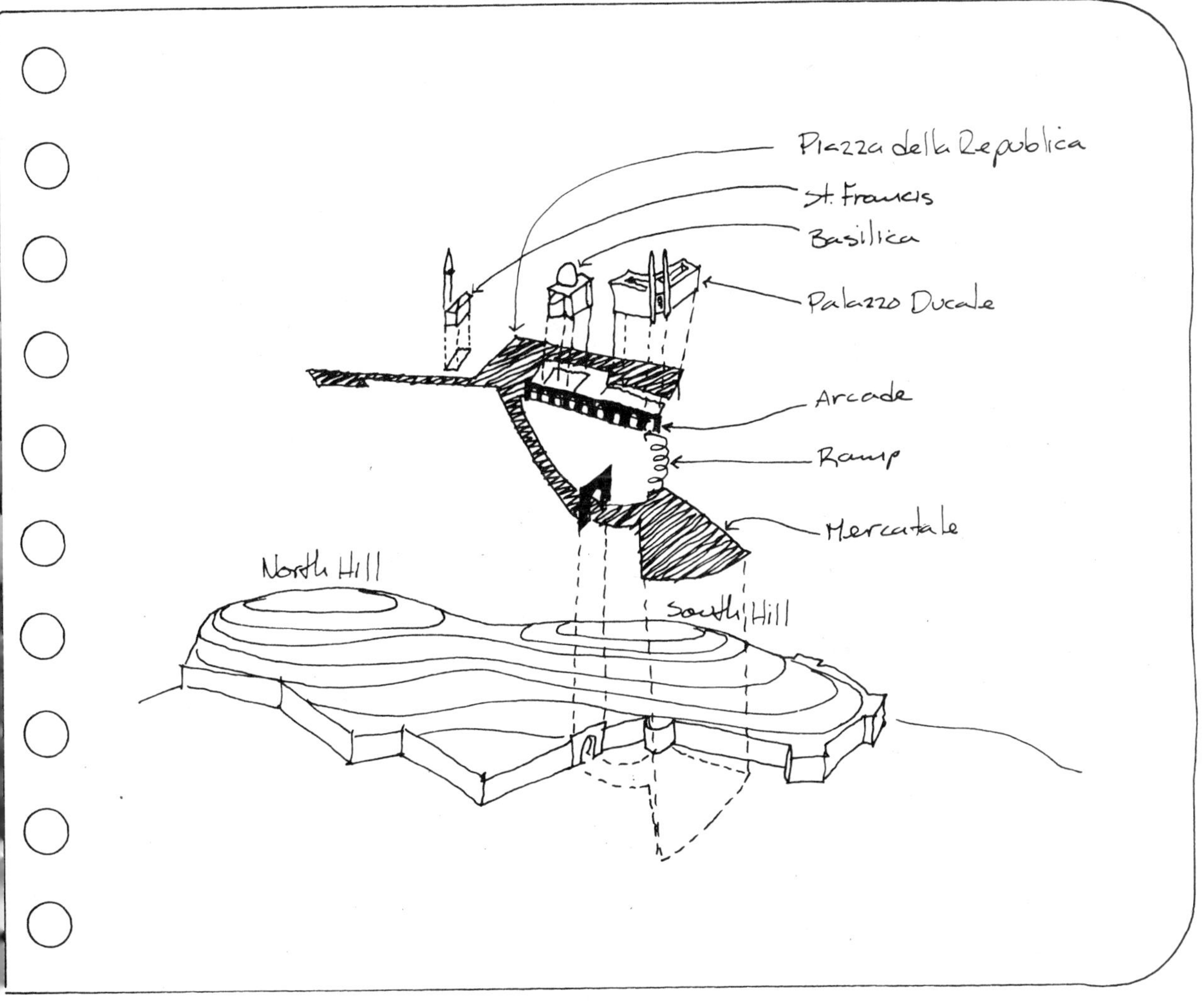

中许多项目是在15世纪由建筑师弗兰切斯科·迪乔治（Franceoco di Giorgio）设计的，现在仍然作为该城镇的主要组成因素。共和广场作为该城镇两侧的枢纽，其位置就在两山之间的鞍部。迪乔治设计的带有螺旋坡道的拱廊把门厅与主广场连接起来。有一扇特别的大门，是在与街道毗连的墙上，人们可以从这里眺望那座没有障碍的山头，此山头有另一条道路同街道相连。两座教堂有助于突出城镇的中心，公爵宫面向市场广场，有防护墙环绕着它，把许多细节和形体统一起来。这个颇为简单的画表现出城镇的重要特点和重要部分，以及它们之间又是怎样相互联系的。

图3-13

- A brick town! most unexpected in central Italy. The brown brick with its diminutive scale (compared with stone masonry) gives the town a somewhat delicate character.
- Vistas: curving and angular streets close all vistas until one encounters a street which opens onto the landscape over the wall of the town. Then the scene is a dramatic suprise; typical of hilltowns.

笔记本下一篇取材于一条引导人们穿越镇子的走道。最初环绕着乌尔比诺镇的散步是在傍晚时分，目的是找出对该镇及其内在结构、内部特性以及日常生活印象等的总体感觉。文字笔记有时采取上述惊叹式评论的形式，记录新的印象。进一步，笔记把那天下午从城镇内向外看的景象记录下来，作为最初的印象。“乡村格外别致，景色如画。无尽的山峦上覆盖着庄稼地、树木、葡萄园与果园等，它使我想起格兰特·伍德所画的艾奥瓦州（美国）风景画，只是这里的田地形状是不规则的，农场建筑更旧了，是带灰红瓦屋顶的暗褐色的砖结构。当然，葡萄园星罗棋布的格局丰富了整个乡村的景致”。

上面的笔记记录了有关城市组织结构的印象，正如它们被发现的那样。这些文字笔记涉及制约城市形态与组织结构的各种因素在安排与使用上的效果。此外，配有草图的文字笔记记录了城市生活情况。“当夜幕降临时，主要广场（共和广场）开始充满了人，他们大部分是大学生。桌子与椅子占了广场的一半。这与三小时前实在是太不相同了，因为那时我第一次穿越广场，车辆和行人很少有停下来的”。“教堂前更大的广场与公爵宫前，现在几乎已经没有人了，显然，共和广场是傍

图3-14

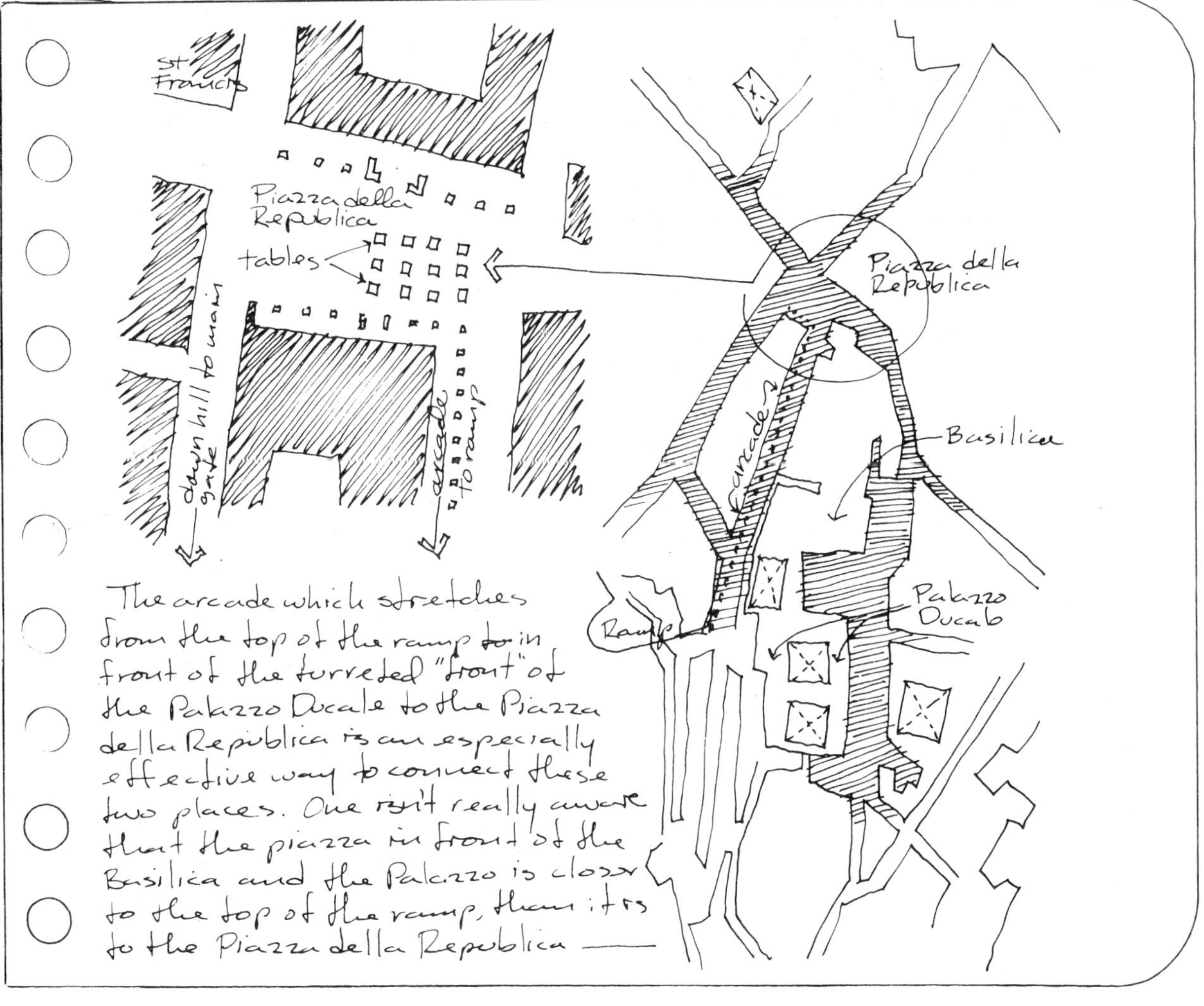

St Francis
Piazza della Republica
tables
down hill to main gate
arcade to ramp
Piazza della Republica
arcade
Basilica
Palazzo Ducale
Ramp
The arcade which stretches from the top of the ramp in front of the turreted "front" of the Palazzo Ducale to the Piazza della Republica is an especially effective way to connect these two places. One isn't really aware that the piazza in front of the Basilica and the Palazzo is closer to the top of the ramp, than it is to the Piazza della Republica —

晚一个凉快的地方。”

此次旅行中早做的记录说明该镇是由砖建成的，这是很有价值的，因为它在观察者熟悉城镇最初特征之前就已有了印象。最初的印象如同研究过的观察结果一样，是有价值的，因为最初印象是整个体验的组成部分，也是全面理解“场所”特点的组成部分。随之而来的记录，比如关于从白天到晚上主广场的显著变化特点，是根据对观察结果所做的研究而得到的，而为此又需要相当长的时间来了解这座城镇。每一个观察报告，包括最初的印象以及短暂的观察，对于表达该城镇突出的特点来说都是同样重要的。

图3-15

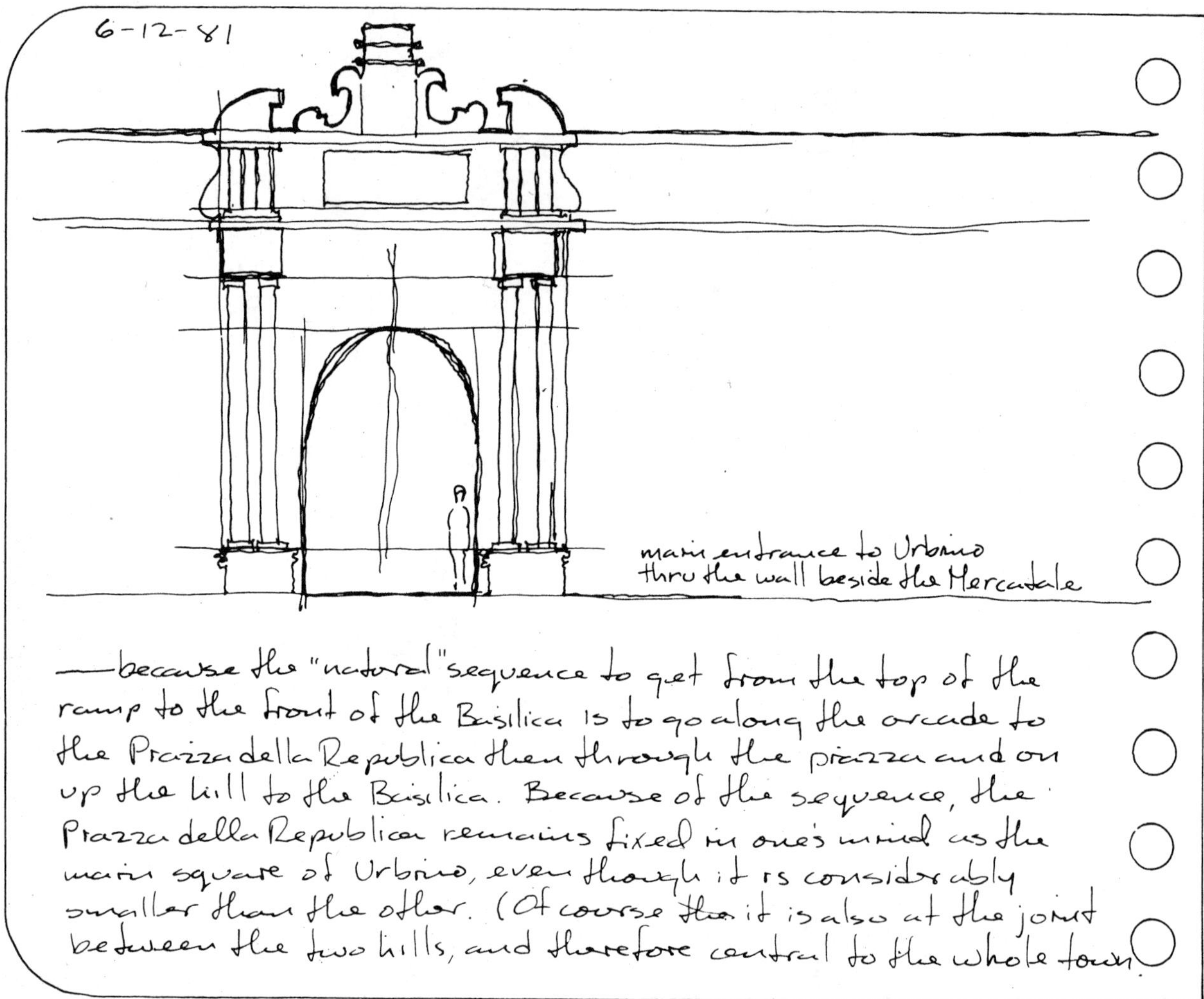

6-12-81
main entrance to Urbino
thru the wall beside the Mercatale
—because the "natural" sequence to get from the top of the ramp to the front of the Basilica is to go along the arcade to the Piazza della Republica then through the piazza and on up the hill to the Basilica. Because of the sequence, the Piazza della Republica remains fixed in one's mind as the main square of Urbino, even though it is considerably smaller than the other. (Of course the it is also at the joint between the two hills, and therefore central to the whole town.

对从坡道顶部沿着有拱顶的街道穿过主广场到巴西利卡的广场的路线进行观察（从前一页笔记开始到本页）有几方面重要原因，而最重要的是这种空间次序及其被穿越的情况，有助于人们理解该镇的基本秩序。可以说，正如笔记本中图示的那样，乌尔比诺镇主要的有序特点是：

1. 普遍存在的灰砖墙和灰红瓦屋顶具有统一性；

2. 两座山及设在两山之间作为连接部分的主要广场；

3. 完整地环绕城镇并使城镇统一的旧防护墙使该镇作为完整的风景主题出现（不是像多数北美城镇那样，延伸出去，并消失于景色之中，而没有明显的界线）；

4. 最后，有这样的公共空间序列，以其内在方式把重要的场所相互联接起来。

表现这些有序因素的画特别表格化，在表述它们所代表的基本概念性质时也没有绘画的味道。

这些关于乌尔比诺镇的笔记被一种制约观察的态度所激励。一个人的观察方法通常是被预先安排好的主题所左右的。为乌尔比诺镇研究而收

图3-16

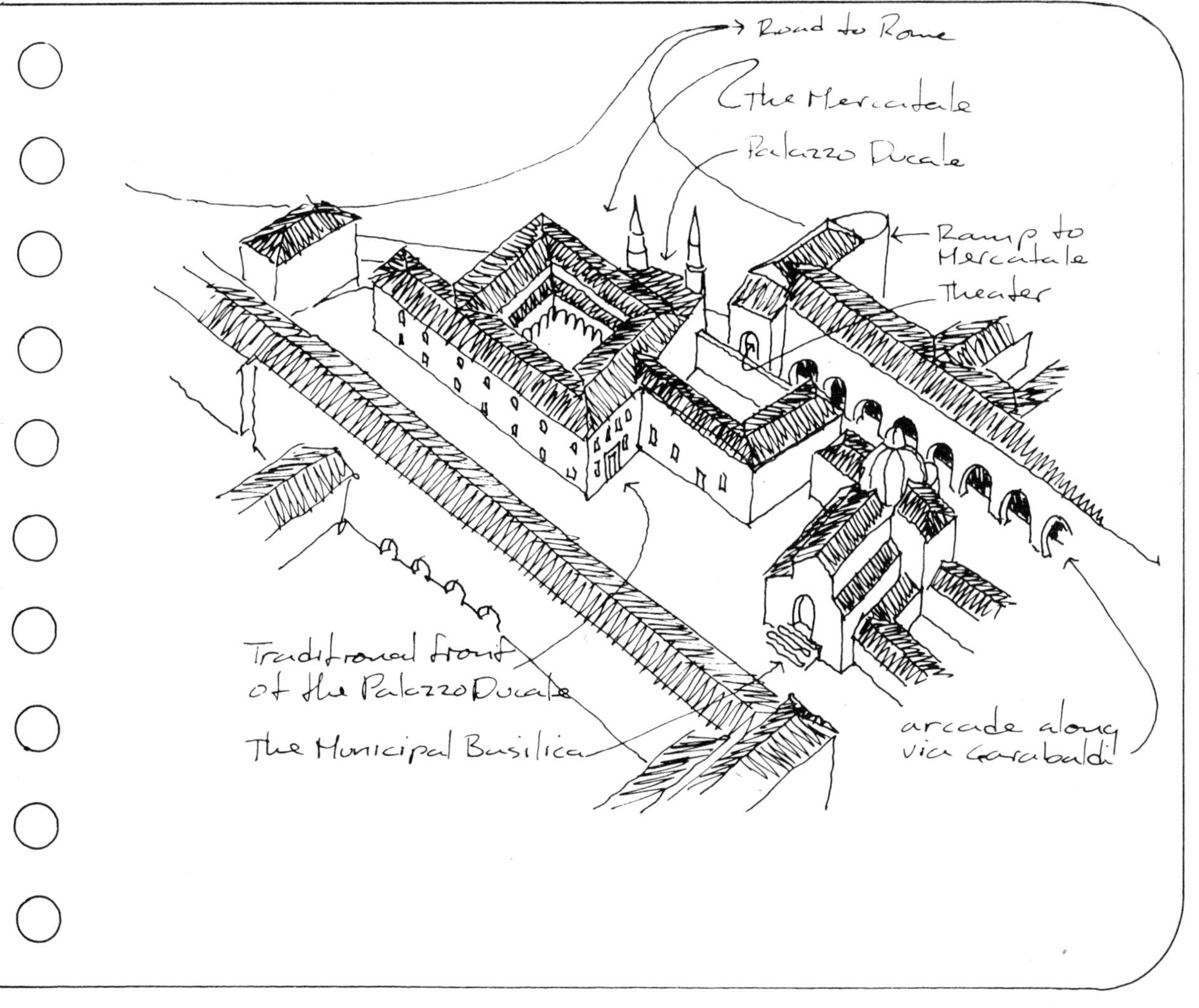

集笔记，这些笔记可用于写文件并可能在别处为城市设计方案提供信息。什么重要什么不重要的先入为主的看法可能阻碍有价值的观察，因为这样的观察不适合固定的模式。即使你是“一只期待着装满的空杯子”，假如你要探讨如同城市一样丰富、复杂的景观，机会仍在于你漫无目的地闲逛，而相对地不计回报。正是仔细的选择才会有所发现。科学家提出一个假设，然后以实验的方式论证他的假设是否符合实际。像科学家一样，我们基于寻求和记录有价值的东西的“假设”来观察与记录。这样，我们加强了体验，开始观察出现的图案，并发现我们的预测中的错误。发现错误预测，就需要重新思考，就像科学家在进一步实验之前重新调整其假设一样。有效的观察行动涉及观察与预测之间的辩证关系。这可能被看成鼓励狭隘观念，但如果用一种观点来从事你的研究，你对专心观察的训练就会抱有信心，那么，即使让你也自由闲逛，你也不会有失去目的性的危险。

我们希望通过对访问乌尔比诺镇的描写来说明记视觉笔记可以提高观察者的观察力。每一次记录日记的体验，都可以提高一个人的观察能力，并使人们更深入地了解复杂场所的丰富性。

3.2 理解有序与无序：
一瓶花和一个城市规划

图3-17

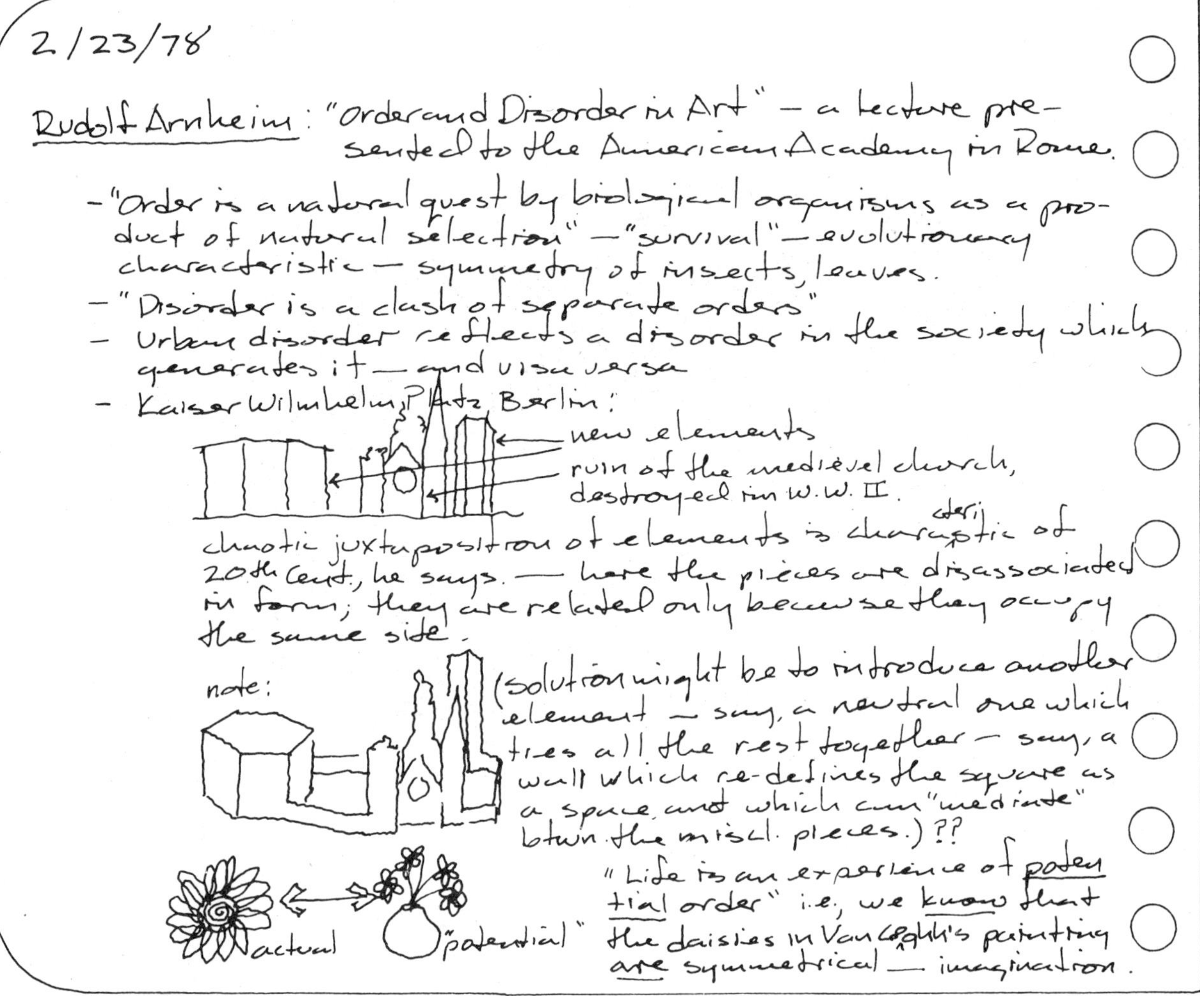

试图捕获像乌尔比诺镇那样的整个城镇的基本特征，是一项艰巨的任务，通过视觉标志，几乎更为可能完成这项任务。用于记录所观察乌尔比诺镇的这本笔记-日记，也包含着来自飞逝场所的片断与思想。1978年2月，鲁道夫·阿恩海姆(Rudolf Arnheim)在罗马的美国研究院做了题为“艺术中的有序和无序”的报告。这个讲座的笔记占了日记的一页纸，与有关乌尔比诺镇的日记比起来它只是一个片断。从鲁道夫·阿恩海姆流逝的幻灯片讲座中捕捉到关于视觉秩序与概念秩序之间相互关系的图示说明。视觉秩序是像对称轴那样明显的秩序，而概念秩序是鲁道夫·阿恩海姆教授所说的“潜在的”秩序，这种秩序是人们知道有，但又不必被看得出来的秩序。鲁道夫·阿恩海姆谈到，即使这种秩序不能被人眼明显地看到，但知道该秩序在哪儿却是重要的，因为我们有一个潜在的秩序常识可以帮助我们广泛地理解秩序，满足我们先天的要求。

我们选刊这页日记有以下两方面的原因。首先，日记中文字的重要性与简洁性与做笔记之前的实例研究形成对照。其次，它启发人们知道远距离的观察是如何能被日记记录到一起的，这样做，比之保持完全分离的思想，人们能取得更大的成果。

图3-18

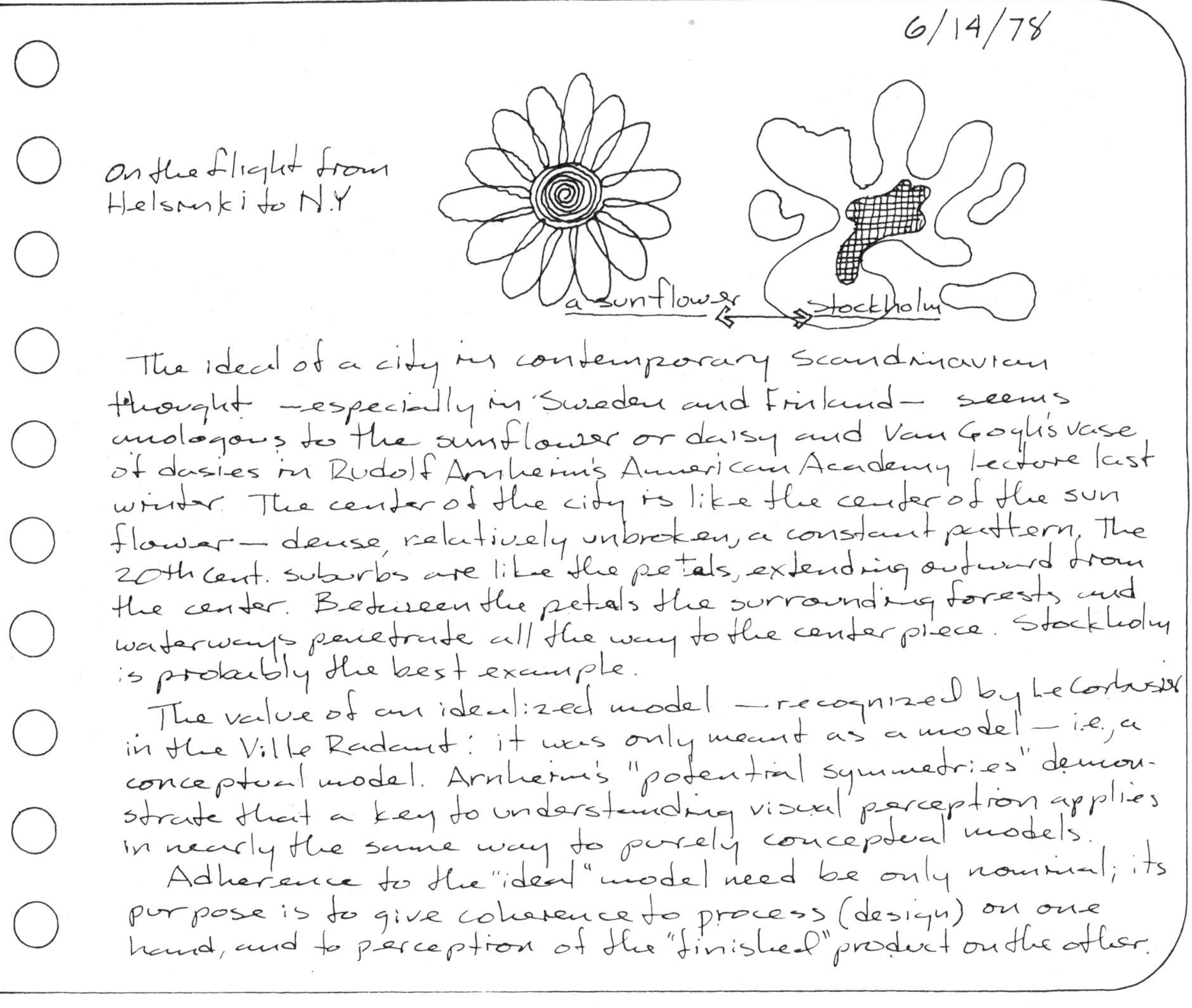

6/14/78
On the flight from Helsinki to N.Y
a sunflower
Stockholm
The ideal of a city in contemporary Scandinavian thought —especially in Sweden and Finland— seems analogous to the sunflower or daisy and Van Gogh's vase of dasies in Rudolf Arnheim's American Academy lecture last winter. The center of the city is like the center of the sun flower — dense, relatively unbroken, a constant pattern. The 20th cent. suburbs are like the petals, extending outward from the center. Between the petals the surrounding forests and waterways penetrate all the way to the centerpiece. Stockholm is probably the best example.
The value of an idealized model — recognized by Le Corbusier in the Ville Radiant: it was only meant as a model — i.e., a conceptual model. Arnheim's "potential symmetries" demonstrate that a key to understanding visual perception applies in nearly the same way to purely conceptual models.
Adherence to the "ideal" model need be only nominal; its purpose is to give coherence to process (design) on one hand, and to perception of the "finished" product on the other.

3.2.1 反思

这一点，是通过注明日期是同年 6 月的一页日记来进一步加以说明的。与一位有管辖权并负责帮助协调政府部门制订计划的建筑师一起访问了斯德哥尔摩之后，发现隐藏在城市规划和城市设计背后的思想与概念模式的重要性有关。这使人想起阿恩海姆在艺术著作中关于概念秩序的论述，即满足想知道正在发生着什么的一种“需求”，这对于了解一座城市是重要的，就像了解绘画一样。这种观察促使我们把阿恩海姆小尺度的观察与较大尺度的控制城市发展策略，特别是使城市发展人性化的策略相联系。在这里，我们回忆起费舍尔的观点——“记日记一个重要的理由在于看到图形有一种欣慰”。虽然这些实例不是真正的图形，但一个人从这里起步是可能的。

3.2.2 费城邻里的新住户：对局部结合方式的观察

图3-19

这种研究就像对乌尔比诺镇的研究那样，关系到一系列类似问题。它注重于新建筑是如何被容纳到美国城市的一个区域。特别是，它记录了用一种对精神或对当地风气敏感的方式把新旧结合起来的企图。

城市是复杂的，不论有多大或多小，它们都是由内在联系复杂的社会形式、建筑物、室外空间和道路系统组成的。街道上的地图及其文字描述只能记录那儿有什么东西。在前面一个实例中，视觉笔记帮助我们理解一个小而复杂的意大利小镇。这里有一个类似的企图，即了解美国大城市一个局部的一些内在运作情况。做笔记的人对解决在现存房屋式样中引进新房子的问题感到兴趣。到费城旅行，来看这一组住宅单元，是因为在专业杂志上看到已建成房屋的相片，相片配有细部说明和相应的统计数据，足以说明该项目的成功。然而，完全有效地了解建筑艺术和城市设计则不能仅仅依靠相片、文字和数字。该项目的大部分特性表明的组织原则，能转用到其他项目中去，而这些

图3-20

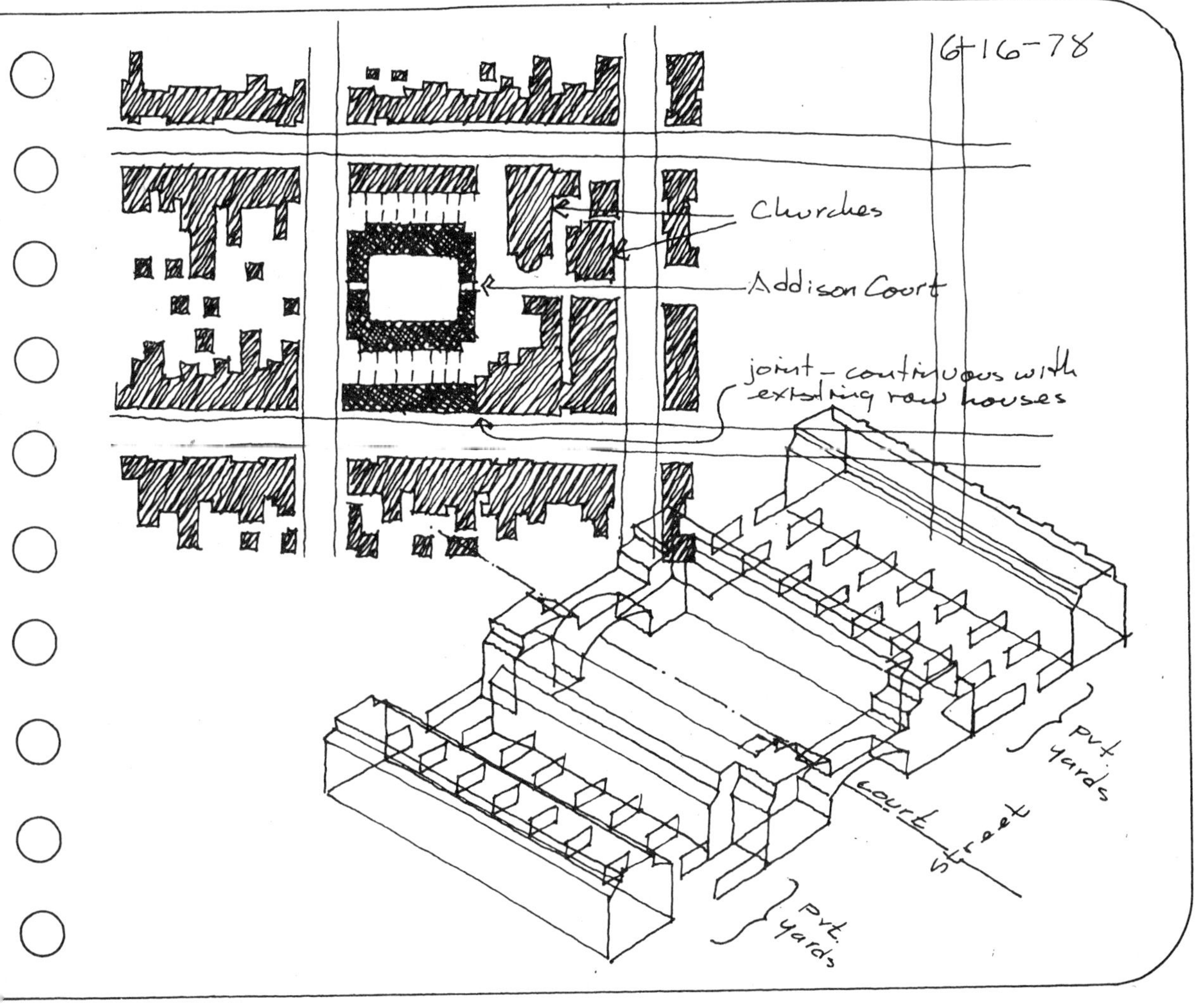

特性只能通过图形抽象的手段来表达。

这个综合建筑叫艾迪生大院（Addison Court），1968年由费城BF建筑商行设计，它是由位于城市小区内的33个住宅单元构成，该小区则由沿两个方向的街道布置的18世纪联立式房屋组成，其间穿插着更大的建筑如教堂、商业建筑。新的住宅单元综合体围合了一个在东西两侧有宽大拱道通向街道的室外院子，每个住宅单元以重复的立面朝南和朝北迎着街道。房子由红砖建成，其上有涂了漆的木窗、木门。为什么这座综合建筑能让人感到特别的有趣呢?因为它表明，运用一些手段，能使插进一个已建成的城市综合体中的新建筑同其所处城市的场所环境相呼应，如同自然风景中的一幢建筑可以被设计成与其周围的环境相呼应那样。

如果观察者能从该场所上方鸟瞰的话，那么，他就会看到新建筑是如何融于旧建筑物之中的。据此，第一张画就是一幅新建筑所在的小区的平

图3-21

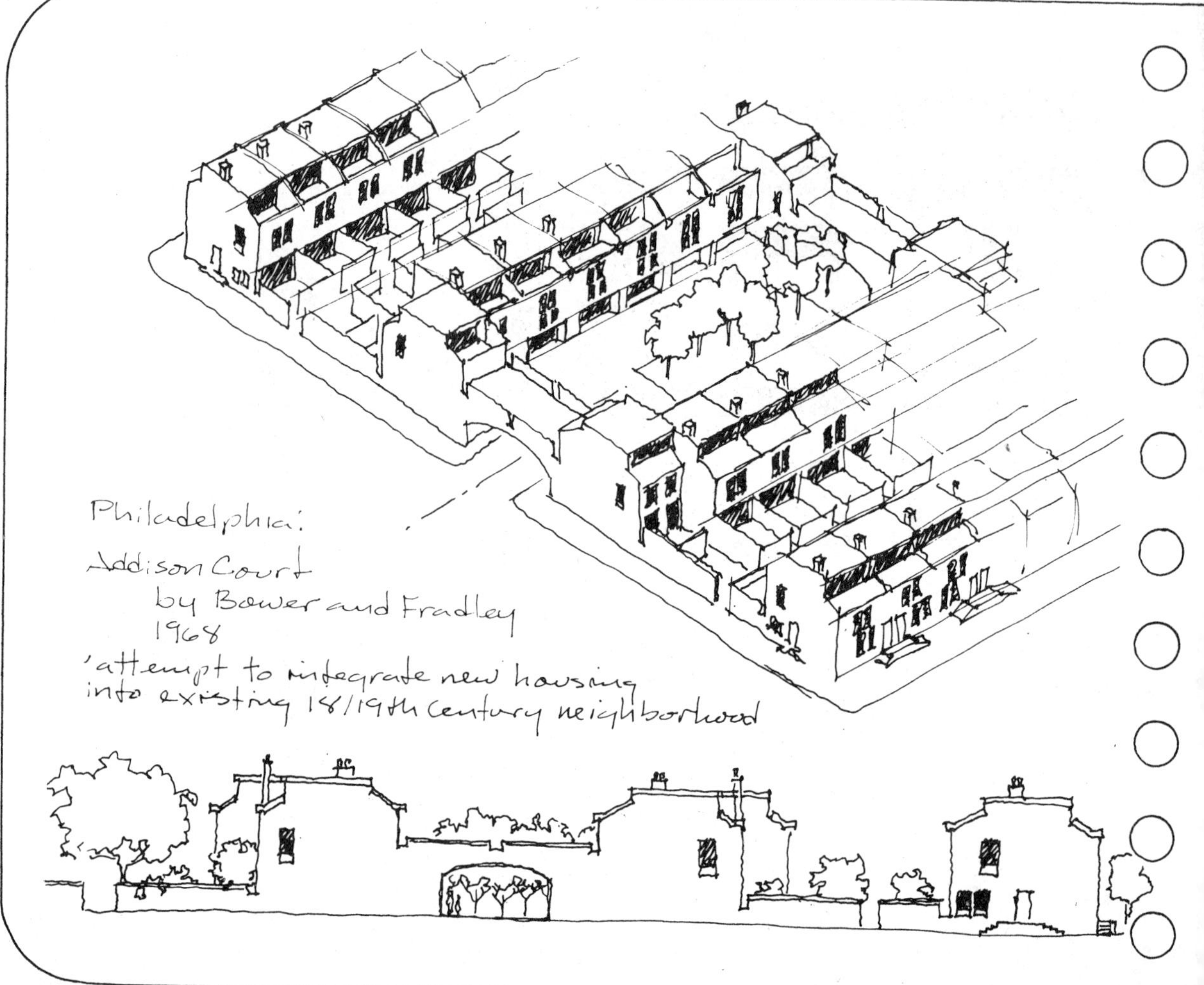

Philadelphia:
Addison Court
by Bower and Fradley
1968
'attempt to integrate new housing
into existing 18/19th century neighborhood

面图。这张平面图和其他供研究用的草图都是在现场先用软铅笔很快画出，然后，当天晚上就在舒适的旅馆房间中再用细尖钢笔加工完成，因为其细部在头脑中仍然清楚。然后用橡皮擦去铅笔线，留下更活泼、更有意义的线条来描述其形体及其相互关系。

在用小汽车环绕完住宅单元的邻里，并在新建筑现场散步完之后，外形的归纳，通过对现有建筑这张极小的场地平面图就被画出来了。该画说明新综合建筑是如何融于现有城市小区中的。有些单元房沿现有联立式房屋的线条延伸排列，其他一些单元则面对一个共同封闭的内院，这个内院形成一个公共空间，在邻里中是很独特的。尽管独特，但它并不破坏户外空间及相关建筑群的格局，这种格局使这里微妙的社会关系形式和习俗在近 200 年里一直存在。只有一幅描绘了被建筑物限定的连续开放空间的绘画，能解释公共空间（街道、步行路）与半公共空间（院子、通道、公园式的空间，如教堂院子和学校院子）和私密空间

图3-22

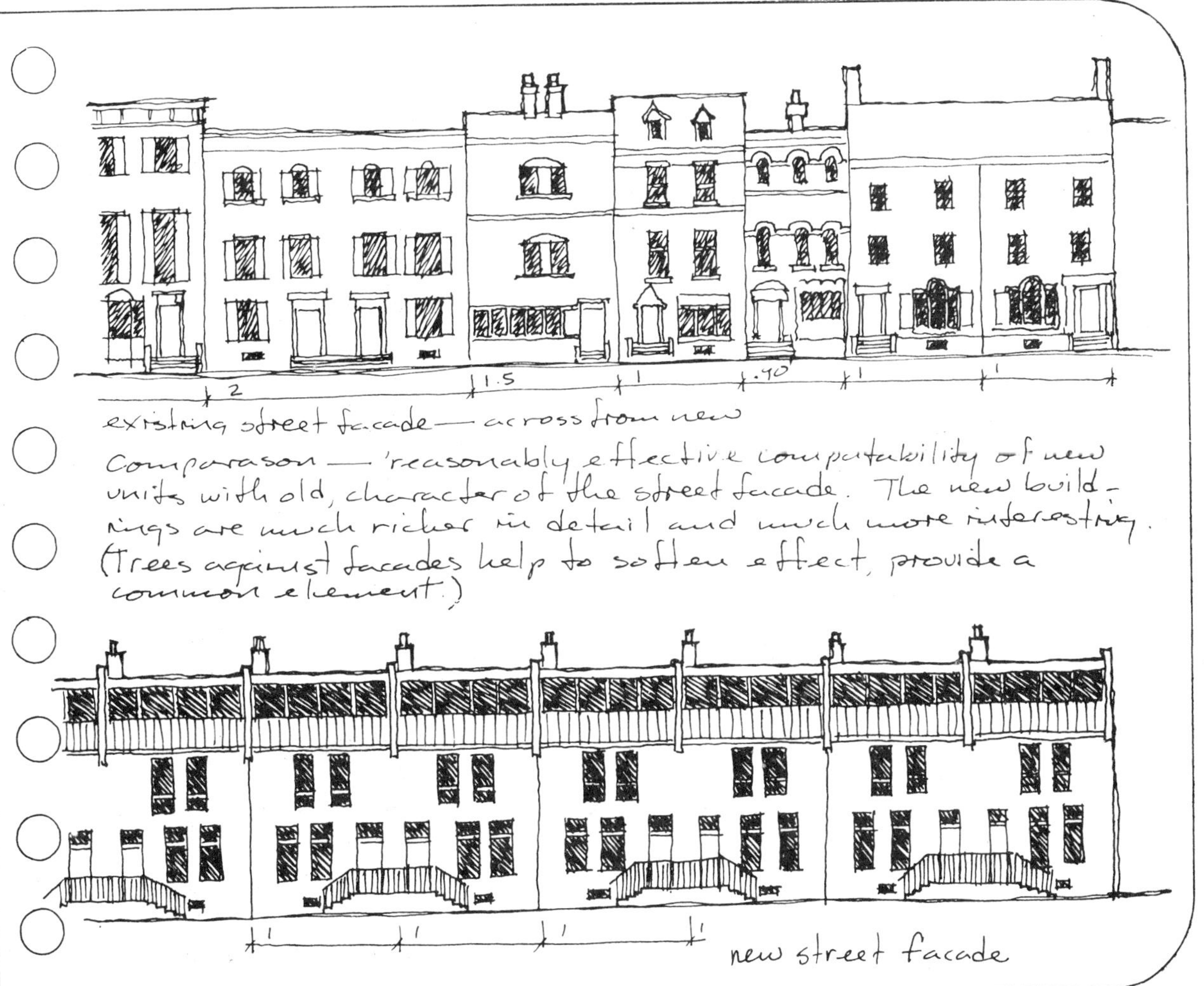

2
1.5
1
.90
1
1
existing street facade — across from new
Comparason — reasonably effective compatability of new units with old, character of the street facade. The new buildings are much richer in detail and much more interesting. (Trees against facades help to soften effect, provide a common element.)
1
1
1
1
new street facade

（如排房后院）之间的相互作用现象。

下一步探索工作是进一步去捕获新建筑与旧建筑物之间的详细关系。这幅综合建筑的轴测图被描绘出来，以便表达得更清楚。这幅轴测图表现了建筑形体（墙、立面、门等）是如何把私密空间相互分隔开的，以及这些空间又是如何从更多的公共空间分隔出来的。它还解释了由项目建筑师所设计的外部空间的基本结构。建筑拐角附近大比例的轴测图显示了院墙、窗、大门以及门廊等在一起时的明细关系。没有必要再继续描述这张详细的草图了，因为它能够容易地与完整的轴测图联系起来，为整个综合建筑物提供充分的、综合的印象。

除了这三幅画表明新建筑与老建筑，以及新建筑各部分之间的组合关系外，其他一些画则抓住了处于现有环境中的该组建筑的另一个重要特征。这些立面说明，通过东西两边或多或少连续的墙唤起在较大的邻里中的安全感与建筑群的整体

图3-23

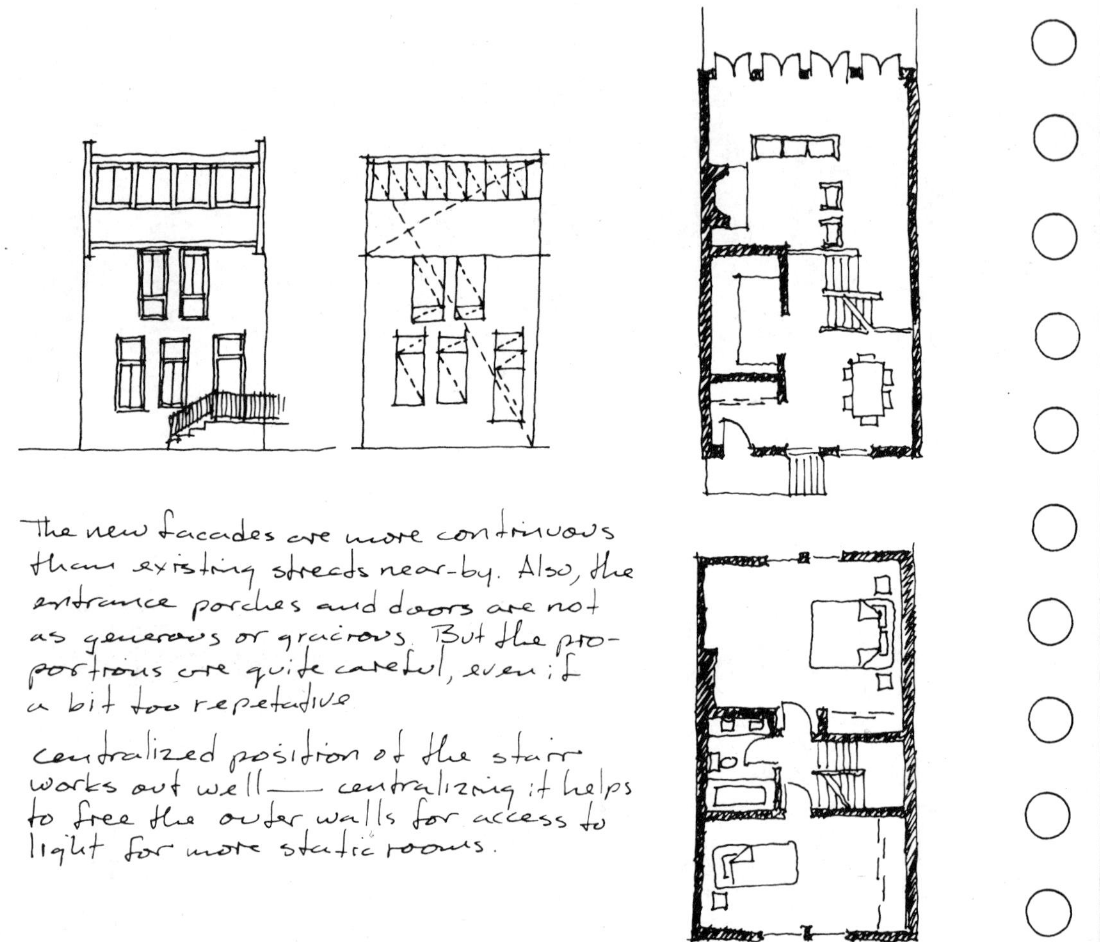

The new facades are more continuous
than existing streets near-by. Also, the
entrance porches and doors are not
as generous or gracious. But the pro-
portions are quite careful, even if
a bit too repetative
centralized position of the stair
works out well — centralizing it helps
to free the outer walls for access to
light for more static rooms.

感。侧立面示意出院子以及庭院那边的树木。穿墙的洞口,即窗户与整道墙相比较相对地小,但它却为人们提供了这样的特点,即它表明了,有了墙,人们可以"阅读"这组建筑的特征。

最后这组画,是在现场做的笔记,它记录了处于整体中的每个独立单元的布置和特点。在访问了一个标准单元后,作者画出了楼层平面、房间安排和布局、相对尺寸、房间之间的过渡空间与交通空间以及贮藏室等等,没有这些画是不能详细理解的。此外,请注意:家具被包括在这些图中的目的,就是为了说明每个房间的用途,并为绘画本身提供一种尺度感。更全面地了解这种关系要利用三维画,并把单元的一部分移走,使我们就能看到房间内部。创造这些画,一个非常重要的作用,就是更好地理解单元内部结构,否则,是不能够做到的。画这样单元画,好像是被切成两半似的,即选取垂直交通来单独表现,或从重复的分隔墙之间抽出一个单元来,这都需要仔细地观察和周到地重建,以求适当地、准确地再现。画这些图与弄清

图3-24

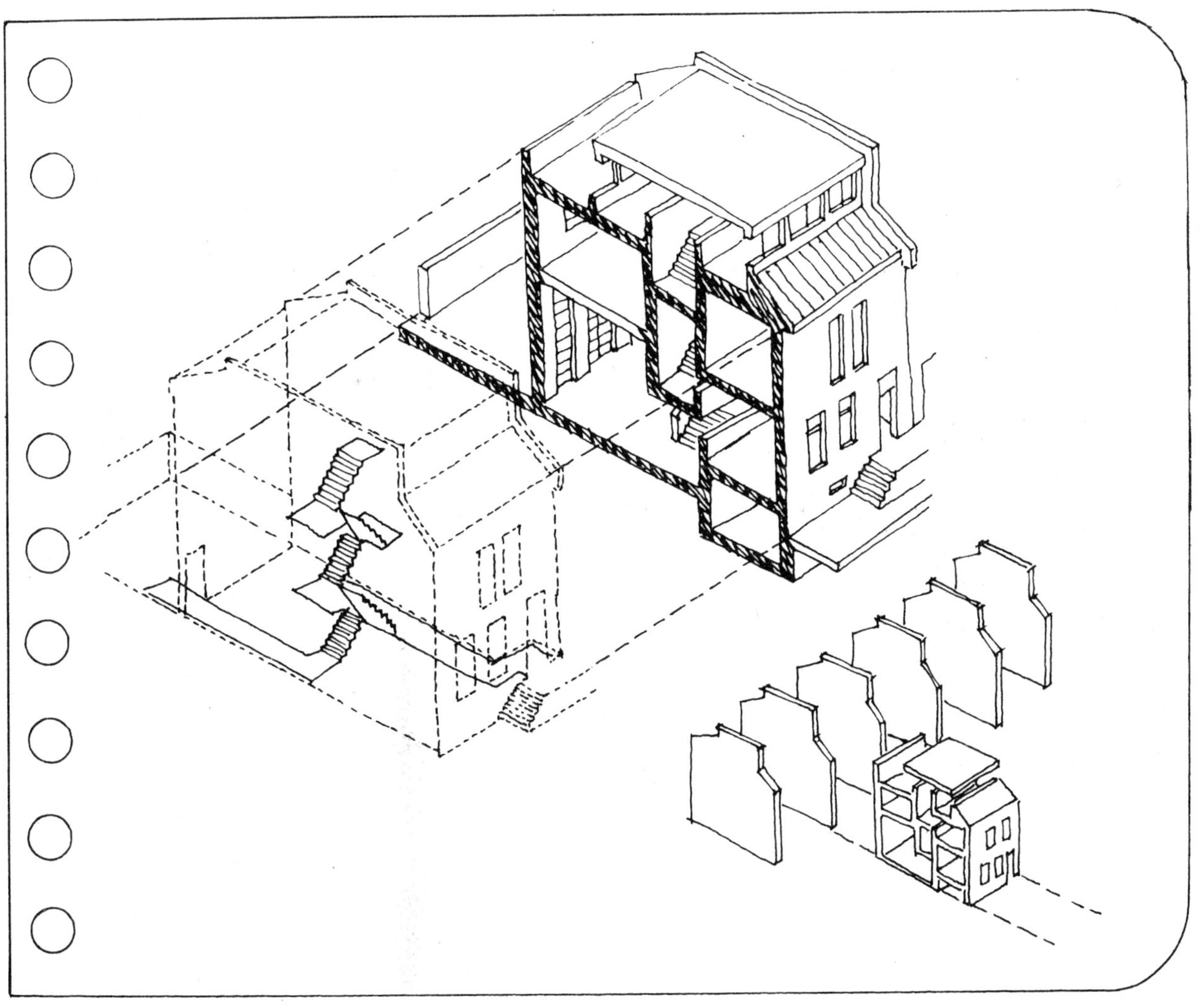

单元组合的行为，对于理解来说，与形成的视觉笔记以保存信息供日后参考，是同样地重要。

在该实例的研究中，特别重要的，是这几种表现图怎样被用来分析与记录所需要的说明。其整个综合建筑的透明表现图、特殊单元的分解图或通过相似直角三角形的重叠来说明其比例元素的带对角斜线的阴影立面图，表明了每一幅画又是如何被制作成人们期望传达的信息。这种方法，以简练线条为特色，说明视觉笔记与其他绘画之间的区别。这种直接的、有价值的、有意义的每一幅画满足了在各种情况下理解和记录特有品质的需要。每本视觉笔记经过分析，都描绘了精心挑选的、有关正被研究的环境方面的信息。

3.2.3 孚日广场(Place des Vosges)：从简单中画出复杂

视觉笔记提供了一种探索手段。视觉笔记所促进的这种扩展表现在深度和广度上。做视觉笔记常常表明有比原先看到的更多的东西可被发现。这个实例研究探索了在巴黎的一个最古老的居住区公园。公园似乎与图表所表示一样简单。它是一个广场，被房屋所环绕，并布满树木。有一条街道从广场的东北角穿过广场的西北角，其他两条街道从广场北边和南边中间地段的房屋下面穿过。不过，这种简单的外观是一种假象。如果有人想根据这个公园的外观，即凭对此公园肤浅的了解来设计一个新公园，那么，这个新的设计将不可能取得像孚日广场那样的成功。这个著名的广场在巴黎Marais区，是度过一个安静的下午的好地方。而视觉笔记正是在下午做的。为了了解这个城市空间的成功所在，有必要看看它与成功地形成城市空间的基本元素，如公园、市场、广场等等的关系。成功，就是人愿意来。他们为什么在那里，为什么会有这么多人，而且，特别是如此多种多样的人：老人、青年人、当地居民、旅行者、商店老板、办公室工作人员、带孩子的母亲等。答案有很多，这与许多因素有关，包括公园如何设警察，如何维修和管理，周围人口的构成，以及巴黎人对聚

图3-26

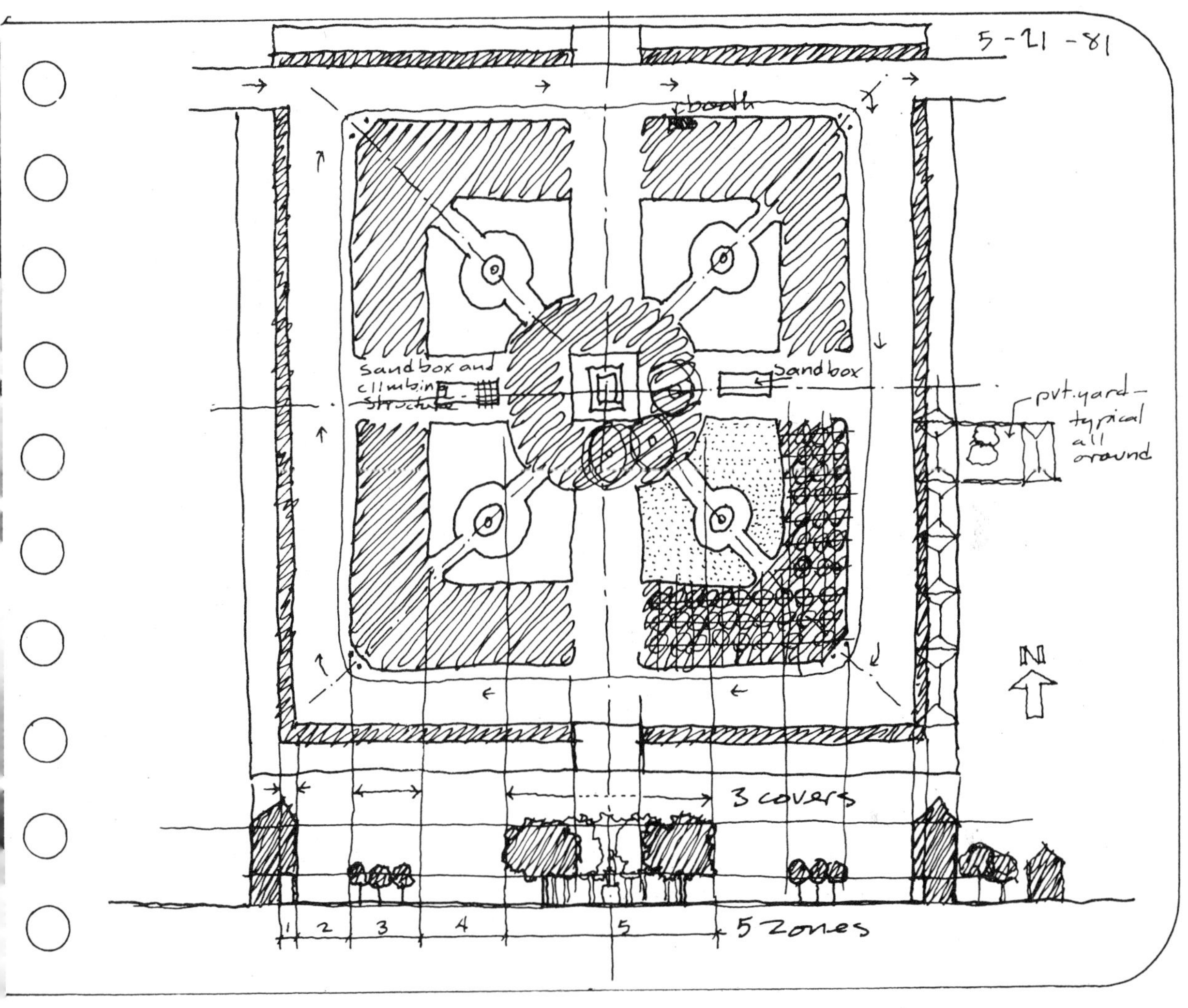

集在公共场所娱乐与休闲的态度。尽管我们不打算降低行政管理和社会学作用的重要性，但是，在这里我们将集中讨论使该地区成功的物质要素和视觉特征。

这个特殊空间的简单性之谜慢慢地解开了。人们发现其组成部分如何一起发生作用，就像把形状与色彩复杂的图案编织到挂毯之中一样。比如，尽管公园为树木所簇拥，但是，树木被种植成几何形图案，它们给公园提供了一系列的像房间一样的空间和开放式走廊，从而在整体空间中又为广场在一天中的不同时间、一年中的不同季节提供了有特殊用途与特殊情趣的多样化空间。围绕广场的房子，不仅将广场明确表示为该城市中特殊的地方，而且干净利落地划出其边界，在其周边设凉廊，并把一个庄严的、高贵的城市特征强加到城市的总体效果中。首次的视觉记录，恰如其分地探索了广场的整体空间组织和几何形状，这种几何形状影响着公园的所有事物，并提供了一种媒介，通过它，公园的各组成部分相互联系。

第一张草图是在现场画的，密集排列了指导

图3-27

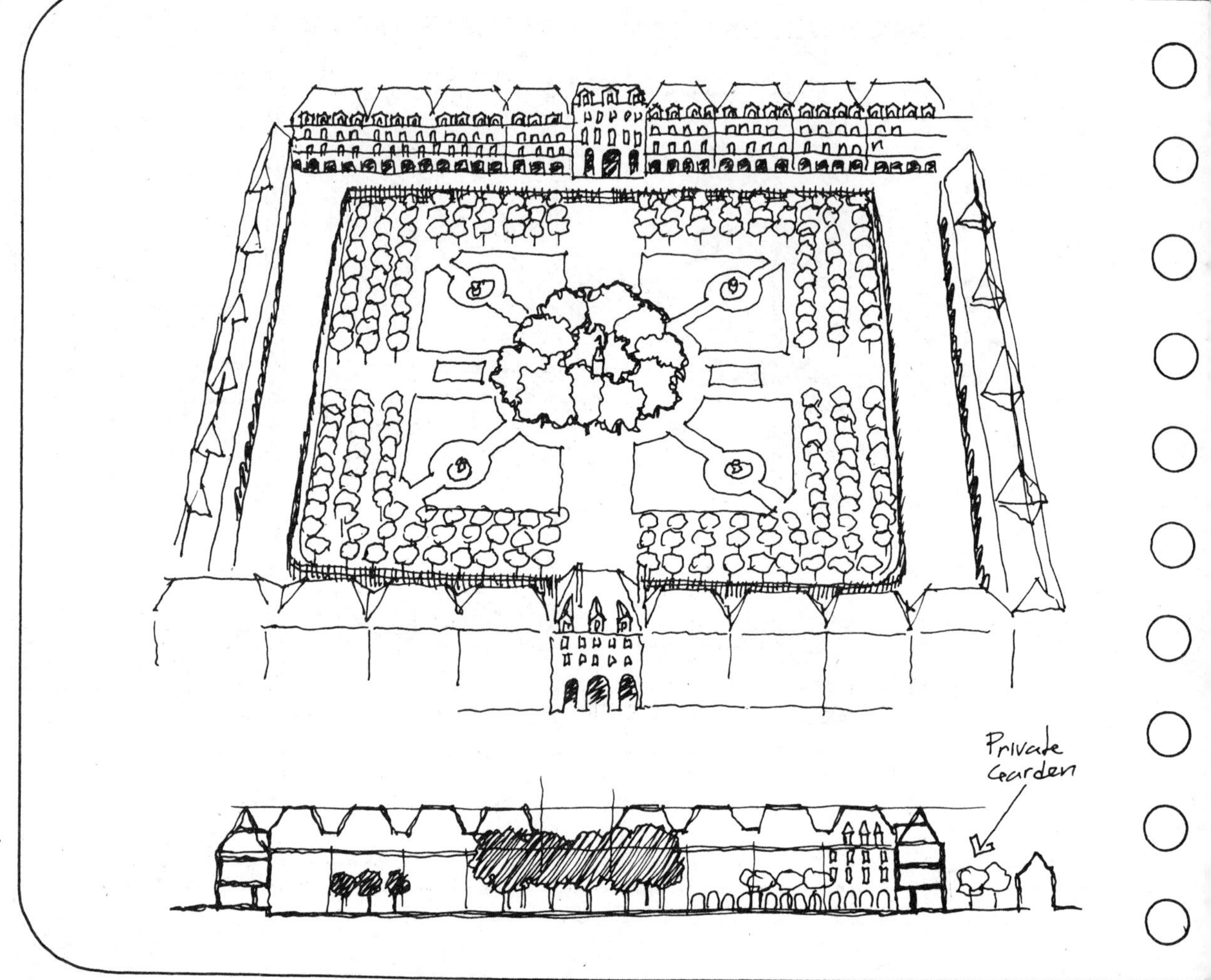

路线、文字笔记和数字。第二张草图更为细致，它以第一张为基础，先用铅笔记录，在回到旅馆的当天晚上再用钢笔加工完成。第一张图更重要，它通过留下那些作画所必要的线条来表现与创作有关的过程，并从而描写了公园基本秩序的突出特性。第二稿更好看些，它表现了事物的细节和相对尺寸，这些细节和尺寸必须用三维表现才足以理解它们。再回到第一张图，重要的是要注意到，位于在平面图下方的剖面图对于理解树木和周围建筑如何形成各种不同特性的空间，是有关键作用的。作这种剖面图的行动促进我们进一步了解剖面图的特性，因为剖面图说明公园内的各种特点。这就产生了另一幅图，其上记录了由周围房屋的凉廊连接起来的各区域的宽度比例，房屋前面的街道，三排紧挨着低矮小树，以及把三排树与公园中心的一些大树分离开来的宽阔露天空间。对公园中游人的各种速写，说明了人们是如何对广阔的露天空间、安静的“大道”和浓荫影下的有舒适座椅的安静地方作出响应的。显然，界定空间的二个元素——建筑物和树木，形成公园的本质特点。树木和拱廊的结合形成了三个有顶盖的室外空间的同心环，以免其日晒雨淋。最内环，由冠径为 60～

图3-28

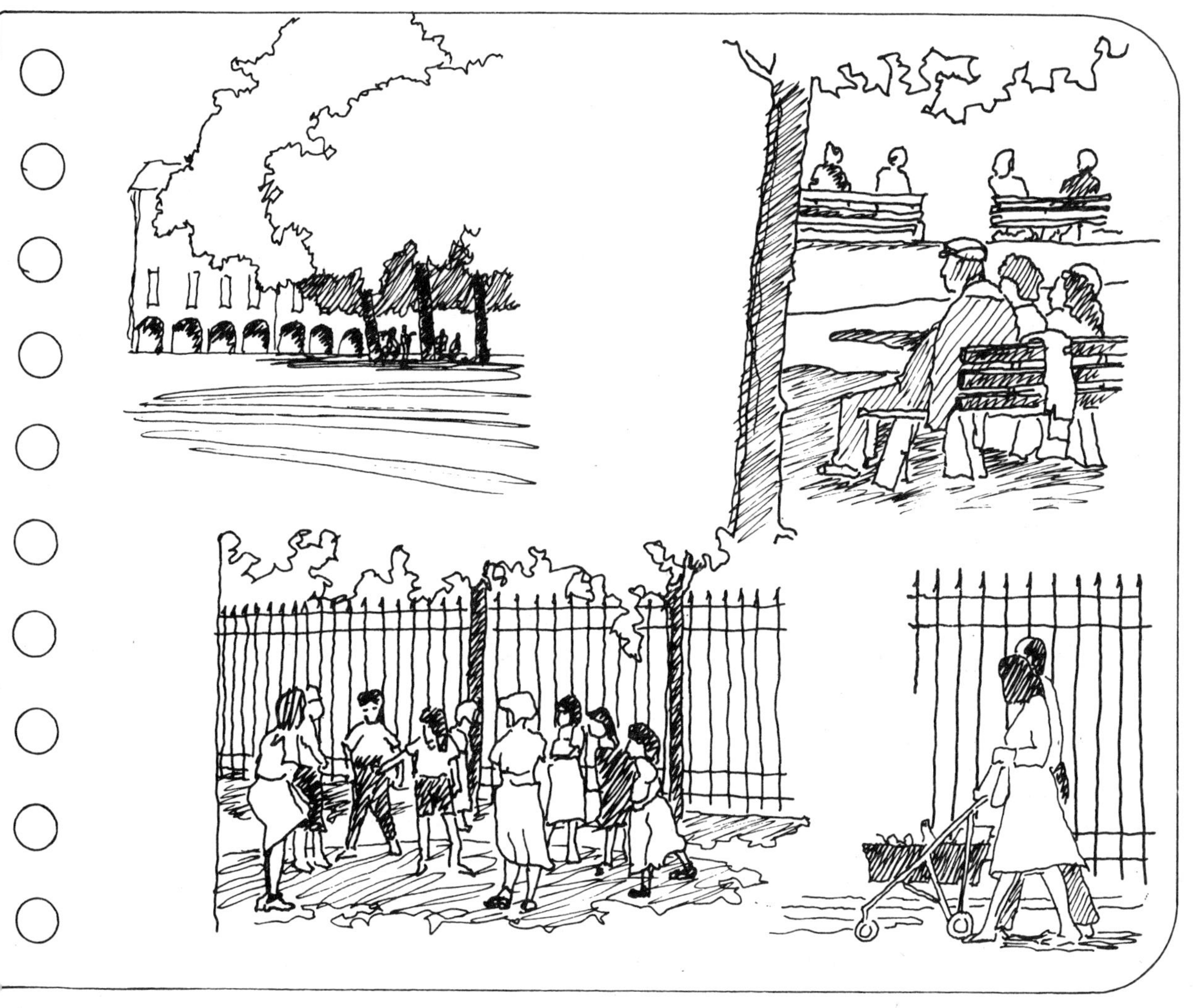

70 英尺的一些大树在中心地区提供了一个厚厚的天篷。中环，由冠径 10～20 英尺的三排树提供庇护并为椅子遮阴。由于它们排列成行，形成了行人“大道”，坐在椅子上的人在这里可以观看行走的人们。最外环即最外侧是带有拱廊的房子。装饰性栏杆把房子与公园隔开，在栏杆的转角和中间有门，它们晚上锁，白天开。树林形成的拱廊以其自己的方式表现拱和柱的重复节奏，与树干及枝叶的拱形天篷间的均匀空间形成对比。房子庄严而拘谨，它们的立面比较规则，以协调它们所界定的空间。为了消除因统一而产生的单调感，这条界定线以跨立在广场南边和北边中点处的两个入口处的王室住宅加以强调。表现这些建筑的画是在公园椅子上的有利位置绘成的。这些画试图表现调整房子立面的排序原则，正如公园平面图表现其排序的几何形状那样。

在孚日广场度过的一天，发现了广场活动的一个组成部分，即广场为人们提供了方便的通道，特别是对那些穿越Marais区和往返于地铁或市场的人们提供了便利。在路上，他们可以停下喝咖啡，在周围拱廊里的咖啡屋谈话，或在林中的座椅

图3-29

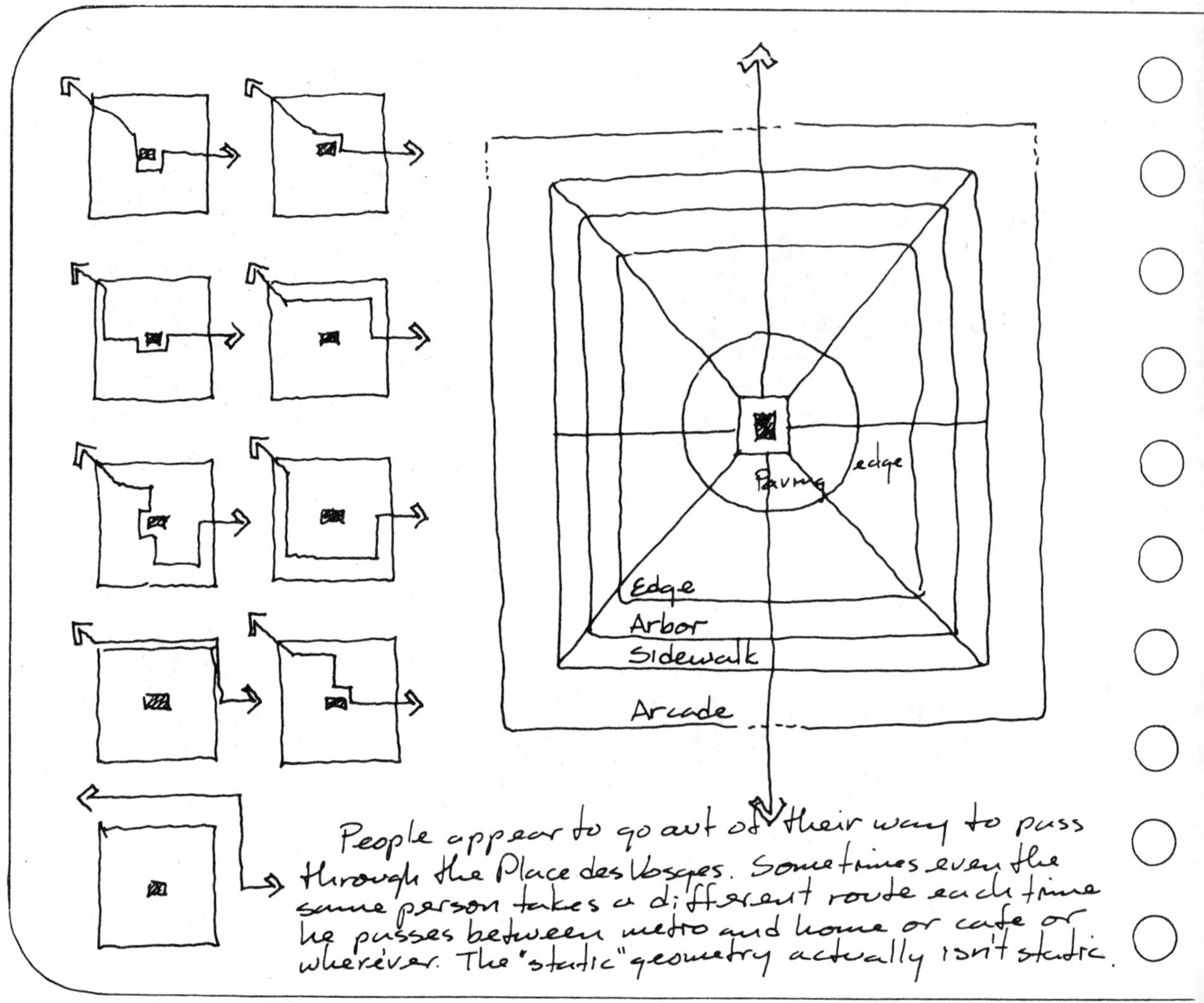

edge
Paving
Edge
Arbor
Sidewalk
Arcade
People appear to go out of their way to pass through the Place des Vosges. Sometimes even the same person takes a different route each time he passes between metro and home or cafe or wherever. The "static" geometry actually isn't static.

上读报，在那里他们可以随意地从报纸上方互相观望，而不至于被认为似乎在挑逗或干扰别人。当然，很多人穿越公园时并没有停下来。如果你坐着看一个人从转角处走到一边，或从一边走到另一边，或以其他方式穿越，就会发现每人在同样的入口和出口之间走的路线并不一样。一个人穿过广场每次走的可能是不同的路线。这种观察促使绘的图表现人们穿越公园可以走的不同路线，如果他选择这个公园作为他旅游的一部分的话。它表明，广场的几何形状鼓励人们的各种各样的经验，因为行人有代表性的是沿几何形状的一个部分走，然后沿另一部分走。

这个实例研究运用了现实的绘画，表现了人们在使用被调查研究的场所。在这里献上这些画，是为了表明用一种简单的符号方式来绘人物的技巧如何能传送一个场所的重要品质。这个技术并不容易获得，当然，如果继续发展，它就会产生另一种有效的记录方式。因为它们是透视图，绘制时要求光学原则和透视规则方面的知识，但是，学习这些原则和技术不像看起来的那么难，而且可以一步步地学习（见第 5 章）。

图3-30

有时候，有效的视觉笔记除了作者之外，不易被他人读懂。当然，文字记录同样也是这样。我们在这里选择了符号草图序列，以便它们能够容易地被任何拿起这本书的人容易读懂。不过我们相信人们需要的“艺术技巧”并不会阻碍任何人去做自己的也许是表达得不太清晰的笔记。

3.3 解决共性问题

3.3.1 中西部农场建筑：按传统形式绘画

图3-31

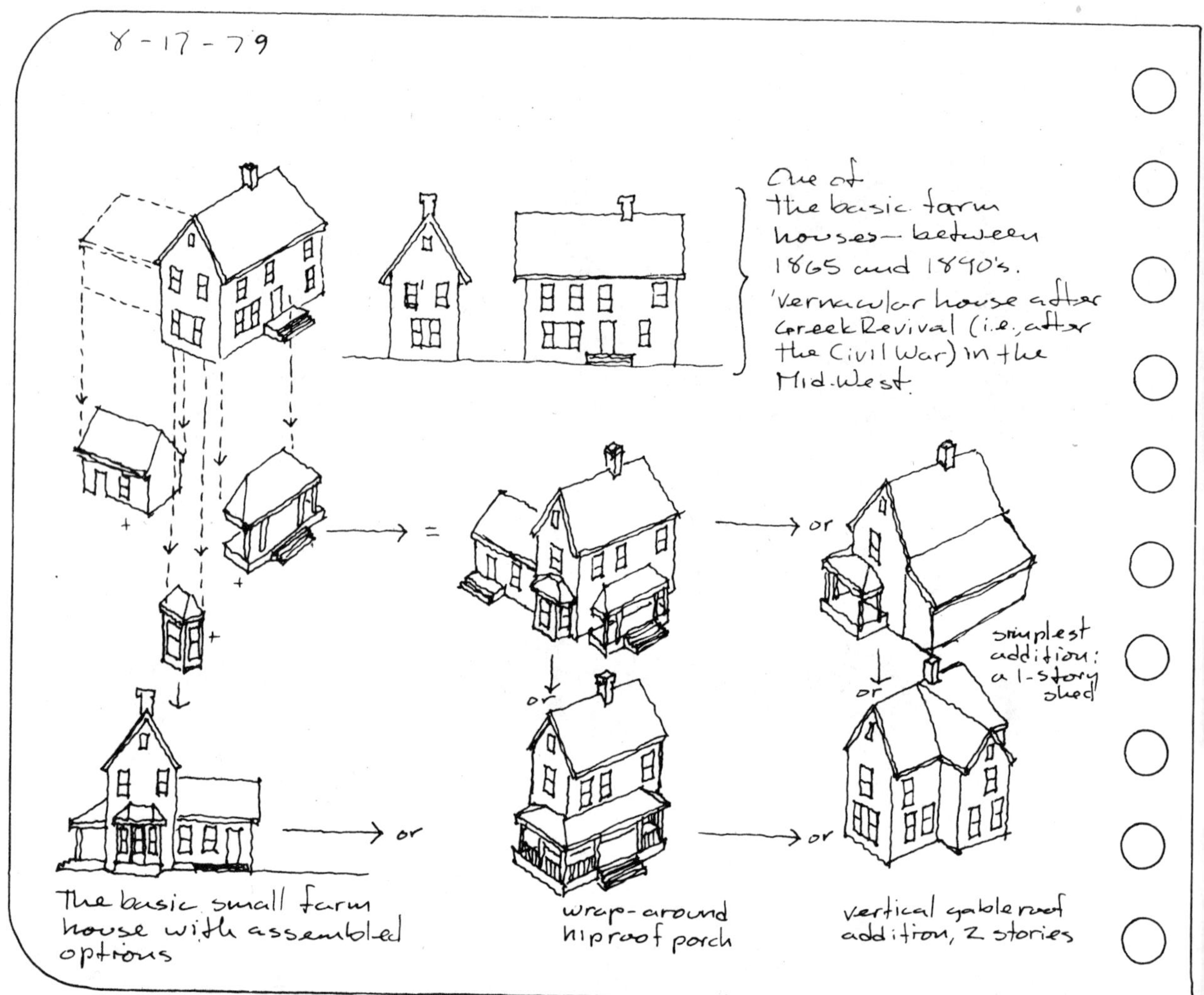

对乌尔比诺镇、费城和孚日广场的实例研究，目的是探索有独特性格的特殊场所。它们整体的协调部分地是受当地文化的影响。下面几页日记探索了分散在广泛区域的主题。这次，整体性与连贯性通过思想上的一致性出现，产生了这几页讨论的片断。记录人有意识地把内在统一图形中的分散的片断集中在一起，而一般的观察是不容易区分出来的。正如发现在罗马的美国研究会的讲座与斯德哥尔摩远期规划方案之间的关系一样，这种记录将分离的体验联系到一起。不过，这一次，在研究之前先提出了一个假设，然后，视觉笔记再具体证明基本假设，又根据基本假设扩充视觉笔记。

这些笔记是1973年在坐公共汽车穿越艾奥瓦州旅行时做的，当时民航正罢工。缓慢的车行使人得以观察到建于20世纪20年代的中西部农宅和谷仓，它们看起来与复杂的形式、形状和细部的图案有关。

图3-32

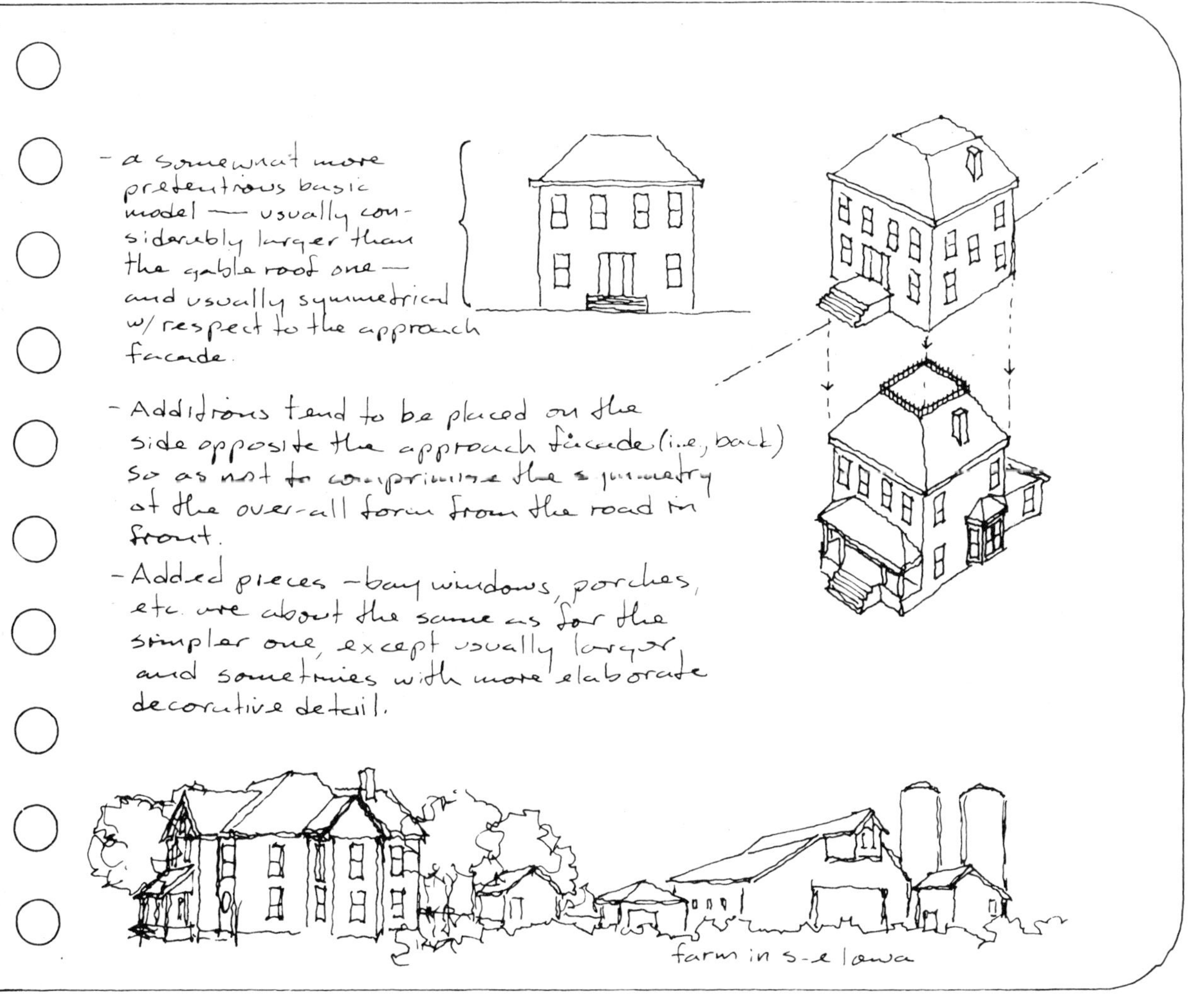

- a somewhat more
pretentious basic
model — usually con-
siderably larger than
the gable roof one —
and usually symmetrical
w/respect to the approach
facade.
- Additions tend to be placed on the
side opposite the approach facade (i.e., back)
so as not to compromise the symmetry
of the over-all form from the road in
front.
- Added pieces - bay windows, porches,
etc. are about the same as for the
simpler one, except usually larger
and sometimes with more elaborate
decorative detail.
farm in s-e Iowa

它们不但用同样的材料，以同样的方法建造并刷白，而且它们明显地是惊人复杂"系统"的一部分。

最初的两页日记探索了两个基本模式，似乎旅途所见到的全部农宅均根据此模式建造。有一种是较小的、精巧的非对称结构，显然，农场主在开始时是非常朴实的。另一种从一开始就较大，通常是对称的。这种大宅以其对称的立面向着道路，很可能满足了某种形象和身份上的欲望。然而，最有趣的发现是根据标准设计由木匠或邻居所建的基本"模式"，它可以根据房主的需求和手段不断扩展和变化。建筑的各种部件，如凸窗、屋脊、山墙门廊、附加屋等，可以连接起来以满足特殊需求，同时又始终保证看来是协调的整体。显然，它们在任何扩展阶段都是完整的。仔细观察这些房子就会发现，两种模式的做工和构造都基本相同，两者都特别关注精确性和细部。最朴素的房屋在所有必要的细部上都是讲究的，比如，披迭板与框

图3-33

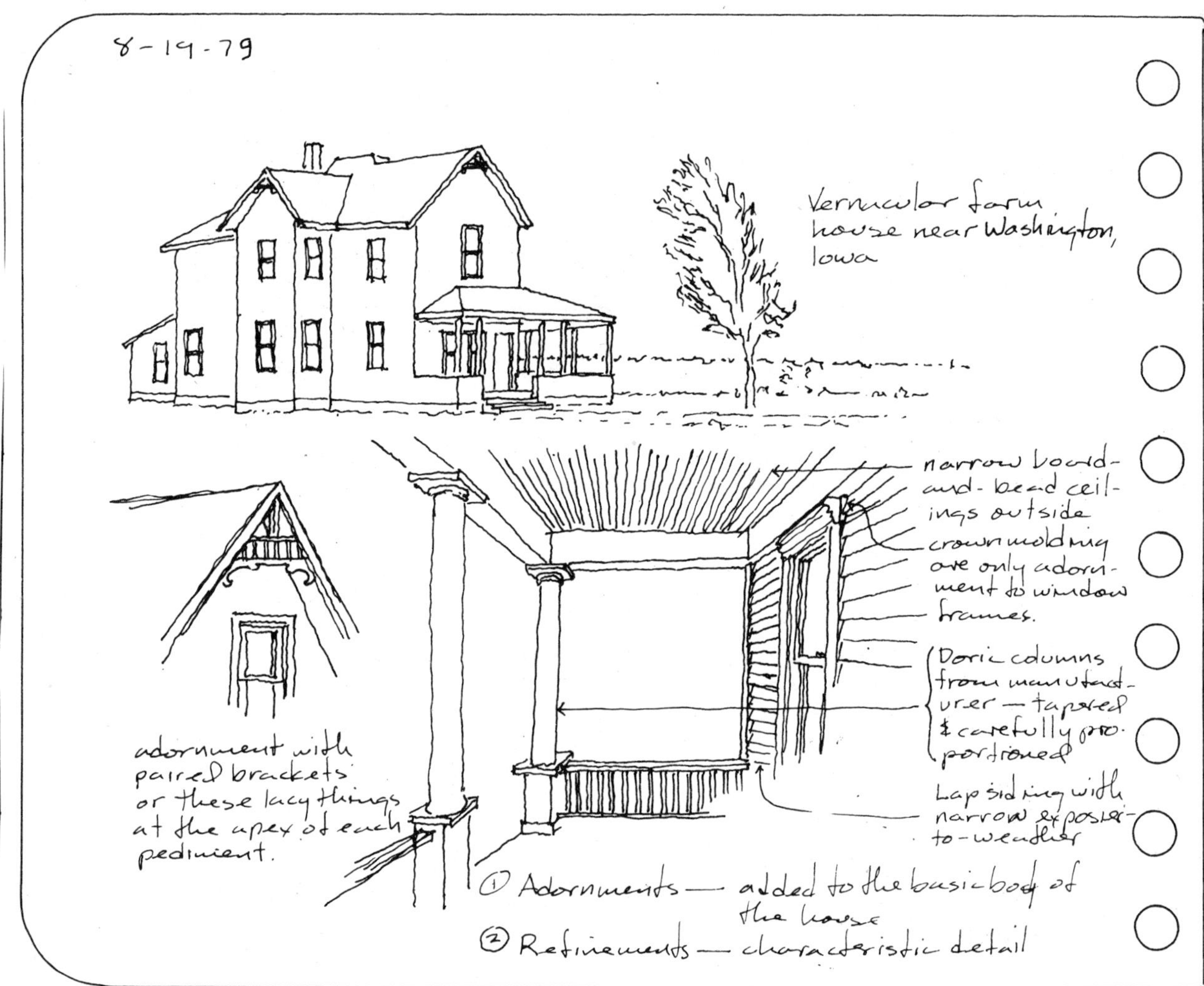

架吻合，门廊下部和檐口得到妥善处理等。除基本要求外，装饰性构件可能出现，如山墙顶上的精巧饰板，但房子没有多余装饰，也很少做不合当地特点的装饰。像房子一样，谷仓也是根据一种基本模式建造的，其后来的扩建部分同样遵循一种固定模式。谷仓在任何时期再次扩建，也没有显得什么不完整。

这些画，最初是在公共汽车上用铅笔画的。车

图3-34

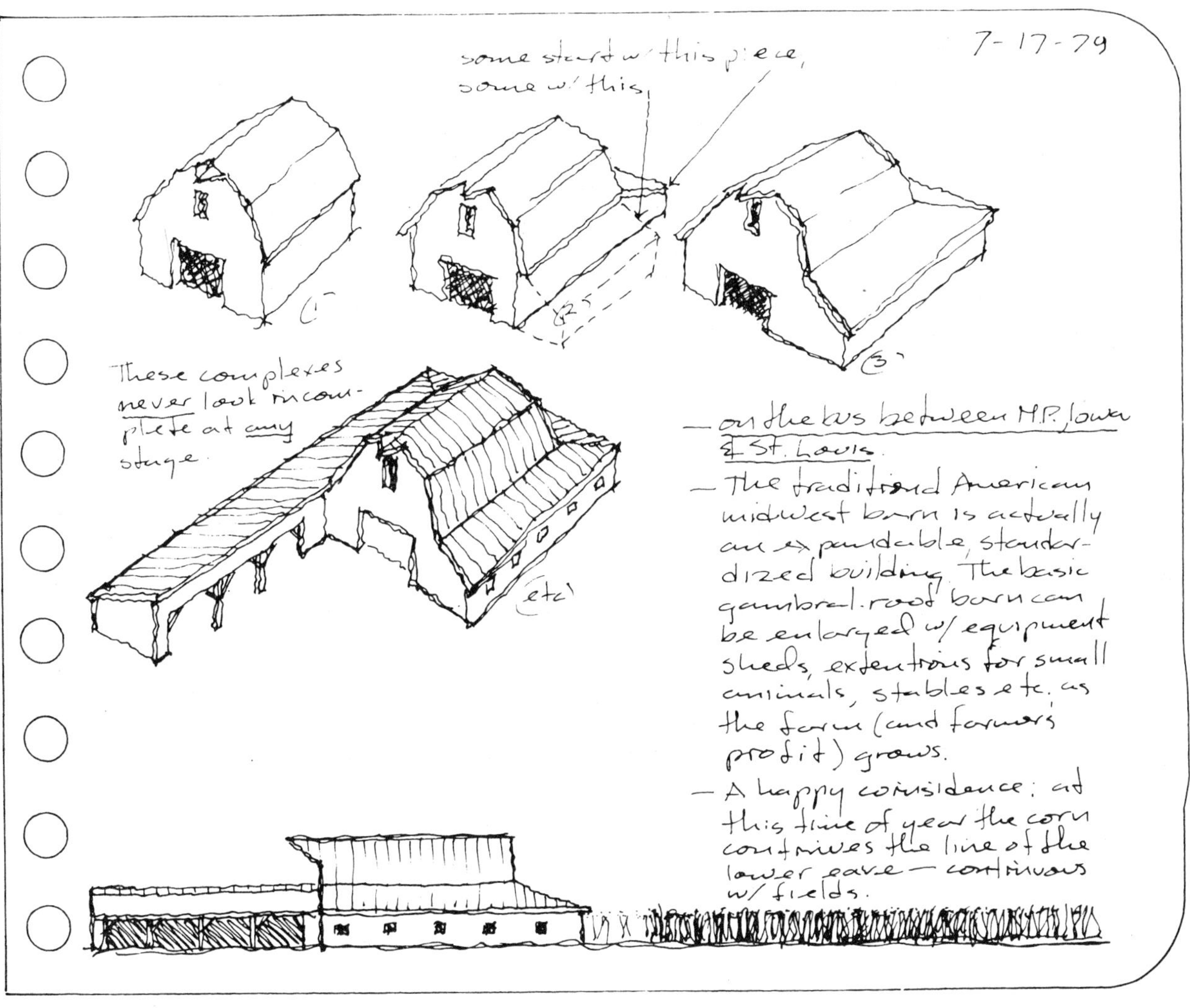

some start w/ this piece,
some w/ this
7-17-79
1
2
3
These complexes never look incomplete at any stage.
— on the bus between M.P., Iowa & St. Louis.
— The traditional American midwest barn is actually an expandable, standardized building. The basic gambrel-roof barn can be enlarged w/ equipment sheds, extentions for small animals, stables etc. as the farm (and farmer's profit) grows.
— A happy coinsidence: at this time of year the corn continues the line of the lower eave — continuous w/ fields.
etc.

太颠簸，画不出清晰易懂的画，所以后来又重画，并对它作了详细说明，因为重画时引发出对主题的更深一层次的思考。由于重画过程和主题的系统性，这些画比起视觉笔记来，更像是书页的插图，而不像视觉笔记，但它们在笔记本上的原始记录很潦草。此外，除了展示视觉笔记是如何把分散的例子组合成相互联系的整体以创造一种图式外(它们是其中的一部分)，这些笔记还表明视觉笔记的技巧如何能利用难以预见的情况。

3.3.2 阿尔波洛帕罗（Alberobello）：组合多样性

图3-35

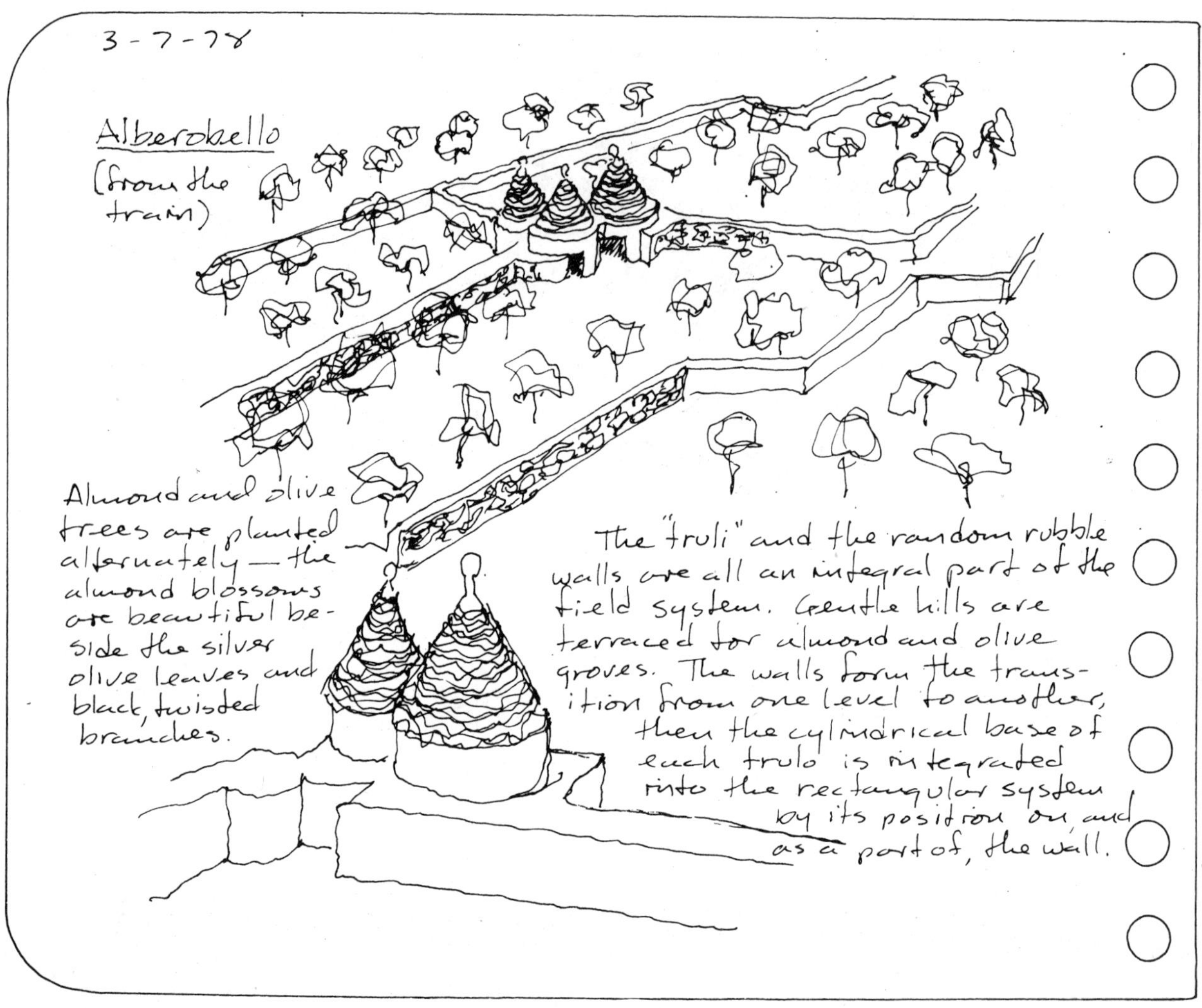

对美国农场建筑的观察记录有助于大家更深入地了解有关这种实例的更一般的情况。上面的记录是在坐火车穿越意大利南部的半岛时所作的，撒克逊移民大约在数百年之前在此定居了下来。农房和农业设施在形状上以及同精美的田地系统的结合方式上都很引人注目。几乎世界各地的农房，包括北美的农房，都是建在农用设施旁边的一组组孤立的建筑群，而这里的农房和仓储建筑则是果园网络系统的一个组成部分。环绕着田地的墙和建筑融为一体，好像建筑物围绕着农田、牧场和树丛向外延伸。

3.3.3 诺曼底和布里塔尼农场：观察所出现的图形

图3-36

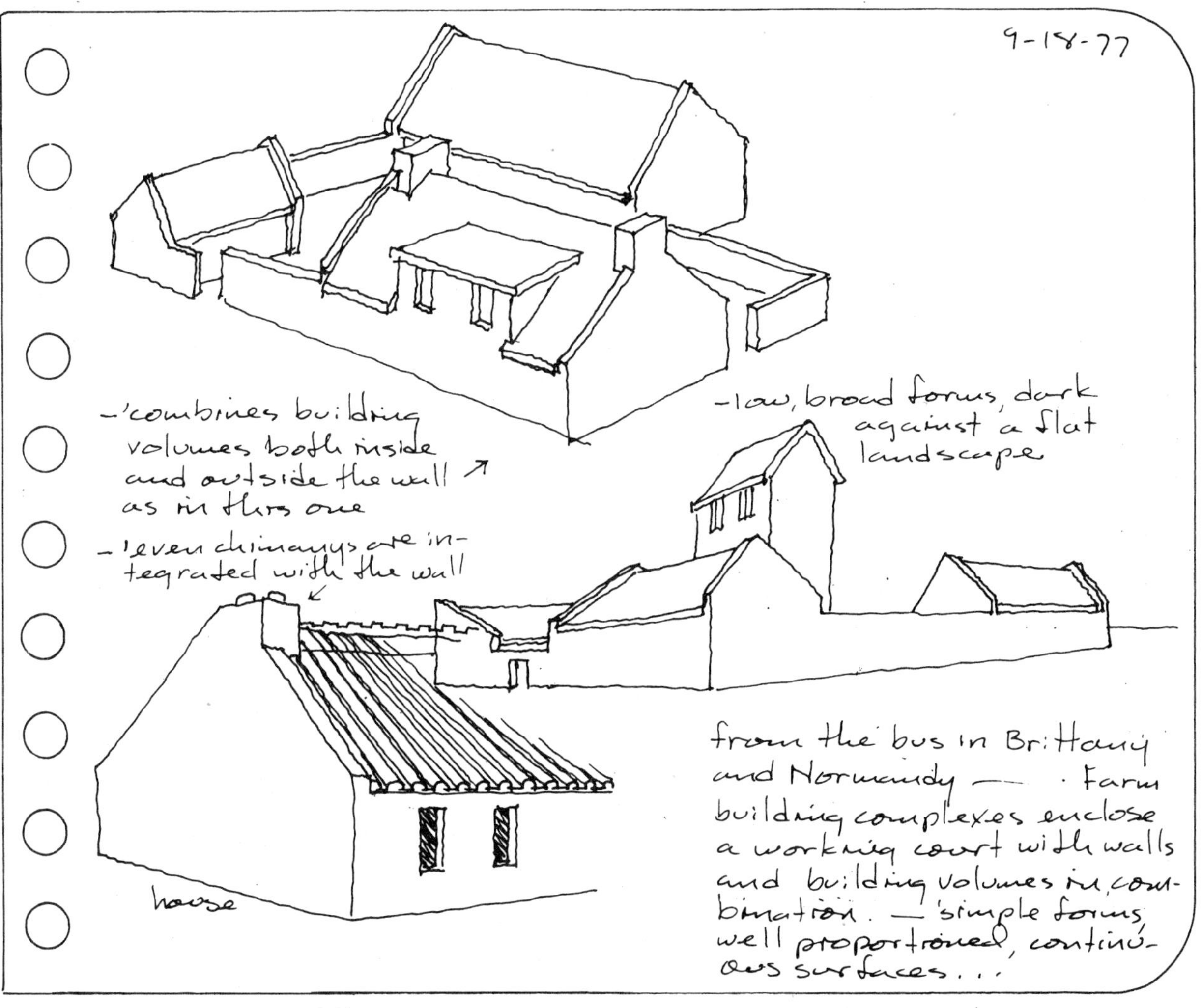

9-18-77
-'combines building volumes both inside and outside the wall as in this one ↗
-'even chimneys are integrated with the wall ↙
-low, broad forms, dark against a flat landscape
house
from the bus in Brittany and Normandy — · Farm building complexes enclose a working court with walls and building volumes in combination. —'simple forms, well proportioned, continuous surfaces...

最后这一页有关农房建筑的画是透过公共汽车车窗的观察而获得的。这次汽车旅行，穿越了诺曼底和布里塔尼。在这里，传统的农房以住宅、谷仓、服务性建筑和墙组群的方式围合成一个供干活用的院子。其墙体与建筑结合得很巧妙，因为同一堵墙同时有两方面的作用，人们很难区分哪儿是建筑物的墙，哪儿是独立的院墙。

有关中西部农庄建筑、意大利南部农场建筑和法国西部农场的三种观察记录虽然在时间上前后相差几年，但是，视觉日记把它们同时放到一块进行相互比较，或者为其他的调查提供信息，有助于解决其他相关的设计问题。

3.3.4 弗吉尼亚大学和卡尔特修道院（Certosa）：追求永恒的形式

图3-37

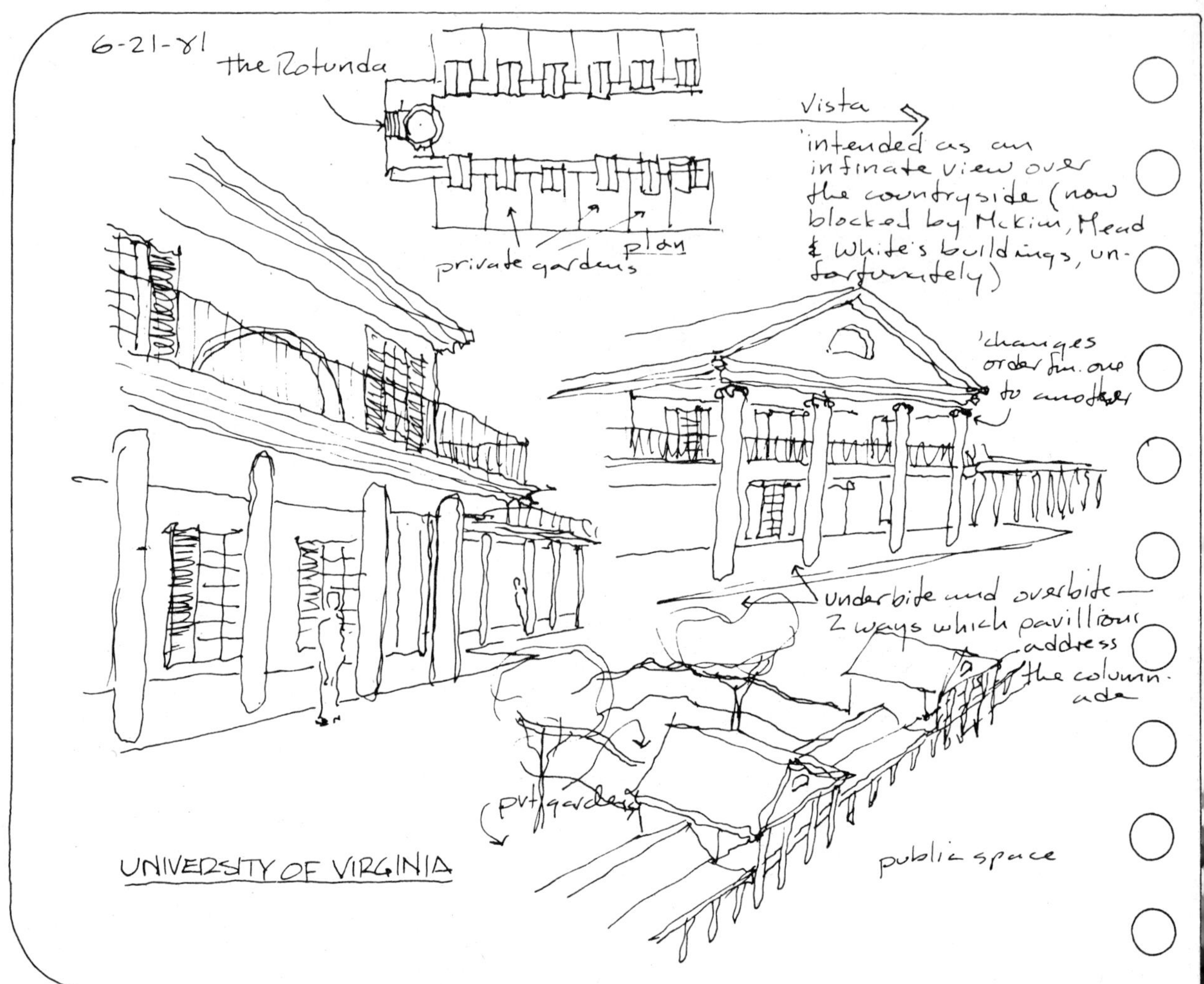

在任何一个人的日记中，其每一页上所画东西的质量和特点都有可能不相同。画的精确度和细部的细致程度都取决于要获取和记录的信息的需要，也取决于记录所必须花费的时间。上面的日记记录同那些最初用铅笔先画的视觉笔记是相似的，但这里，最初的绘画就是用钢笔直接画的，并保持它们原有的记录，而没有经过什么修饰。

日记的主题围绕着弗吉尼亚大学最初的四方院的柱廊，这柱廊是托马斯·杰斐逊于1817年设计的。正如孚日广场一样，一大片室外空间是由周围的建筑界定并给予形式而成的。不过，这里强调的是方向性而不是形心。该大学校园四方院建筑的中心是从两排房子中间看出去无边无际的弗吉尼亚起伏乡村的景色，该景色因位于另一端的一幢纪念性圆筒形建筑而显得突出，其空间的线性尺寸又突出了这幢建筑物。

对人工建造的室外空间的敏感，是那天下午在孚日广场培养出来的，这种敏感性引发了我们对托马斯·杰斐逊设计作品的兴趣，因此，也就产生了这些视觉笔记。调查研究得出的一个有价值的发现，就是柱子在沿着四方院空间两侧的墙与建筑之间起到了联系的作用。

图3-38

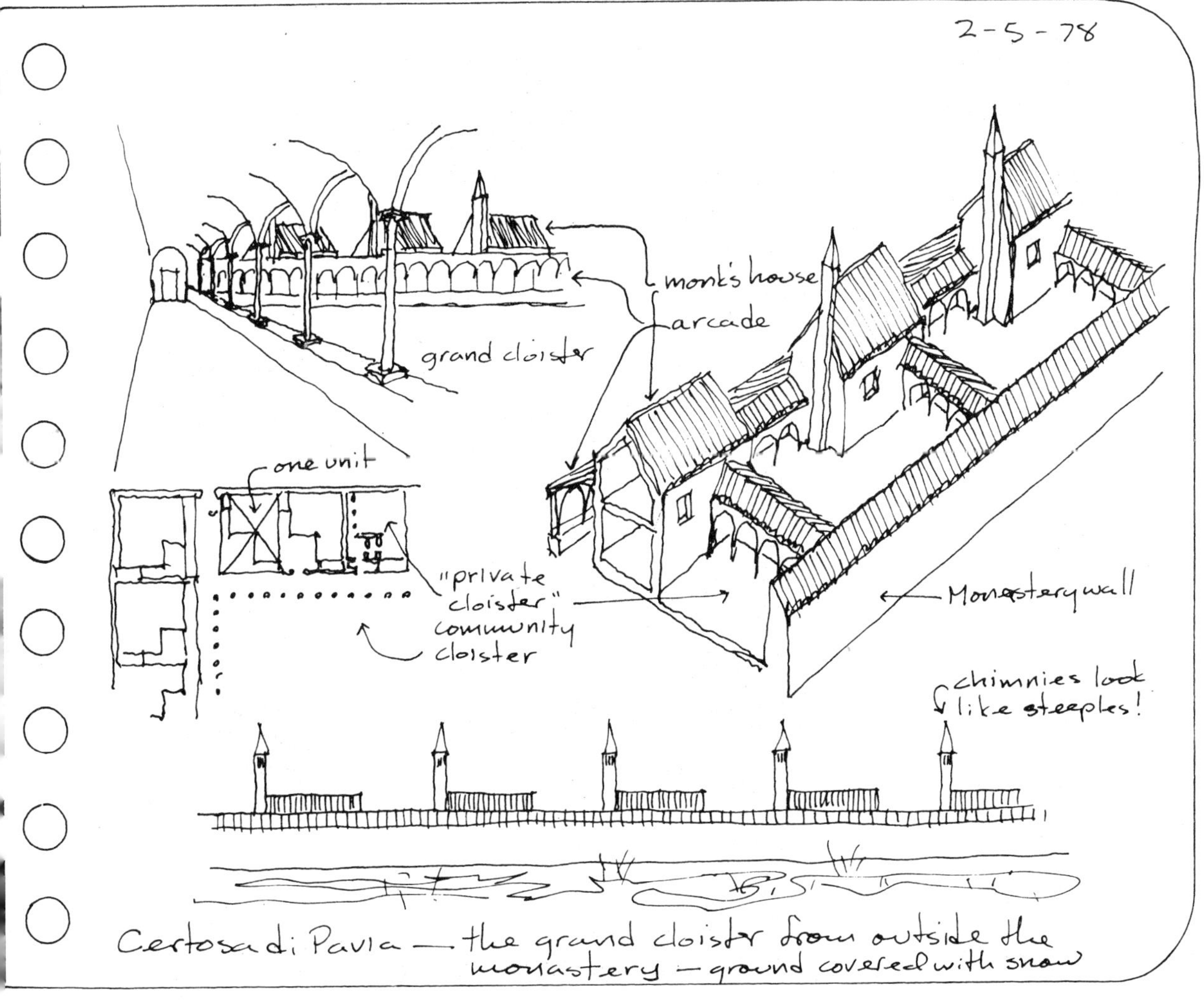

日记中较早的几页上有一个类似情况的记录。一座位于意大利帕维亚附近文艺复兴时期的修道院，采用一种类似的方法来确定其“大修道院”的边界。帕维亚的这个卡尔特修道院为每一个修士提供了住房，就像弗吉尼亚大学教授的房子一样。这些视觉笔记用实例说明了怎样去安排不同规模户外空间的方法，以及私密性是如何取得的。再者，相似的设计方法又是如何被应用到其他显而易见地不同的环境中去，并同样取得相当令人满意的结果。视觉日记又一次帮助我们找到了一种再现的形式、主题或动机。

3.4 注重细部

3.4.1 卡斯特尔维切奥城(Castelvecchio):发现与整体呼应的局部

图3-39

下面一系列的视觉笔记是为了适当地重新利用历史建筑而进行的一部分设计的调研。适当地重新利用现有历史建筑的基本课题是重要的课题，因为卡斯特尔维切奥城的历史结构具有重要的价值。意大利维罗纳的卡斯特尔维切奥城的历史可以追溯到公元13世纪，它有一些中世纪教堂和罗马时期城墙的遗迹。它于1924年成为博物馆，并拥有老维罗纳宫的遗物。它于1945年被炸，1958年修复，其修复重建设计是由意大利建筑师卡洛·斯卡帕(Carlo Scarpa)完成的。斯卡帕的设计对于古建筑的修复以及与环境的适应性都做出了有意义的阐释。这些作品从理论上讲，甚至可以看作是当代建筑，这就像米开朗琪罗为适应基督教堂所作的戴克利先(Diocletian)的罗马浴室一样。斯卡帕从事的这项工作所包含的基本课题涉及到建筑的历史适应性：哪些部分可以改变而不会破坏与历史的联系？哪些部分应该保护起来？哪些部分应该被恢复到原来的样子？斯卡帕的回答是创造一个错综复杂的、有着旧的、新的、非常古老的以及谜一般的东西的大杂烩。因此，他将有两千年维罗纳历史的真实遗物融进该城中间的一个建筑综合体里面。

在访问卡斯特尔维切奥城的笔记中，既有速

图3-40

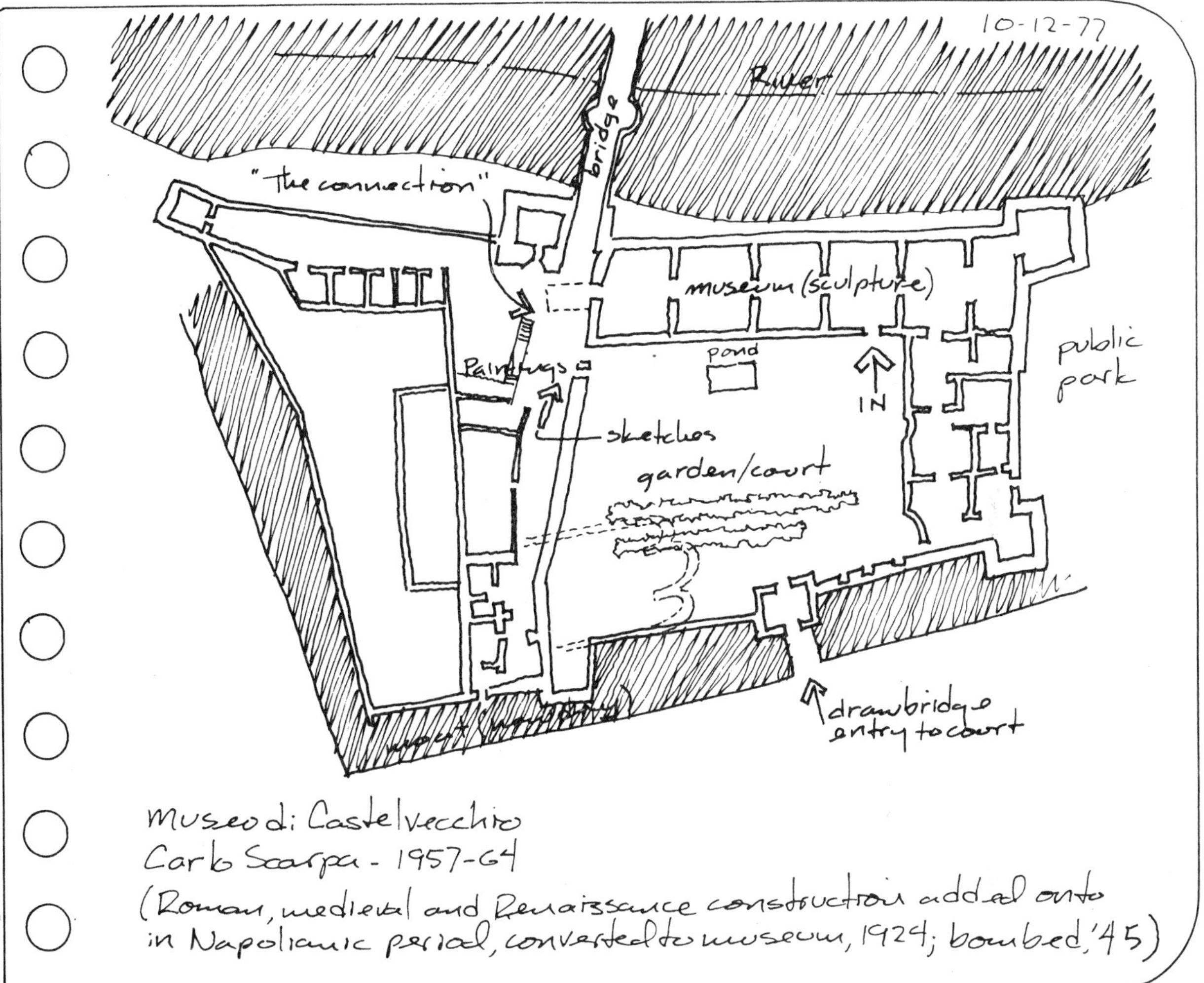

写记录，也有很细致的、准确的记录。这次的访问相当短暂，只有一个上午，没有时间仔细作画，昏暗的雨天又使人照不了相。因此，作者在现场用钢笔做了一些快速的记录，有些细部是用铅笔先画的，过后再用钢笔加工完成。卡斯特尔维切奥城的平面图取材于一本导游书。这样，我们就可以熟悉其各因素的布局，并把它记录下来。

作者在环绕该建筑综合体步行之后画出了这幅鸟瞰图，这样，就可以更全面地理解场地了。这项练习弄清了邻近的院子里正在发生什么与原始场地特征之间的关系，诸如邻近城市结构与阿迪

图3-41

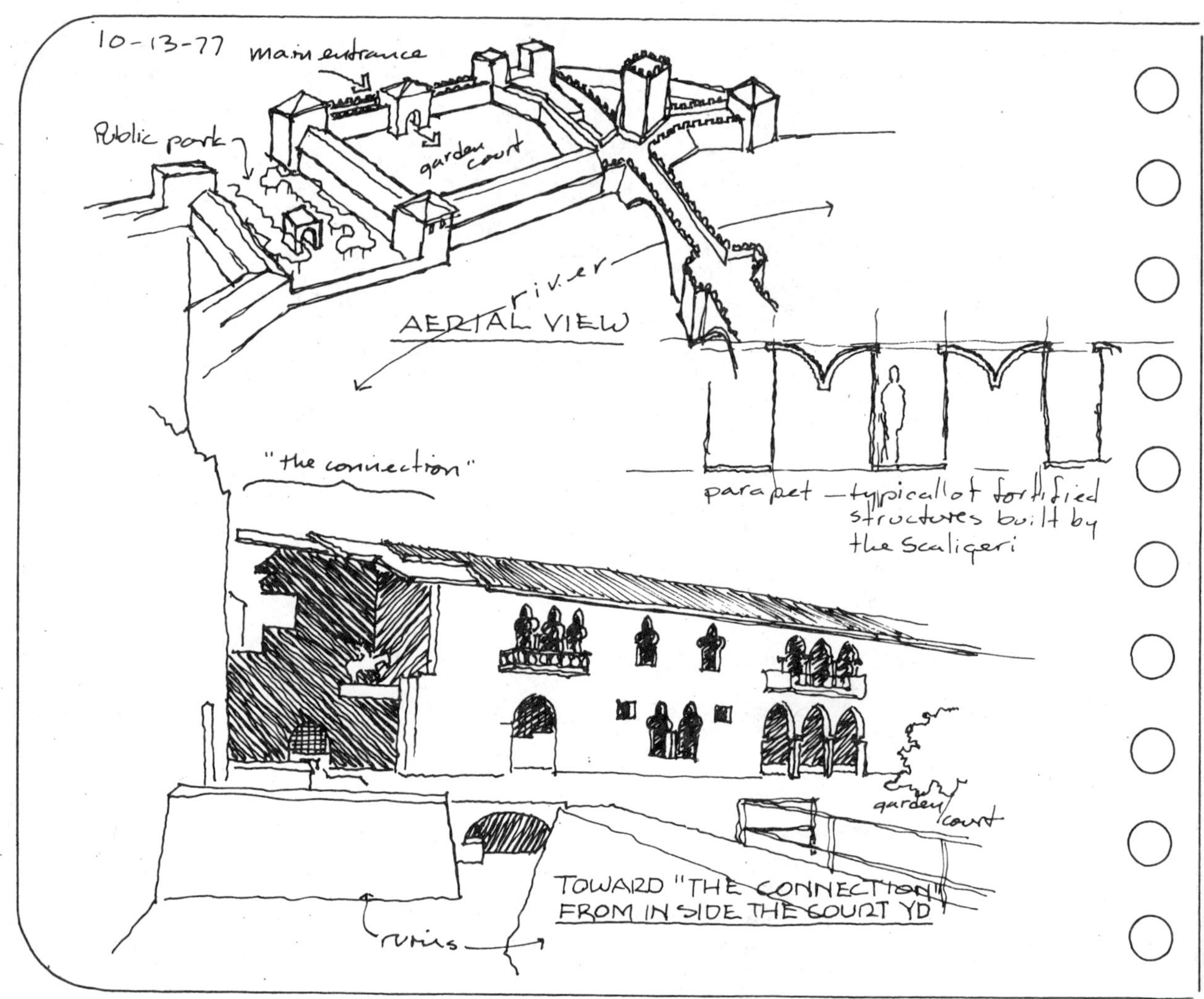

杰河之间的关系。鸟瞰图是凭想象画出来的，并不太理想，但这是从飞机上观赏这个地区的最佳方案。

博物馆中雕像馆的主墙是通过在平面图上找到的观察点用概括的速写来表现的。这种画的目的是记录作为“连接处”的草图的来龙去脉，在这里，大杂烩的思想表现得淋漓尽致。对“连接处”的仔细观察并不能提供这一地方的更多的印象，但这正是其目的之所在。它展示了建筑师是如何让混合的力量作用到古城堡的两个重要部分以及通向大桥的入口的交界处。在这里，罗马时期和中世纪的建筑片断与文艺复兴时期的以及当代的建筑融为一体。此外，建筑师把肯公爵的骑马雕像立在空中，并侧对着其他几何图形，这使人想起斯卡利格家族，这一尊贵家族的历史大都和此地有关。

在调查了这里几乎所有的建筑之后，人们所看到的东西变成了人们正在寻找的东西和不顾最初的意图而向参观者表现自己的东西的一种综合体。除了以历史大杂烩的形式跨越时间，使得各种片断相互混合的概念之外，尚有现存建筑的两个特征不断地引起有眼力的参观者的关注。一个特征就是对墙的外表面、地面、天棚、门窗框以及

图3-42

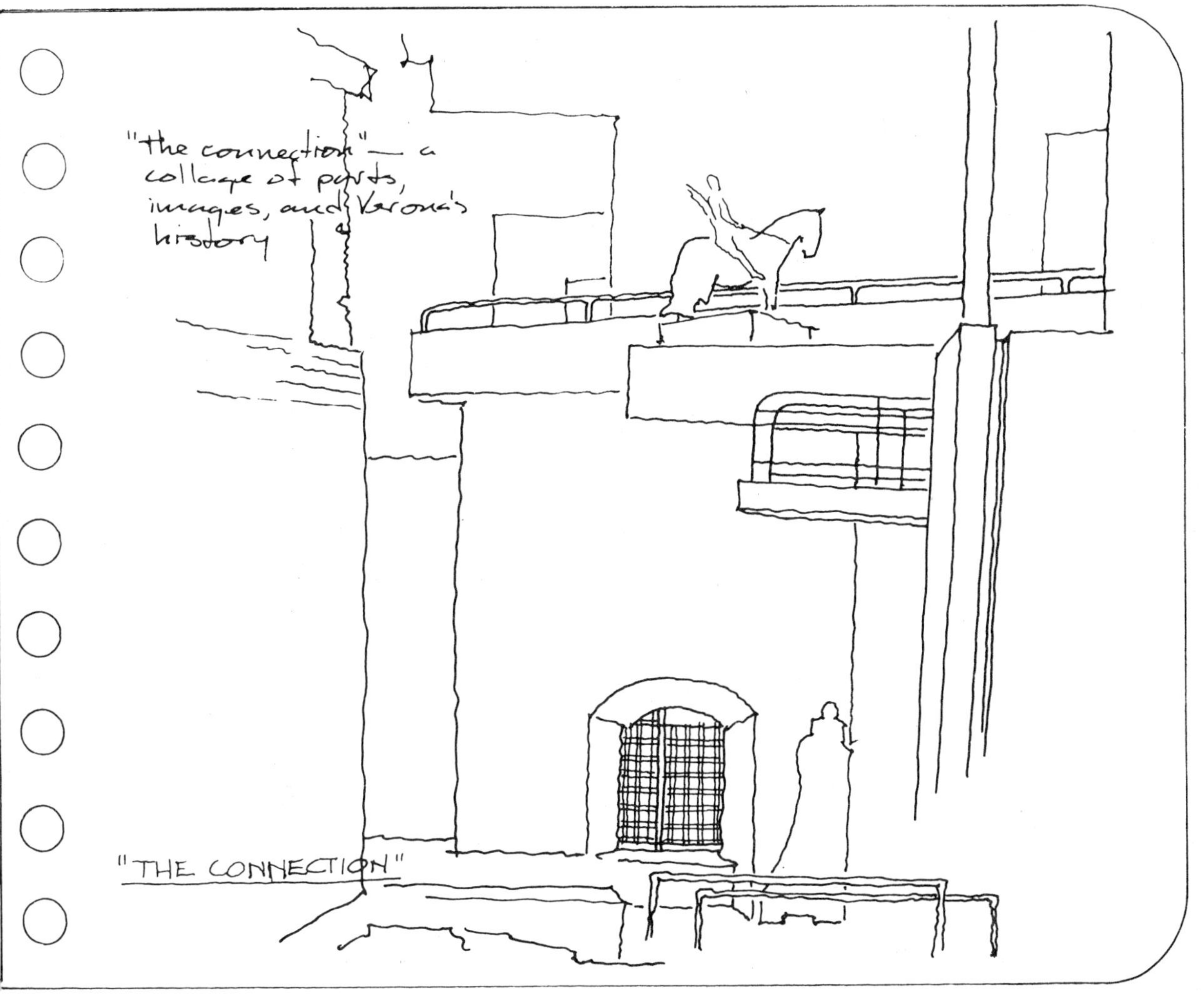

"the connection"— a collage of parts, images, and Verona's history
"THE CONNECTION"

装饰构件的微妙处理；另一个特征是对墙与隔墙上门窗洞口的处理。建筑表面的处理难以在视觉笔记中以有效的方法表现出来，因为它取决于色彩、质感、材料的内在特性以及这些内容的综合表现。在墙上及隔墙上的门窗洞口，当然，变成了视觉笔记的主要内容。虽然，作者访问的目的并不在于此，但是，斯卡帕对于现有的门窗洞口的处理，更改这些门窗的功能的方法，以及在现有的墙上开出新的门窗洞口的方法，都证明这是该设计作品中最有信息价值的方面之一。

在墙上开洞，主要涉及到洞口的采光和形状

图3-43

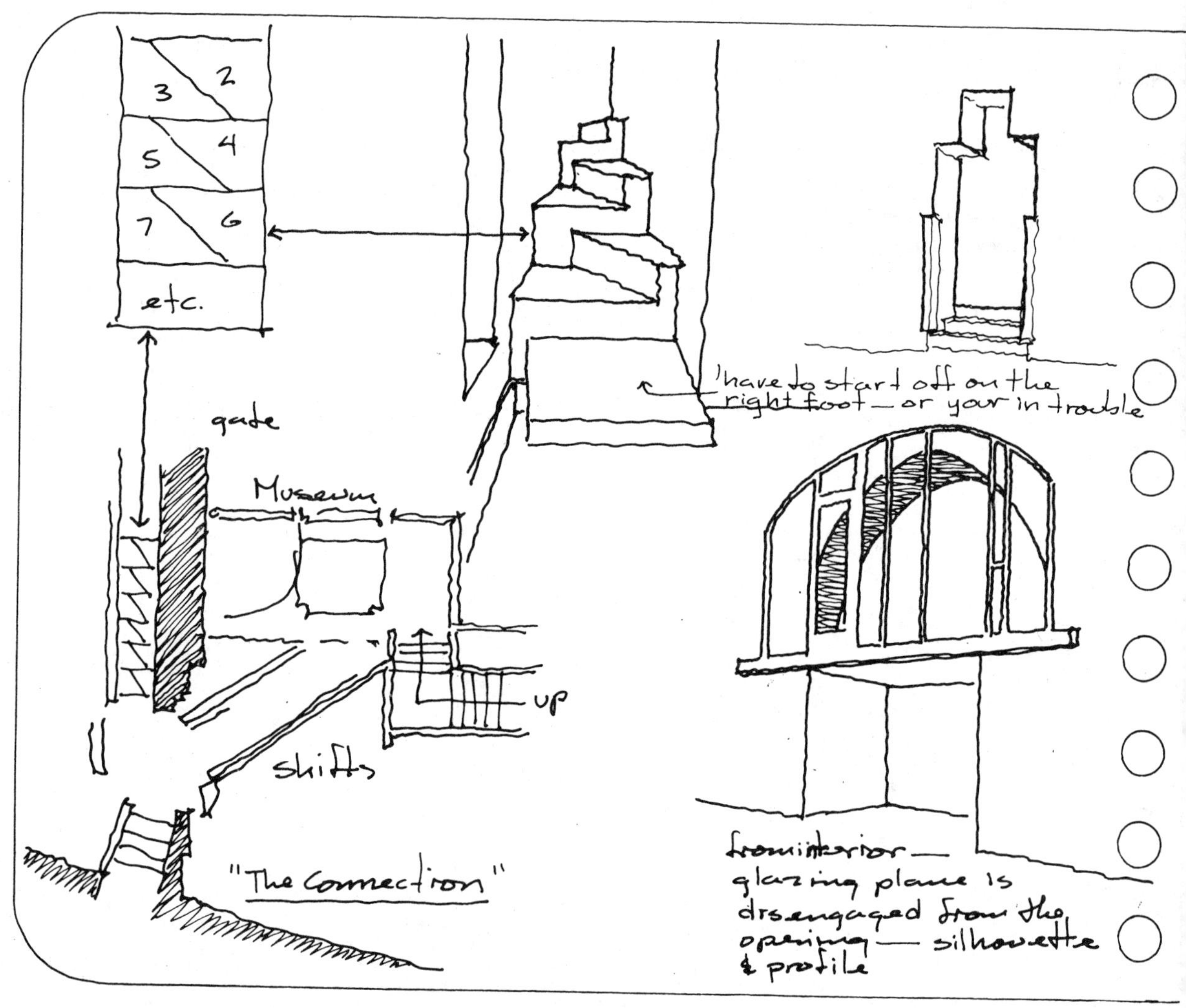

问题。从室内往外看墙上的洞口，那么，黑暗的墙上就会出现一个明亮的剪影；而从室外往室内观看，同样的洞口在明亮的外墙上就会形成一个黑影。洞口的形式在这两种情况下都很突出。在这座博物馆中，外墙上的许多洞口，原先是没有装玻璃的，现在却装上了门或是配上了玻璃和窗框。给洞口加框的通常作法，是把框架安装在洞口的内侧，但这样做却会改变传统的那种没有玻璃的洞口形式。卡洛·斯卡帕解决这个问题的办法是将玻璃面与洞口分开，这样，当沿着旧墙内表面采用一“层”或一片现代设备时，就可以保持洞口原来的造型了。这也就产生了新旧继续对话的相互作用，作为明显不同的元素的大杂烩，符合对建筑改建的要求。

在这些绘画中，如果没有精巧的、微妙的阴影和色彩的运用，真正的外形轮廓的亮部对比关系就不能精确地表现出来。因此，在某些情况下，一点简单的文字记录就足够了；而在另一些情况下，则需要在玻璃上（从室外往室内观看）或在玻璃周边墙上（从室内往室外观看）画出影子。在本实例的研究中，每一幅速写都因作画的时间及对细部的要求的不同而不同；有些比较潦草，有些则比较细致。从这方面来讲，这个实例研究也许是最具有

图3-44

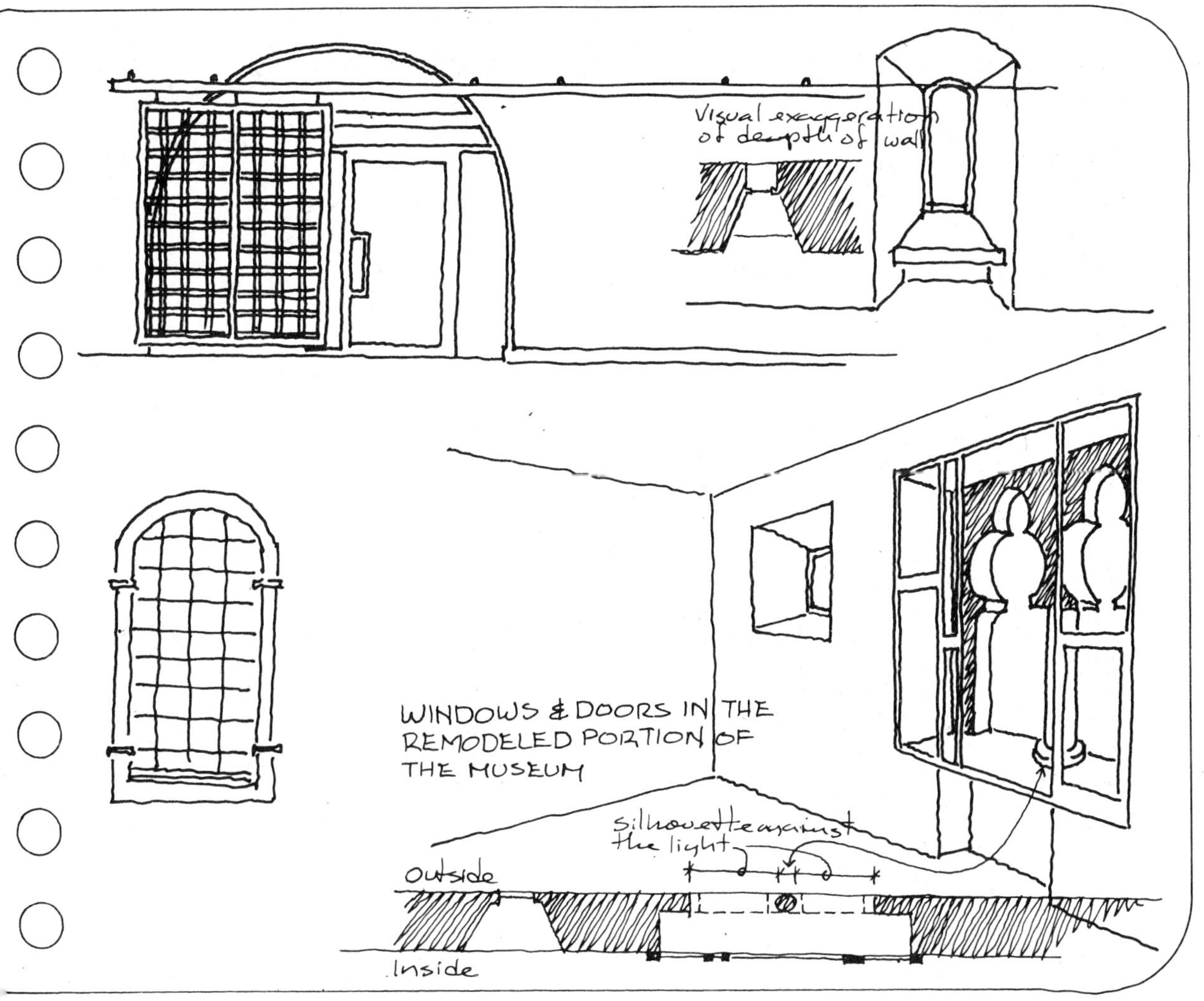

代表性的。作者在亲自体验建筑的过程中，通过寻找出先前已知的内容以及通过作画和做笔记来发现信息，竟意想不到地挖掘出所记录的信息。卡洛·斯卡帕这种令人意想不到的对墙上洞口处理手法的探索，现在能在其他地方被用作新的比较性探索的基础。

3.4.2 窗户：找出实例

图3-45

这个实例研究是卡斯特尔维切奥城研究的最后一部分。在厂史的筑城学中，这个古城堡的窗户令人特别感兴趣，因为窗户的形式很独特，而且同以前的历史环境有联系。这些只不过是窗户作用的一小部分。在这个实例研究中，我们把注意力集中到这个建筑物的特殊细部——窗户上，以此来论证视觉笔记是如何帮助人们从时间和距离上都已分散了的各种原始资料中收集到有关特殊主题的信息，以致从不这样做时可能仍保留分离的和不相关的观察与思想中得出结论。

窗户可以满足建筑物的许多功能要求：采光、通风、观景，并为建筑立面提供一种式样，使之显出建筑高度和变得有趣。通常，窗户的作用是自相矛盾的。在冬天，它必须让光线直射进来，以便温暖室内；而在夏天，就不允许光线直射进来，但又要求有点光亮，并使人们可以从室内观看外面的景色。在下面一系列的视觉记录中，作者找出了能够最大限度地满足功能需求的窗户的一些设计方案。研究这些窗户是为了设计出新的窗户，这种新窗户在控制建筑物内部环境方面应比美国建筑现在所使用的窗户更为有效。美国建筑习惯于主要

图3-46

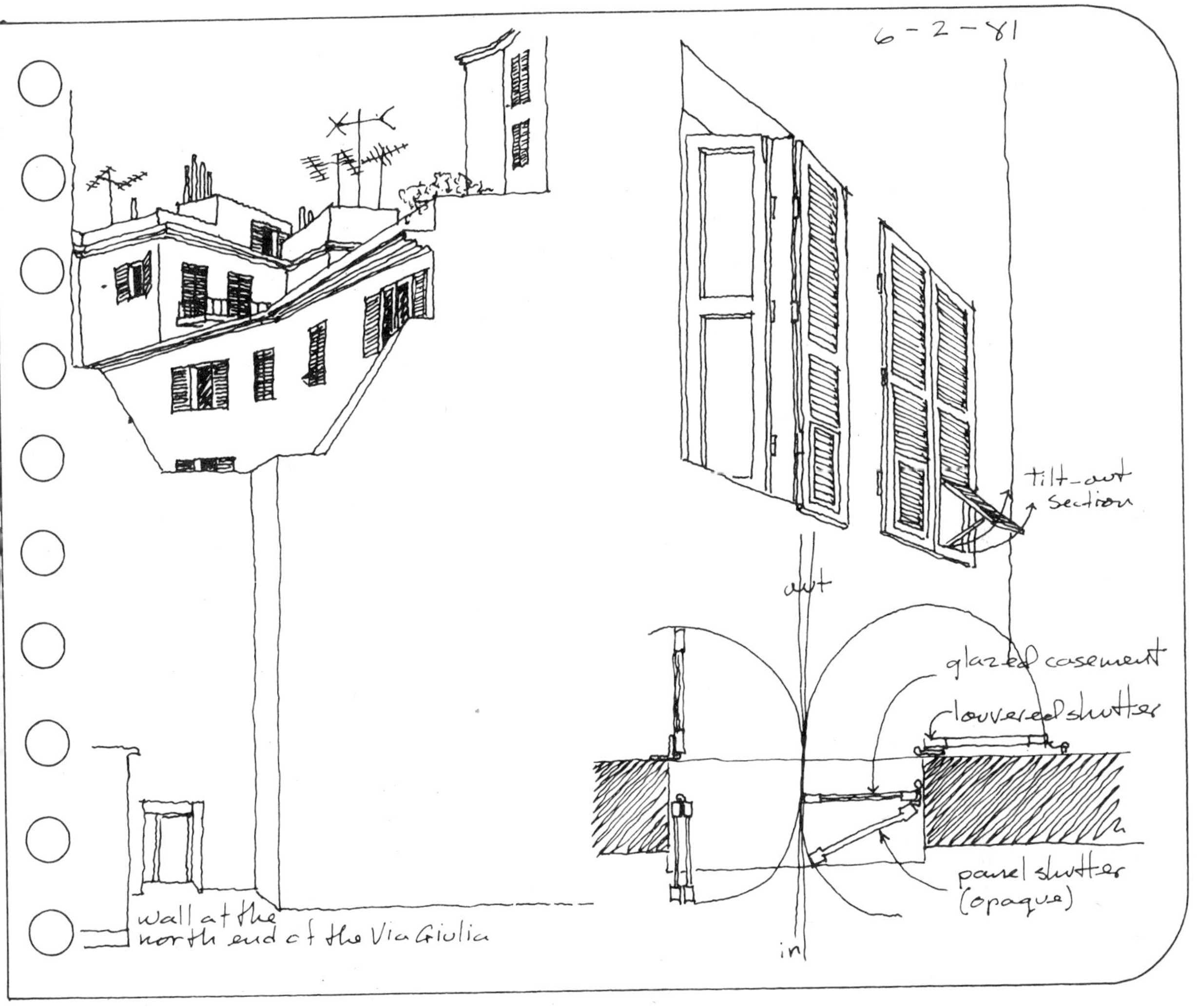

依赖机械方式（空调、通风、加热设备）来代替设计良好的窗户可完成的功能，其实，花费昂贵的能源所能做到的，经过精心设计并与大自然相协调的窗户也能做到。

在世界的许多地方，用作控制窗户的光、空气、私密性和窗景的技术是非常复杂的。有些技术不断地处于发展之中；它们的确切起源不详，而使用这些技术的人却认为，这是理所当然的事。比如传统的百叶窗和隔声窗，它在整个地中海地区是城市化的普遍特征。这种窗户初看起来并不复杂，其实不然。这种窗户通常有3层可操作的组件：首先，是固定于外墙并封住窗洞的百叶窗，它可以遮挡阳光或是遮挡住晚上从室外往室内窥探的视线，而同时又可纳入习习微风，以便空气的流通。此外，住在较高层的居民也可以透过百叶窗往下俯看街道景观，而别人却看不到充满凉爽，并有着遮挡的室内的人们。第二层组件是一组带玻璃的窗扇，根据墙的厚度以及窗洞的宽度加铰链，来决定窗户是朝里或朝外开启。最后一层是坚实的室内镶板窗扇，有的用铰链固定在内墙、有的用铰链和玻璃窗扇相连。它们不仅保证了室内的私密性，

图3-47

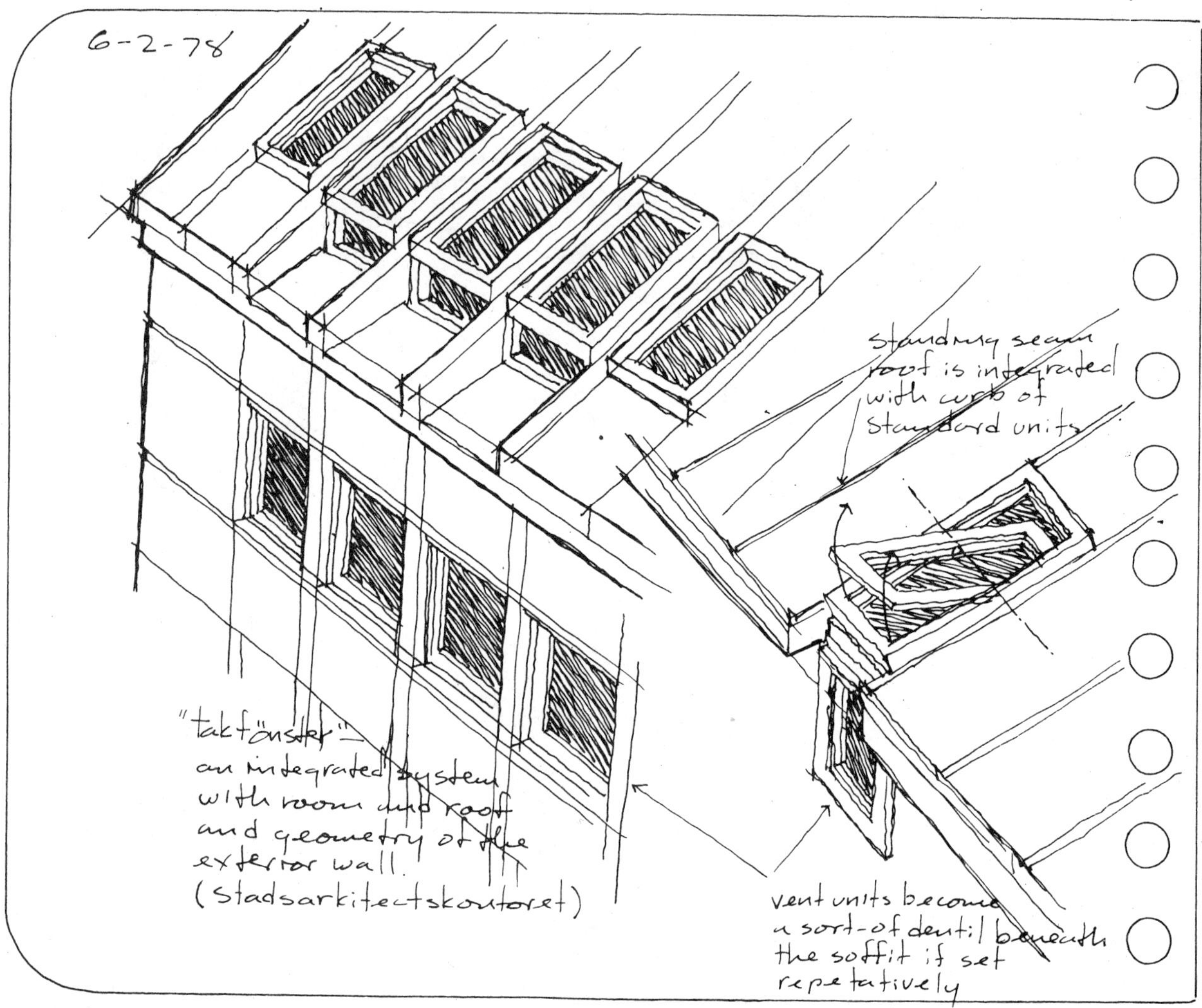
6-2-78
standing seam roof is integrated with curb of standard units
"takfönster"— an integrated system with room and roof and geometry of the exterior wall. (Stadsarkitectskontoret)
vent units become a sort-of dentil beneath the soffit if set repetatively

而且还可以在寒冷的冬天晚上，把室内与室外完全隔离开（尽管这种情形并不多见）。这些窗户在一天之中是不断变化的，它们的外观变化显示了室内主人生活的情调。中午，外墙上关闭的百叶窗说明主人正在午休；晚上，从百叶窗间透出的光线表示晚餐正在进行，或是一场舞会正在晚间凉爽的室内举行。这种百叶窗既把街道隔离开，以保持良好的私密性，同时又能不断地使晚间的凉风纳入室内。

在另一种与此完全不同的气候条件下，瑞典人所使用的现代窗户则表现出他们的聪明才智。因为使用了很精制的木窗框，所以，墙和屋顶一样不透气又不透水。在地球的北部，通常阳光入射角比较低，而且光漫射的情况也很常见，因此，多种窗户单元组合和布置的灵活性就显得特别重要。窗户单元通常有双重或三重玻璃，并有薄的“软百叶帘”类型的，遮帘被夹放在玻璃层之间，使之不落灰尘，或被风吹得咯咯响。百叶帘是用卷轴或尼龙绳来调节伸缩并收回到窗顶，如果需要阻挡光线、视线或是完全遮挡，随时可以加以调节。虽然，我们在视觉笔记中没有应用剖面图来说明详细的

图3-48

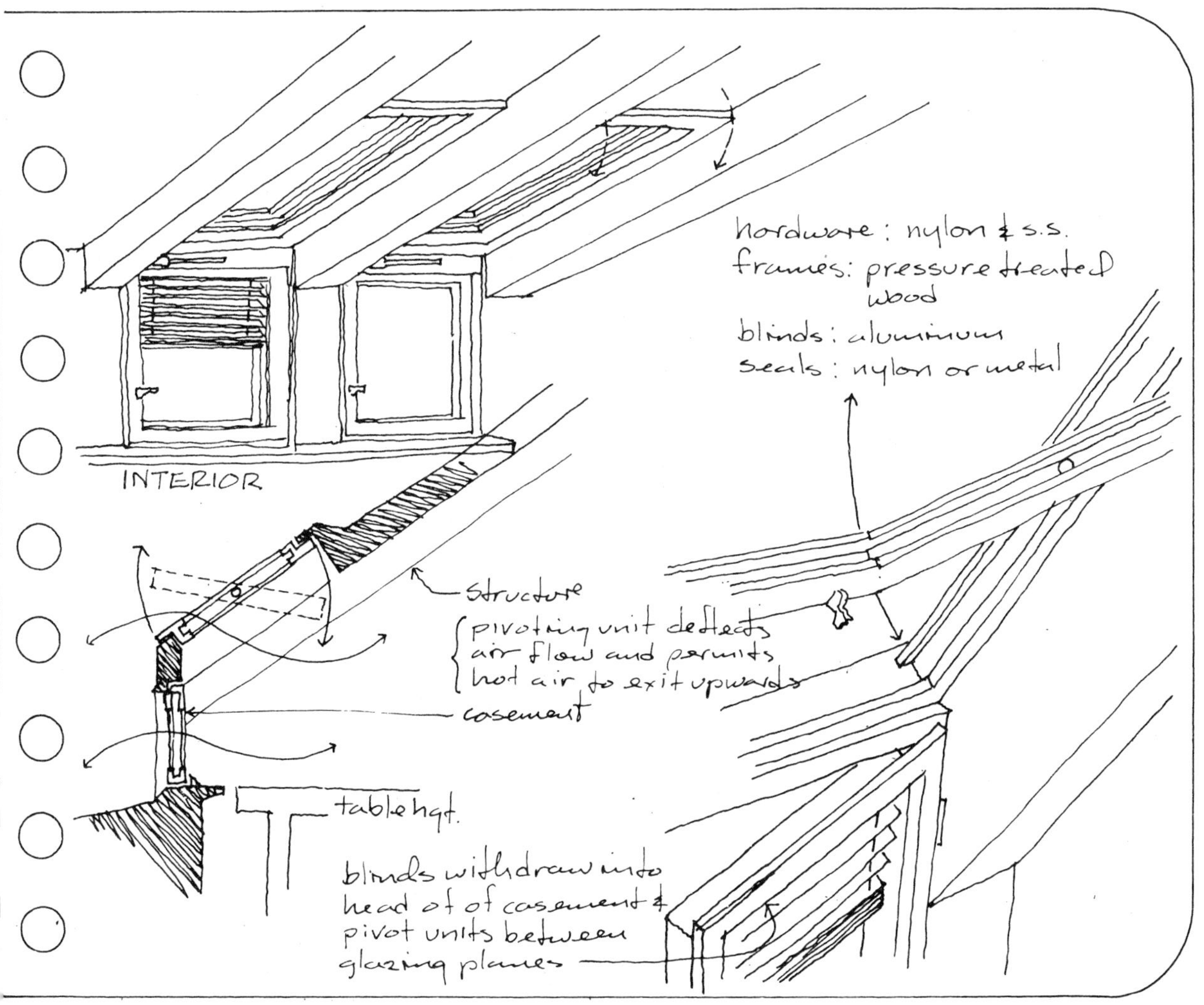

窗户构造以及窗户的组装方法，但是，在附带的文字说明中，介绍了一些有关的使用范围。当然，这些图都可以从一本《瑞典建筑业产品标准》中找到。如果我们在日记本中重画这些内容，那将会浪费时间。代替它的是，我们已把产品标准书中有关内容的复印件放到笔记本中。

最后，还必须关注墙与窗户的联系。遮蔽、纱窗、私密性、一年中不同时候对太阳的各种角度的反应、与天气变化相隔离、有助于从室内向外观看的窗框以及表达一个建筑外观的图案等，这些都

图3-49

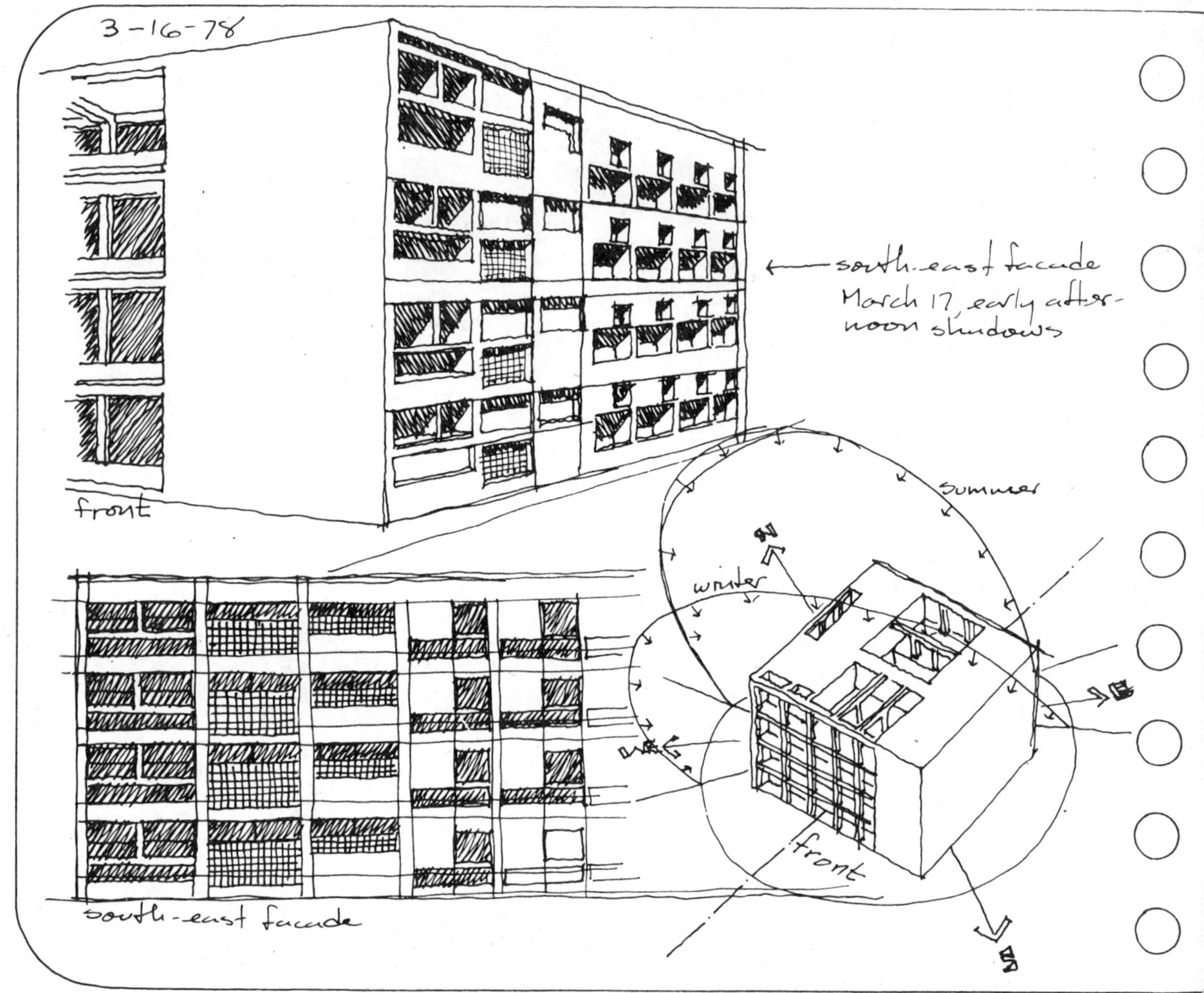

可以通过仔细地组合窗户和墙体来加以解决。为了解决这些问题,我们研究了两幢建筑,一幢是在罗马的一个烟草公司大楼;另一幢是在意大利的科莫,先前叫法西奥的建筑。对每一幢建筑,视觉笔记都广泛地论证了它们是如何解决这些问题的。

法西奥这幢建筑是用综合的方法来设计的,以适应其着眼于自然因素的位置。该建筑的每一个立面或立视图都是不相同的,它不仅依其功能和位于每一个外墙后面的房间而定,而且也与太阳的方位有微妙的关系。四个立面中的每一个立面都这样由"多层"组成:尽管都使用了很薄的现代材料,但是其外观效果却是有相当的深度。这种多层深度感通过一个办公室窗户的剖面图和仰视图看得最清楚。这里,只有关于东南面墙的观察记录。其他几面墙的构造也相似,只不过这些墙在对室内的考虑和对特殊朝向、特定日照的反应而有所不同。对上述墙体所做的记录颇为精细,也很花时间。这些记录,如果用照相机,可以做得更容易、更精确。当然,把这些墙记录下来——先布局、再增加细部、调整窗洞之间的相互关系,这些都有助

图3-50

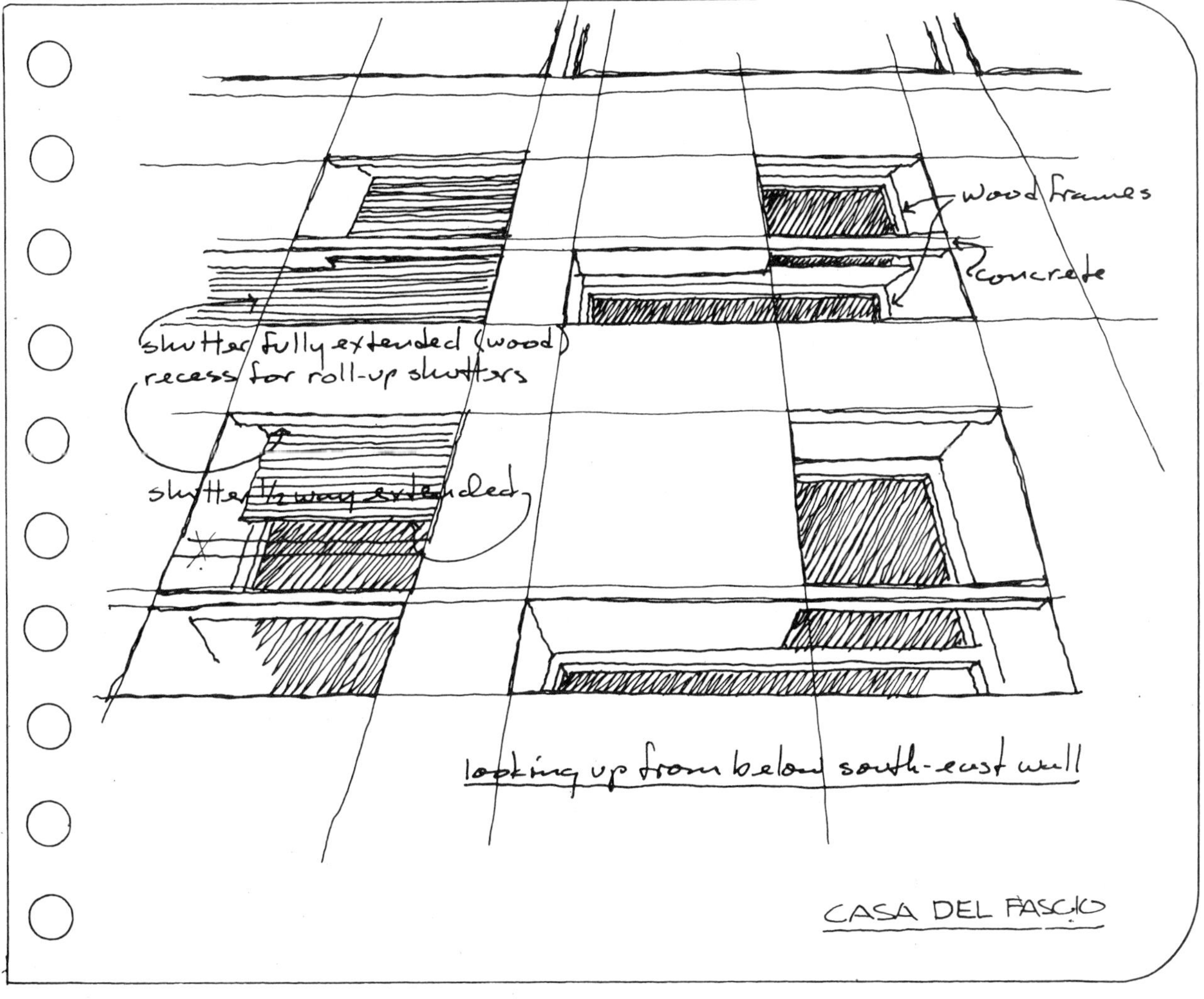
wood frames
concrete
shutter fully extended (wood)
recess for roll-up shutters
shutter ½ way extended
looking up from below south-east wall
CASA DEL FASCIO

图3-51

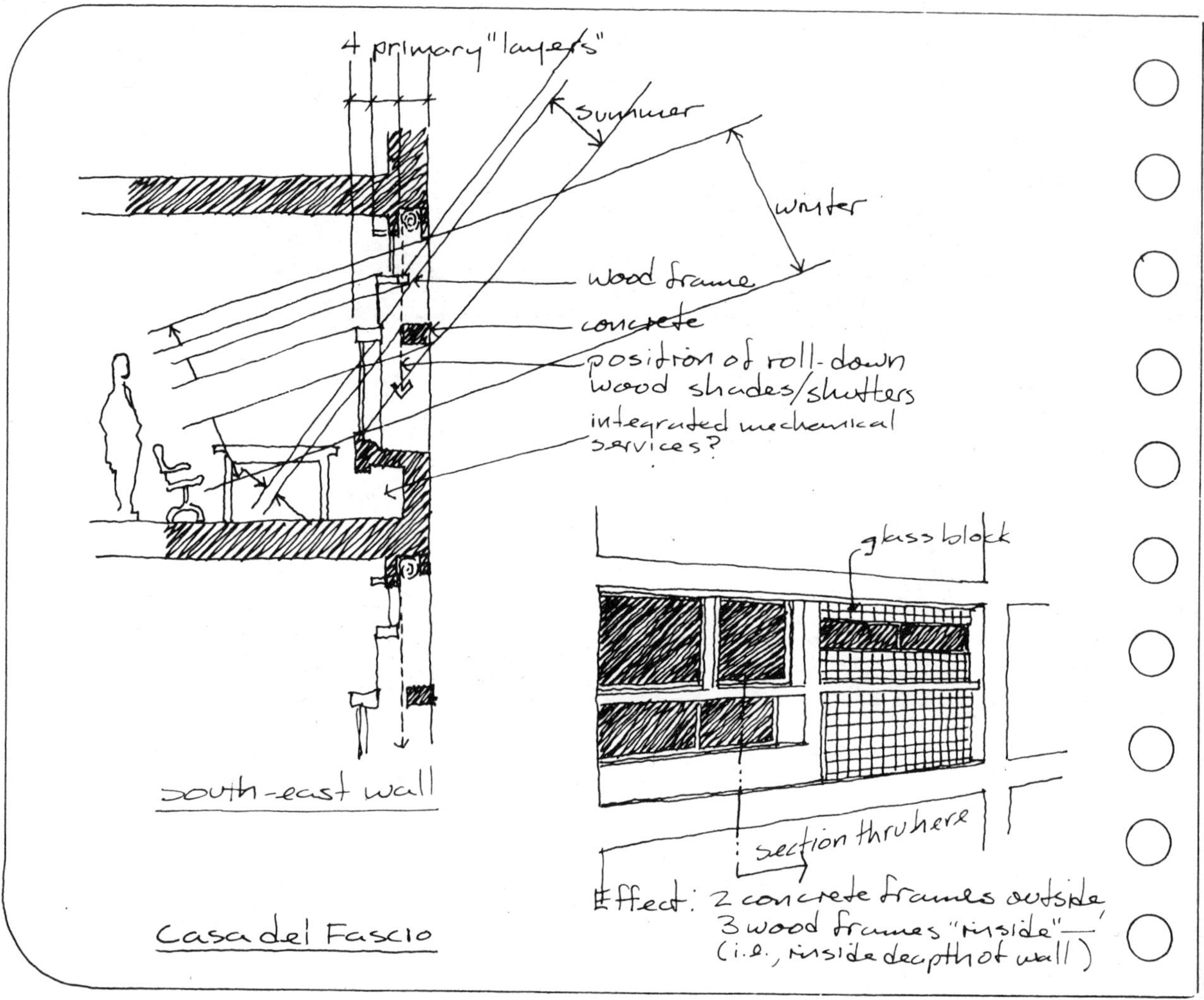

于对它们的了解。在参观访问之后一个星期，依靠看照片并不能取得这样的效果。画这些墙的行动引发出一些要求更密切更详细观察的问题：比如，墙最外侧的玻璃应凹进多少才能与冬天和夏天的阳光高度角相适应？各窗户的比例关系是如何确定的？窗户的布置如何在立面上形成一个和谐的整体？这里，有带家具的剖面图、阳光角度、人的尺度以及有控制线的二维立面图开始回答这些问题。做墙的剖面图可以估计到“各层”的位置以及它们对进入房间的直射阳光所产生的效果。作者对其他墙上的窗洞也做了类似的记录，这样，建筑师在设计窗户时就可以对各种朝向及相应的阳光角度进行研究，并作出反应。

在罗马的烟草公司建筑，针对外部与内部的调节所需要考虑的事，提出了一般化得多的解决问题的办法。在名义上为立面结构框架内的每一矩形，又被细分为几个功能块。尽管墙体也分层，但和法西奥建筑相比，该建筑的整个墙体更薄，而且在窗洞的基本形状上并没有适应其不同朝向的处理。不过，这幢大楼的每一组窗户都可以加以调节，以此来阻挡太阳光，或纳入凉风。每组窗户

图3-52

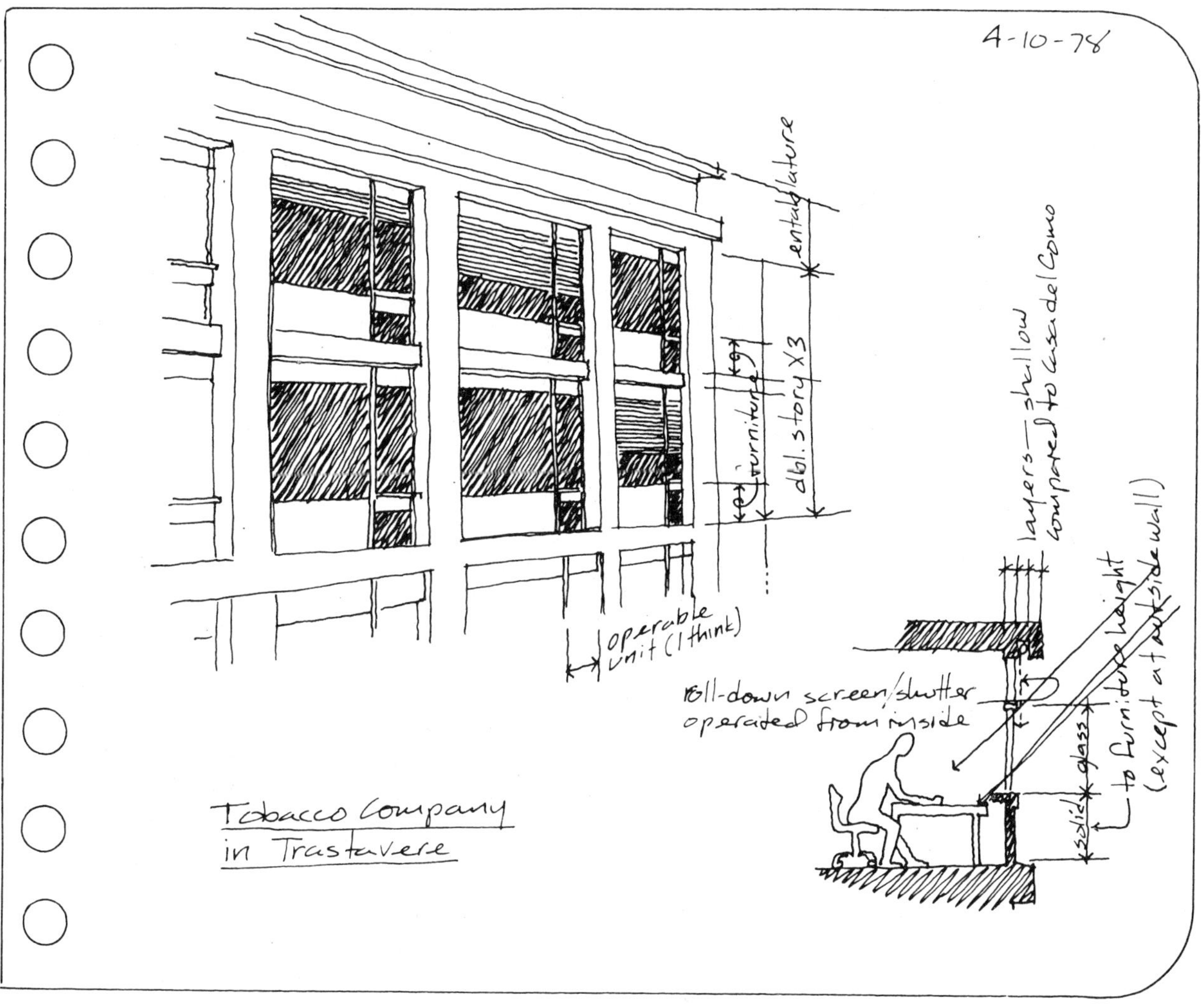

都有三块玻璃，其中较大的一块是固定的，其他二块则是活动的，以便让空气流通。较低的那块玻璃是有遮挡的。一道在室内操作的从上往下拉的木制或金属帘能停在窗户的任何一个适当的位置上。在每一组窗户的上方都有一条不透明的材料带“挤住”射进室内的阳光，以补偿在如此浅的立面墙上部光线的不足。

作者在一页纸上的这些图探讨了这种窗户的各种特点，并在记忆尚未消失之前就把它们记录下来了，以备将来参考。

3.5 设计研究：国际中心

图3-53

作家是用日记来收集思想火花的，当写作时机成熟时，这些思想就可以集中在一起了。这是实用的，因为日记帮他运用写作技巧。当然，日记所起的帮助作用已经超越写作技巧，提供更多的实质性内容和真知灼见。对一个视觉和文字记录都需要的设计师来讲，情况也是一样的。如果你用一段相当长的时间去记日记，并做得好的话，那么，你就会逐渐地把那些不太明确的思想、预感和短暂的观察变成令人信服的本质的思想。

为了说明视觉日记如何能帮助设计师完成其主要的任务，我们已经创造了一个建筑草图方案，本章日记中的实例研究和记录为此提供了相关的信息。我们深信，这个草图方案与得益于作者的体验和敏锐眼力的任何设计项目是相类似的。这又是环环相套的故事：对设计的详细解释并不重要，除非有必要理解这样一个过程，即观察中所记录的信息可以用于设计方案。

设计项目是一个大学建筑群，这是为来访的艺术家和专家而设计的国际中心。其目的是为校外，特别是国外的艺术家和专家提供工作和生活

图3-54

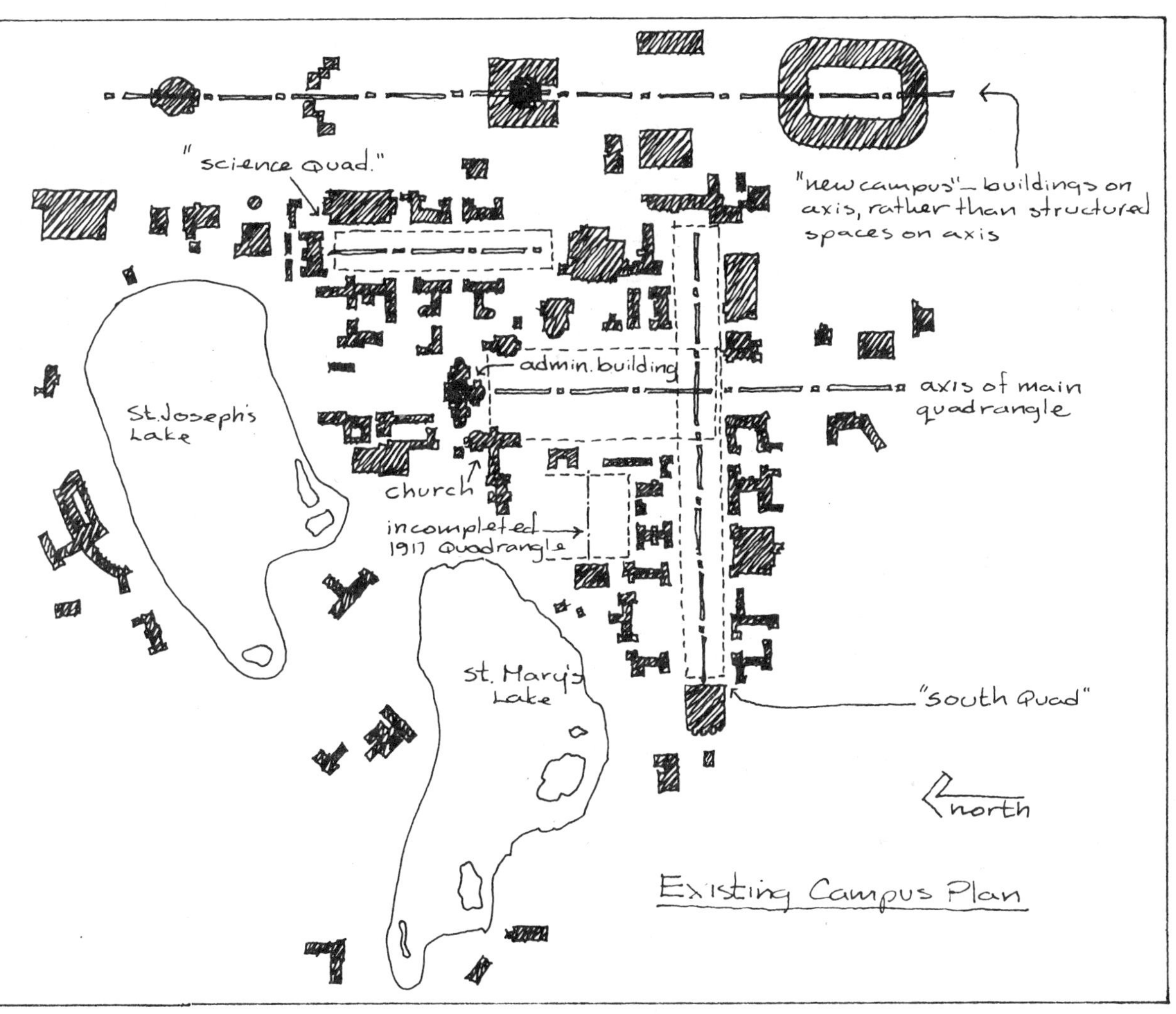

设施。访问者与大学教师和学生们将在预定好的时间内针对特定的项目和双方都感兴趣的问题一起工作。该中心所支持的交流项目的基本内容是人文和人道主义。

设计过程的第一步是研究该项目的场地。场地在印第安纳州靠近南本德的圣母玛利亚大学校园内。该校园由数个四方院子组成，其周围有维多利亚哥特式、维多利亚意大利式和新哥特式建筑环绕着。其中，有一个院子并不完整，其三边的邻接不紧凑，从它的一处角落可以观看到湖面上的景色。这几页上的画显示了部分大学校园早期的鸟瞰照片以及在同一视点所画的鸟瞰图，它们说明了校园的基本结构。这个松散地界定的院子被选作国际中心的场地。它于 1917 年完成设计布局。原计划和图书馆一齐建成，并作为一端的主要焦点。图书馆建成了，现在已改建成学术性的建筑物，但是它仍然是校园内唯一的新文艺复兴式建筑。

整个校园的规划呈几个长方形露天空间或四方院子的组合形式，这些院子以南北轴线为基础，

图3-55

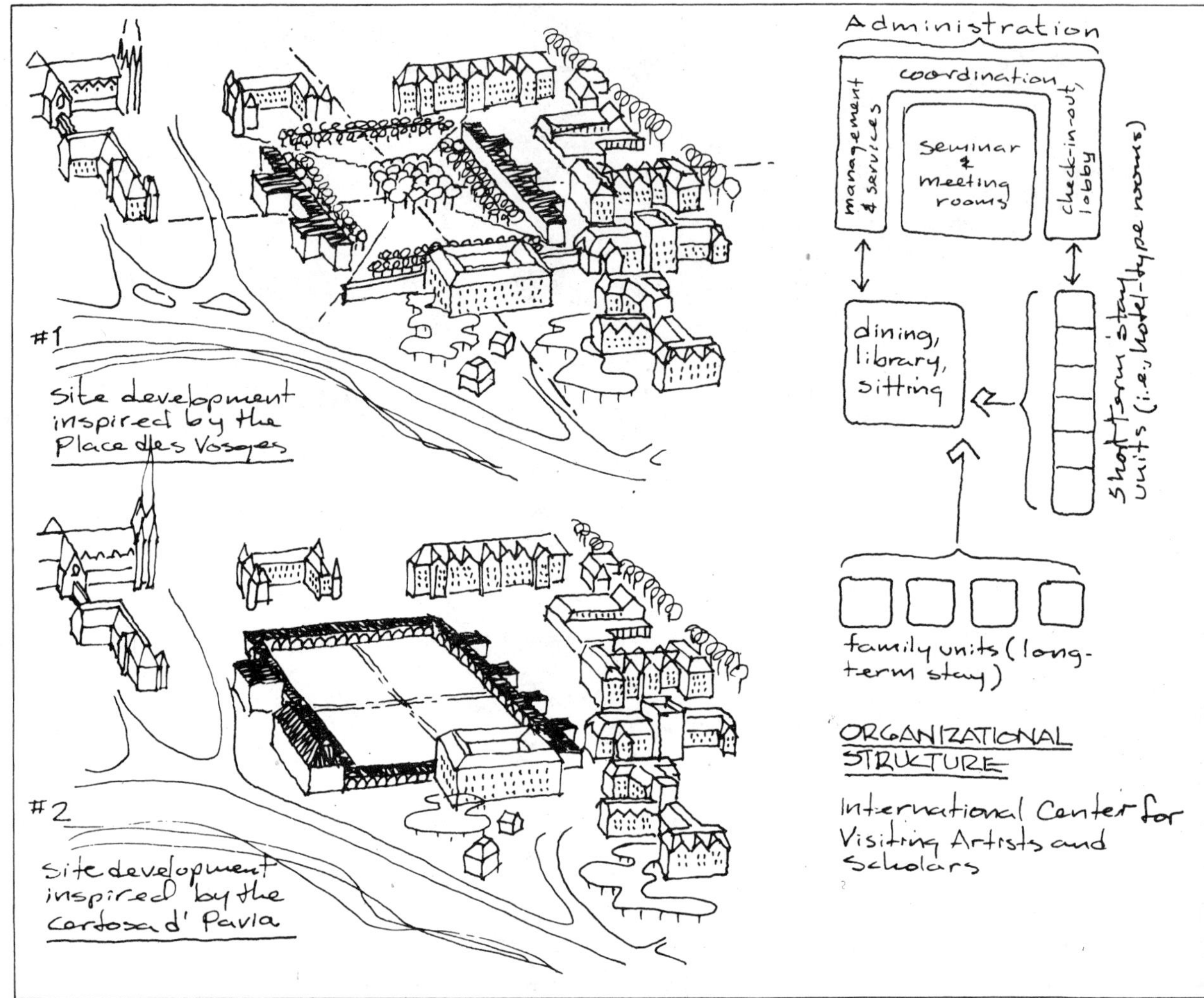

以学校带穹顶的管理楼为北端点。其结果是，所有的校园建筑都依托简单的南北向相互垂直的长方形，只有一些最古老的建筑除外，它们的朝向是随其附近的小湖岸线形成的隐约方格确定的。校园平面草图显示了两个格子的关系。由于主要的长方格的控制地位，位于湖边的、曾经受人尊敬的古建筑如今似乎已被人遗忘，杂呈一处。因此，该方案的设计，从一开始就决定使中世纪的建筑与后来建造的建筑容易识别。

另一个与场地相关的决定涉及拟建的建筑与周边建筑立面的关系。我们认为，新建筑应该不显眼地与现有建筑组合在一起，其比例、门窗韵律以及其他特点应该与新文艺复兴式的图书馆及其旁边的维多利亚风格的建筑和谐共存。

从根本上讲，这座供来访艺术家和专家用的国际中心的设计方案是很简单的。它要求两个较大型的建筑和四个小型的建筑。小型建筑作为访问专家的住房，而最大的建筑则作为该中心管理用房，并供来访学者短期住宿用；中等大小的那幢建筑容纳餐厅、厨房、图书馆和活动室。这幢建筑

图3-56

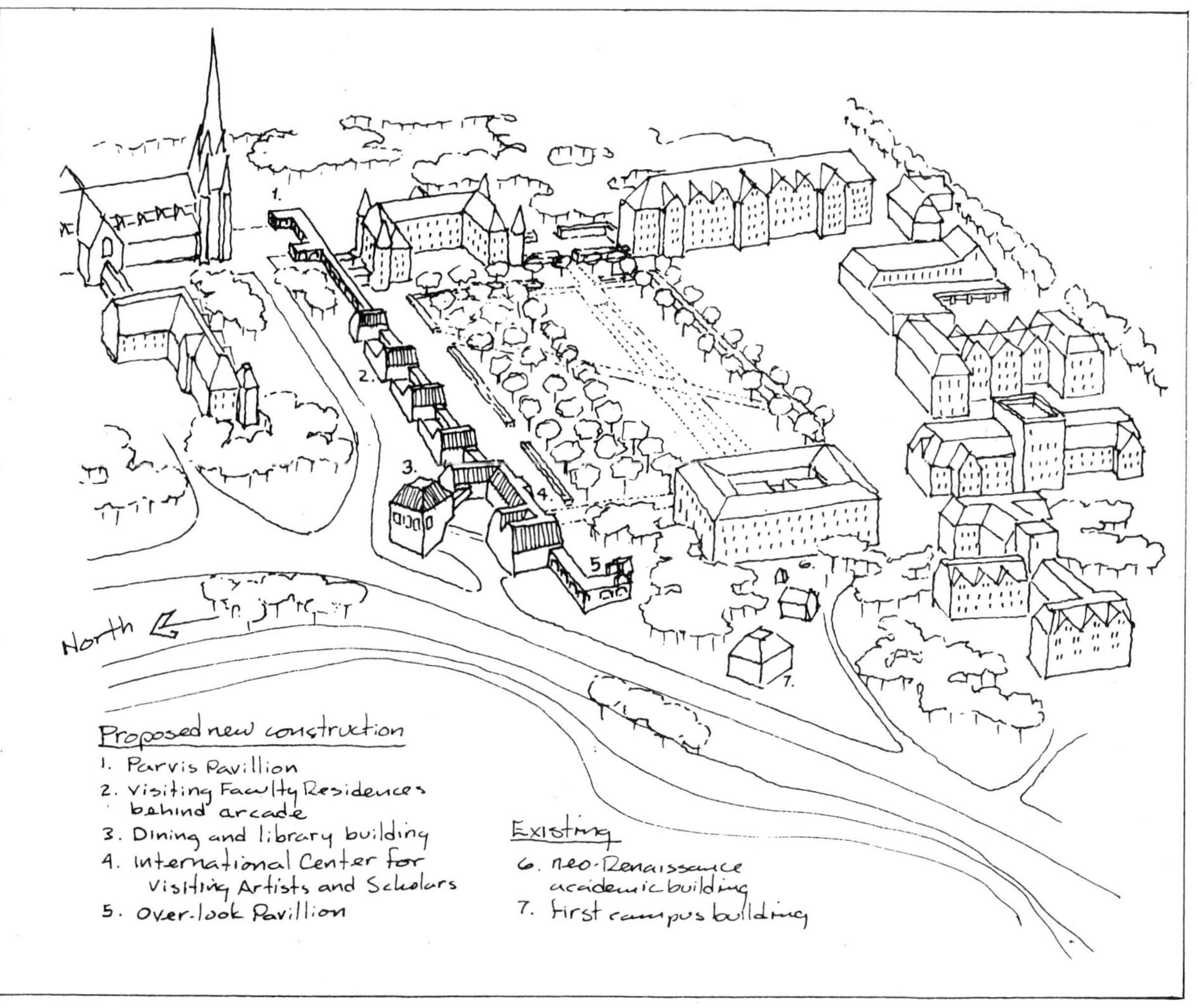

对中心来讲，在象征意义上颇为重要，因为它的主要房间把访问学者相互之间以及访问学者与大学社区联系到了一起。

使拟建的建筑与现有校园环境相结合的一项基本决定，是新建筑要使四方院子变得完整，这就是说，新建筑要与1917年的校园规划、大学创始人的有关四方院子的思想精神以及法国人轴线规划设计的技巧保持一种连贯性［创始人和首任校长是弗·索伦（Fr. Soren），一位来自法国莱芒湖（Le Mans）的神父，他按照加拿大人的方式于1842年创立了这所大学。他对于法国人的轴线规划设计的嗜好是非常明显的，并把它贯穿到最初的校园规划设计中去］。

在我们的视觉日记中，可以给该中心提供设计参考的实例是孚日广场、弗吉尼亚大学、爱迪生大院以及帕维亚的卡尔特修道院。孚日广场显示了一个强烈统一的空间，该空间由周围拱廊和重复出现的景观模式界定。不过，这种强烈的统一太完整了，以致既不允许改变出入口的条件，也不允许增加现场和周边地区的视觉和功能要求。而爱

图3-57

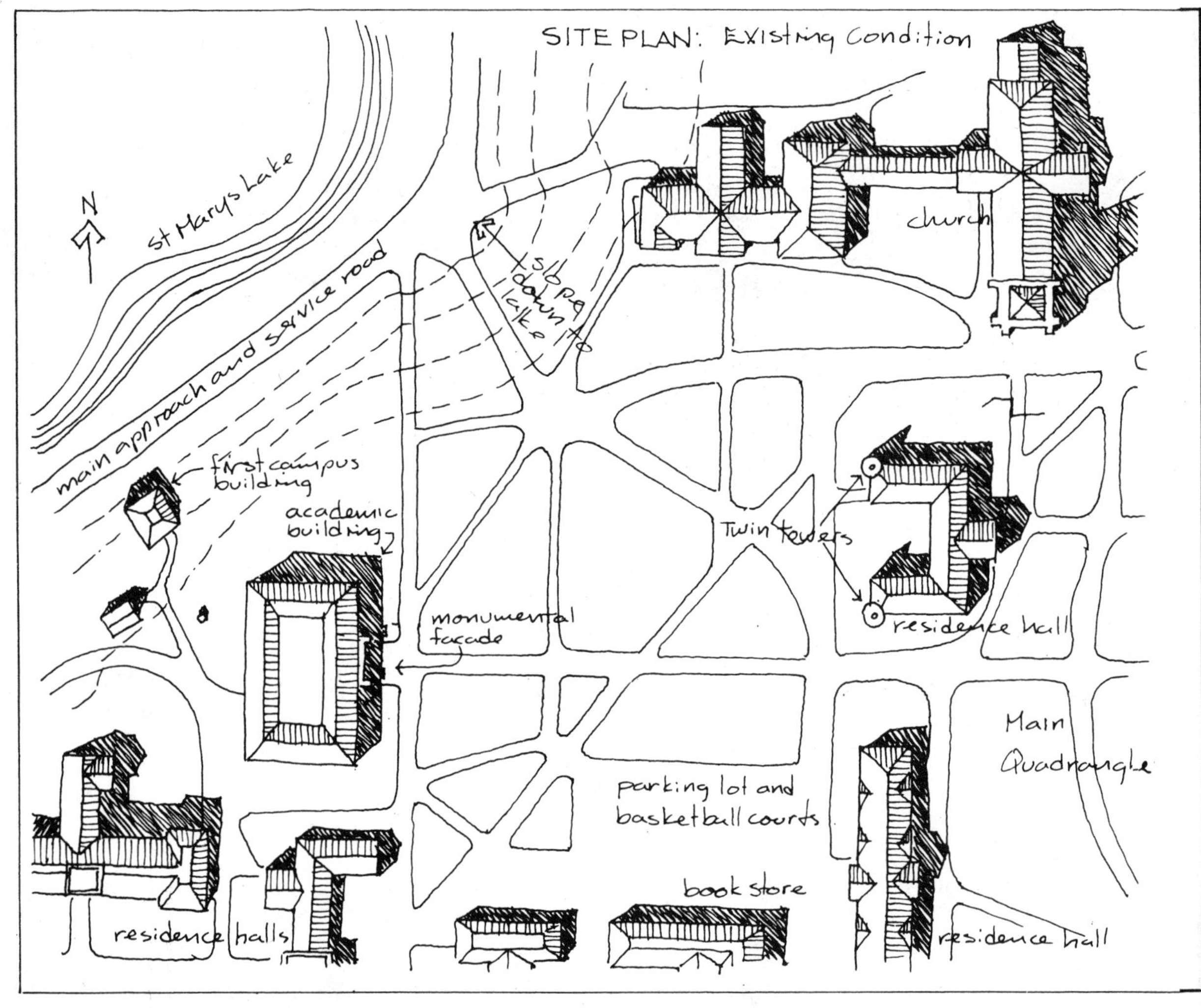

迪生大院则鼓励新与旧的结合，它提示把主要和次要轴线作为院子的主要组织特点，而不要采用孚日广场那种并重的双轴线。

当然，我们想重申，孚日广场的中心空间太统一了，以致不能供国际研究中心的设计直接套用。费吉尼亚大学，像爱迪生大院那样，显示了一条控制性的中轴线。而且，其轴线有方向性，这种情况，对我们的项目显得多余，但是，它很适合于该大学校园中四方院子"顶部"的新文艺复兴式建筑的定位。最后，弗吉尼亚大学和帕维亚卡尔特修道院都提示了一个解决的方案，即把四幢小型建筑与二幢较大型建筑用墙、柱廊或拱廊结合起来，并界定四方院子敞开的一边。诺曼底和布里塔尼的农房也提示了一种解决方式，即分级安排大公共空间，使之与沿墙布置的小的私人户外空间相联系，同时也与更小的建筑相连。

乌尔比诺镇提示了用作交通流线的线性组织元素可以根据各部分的联系提供秩序。在校园内，一个类似孚日广场和帕维亚卡尔特修道院的拱廊可以把教堂和湖面相连，这两者在该校历史上都

图3-58

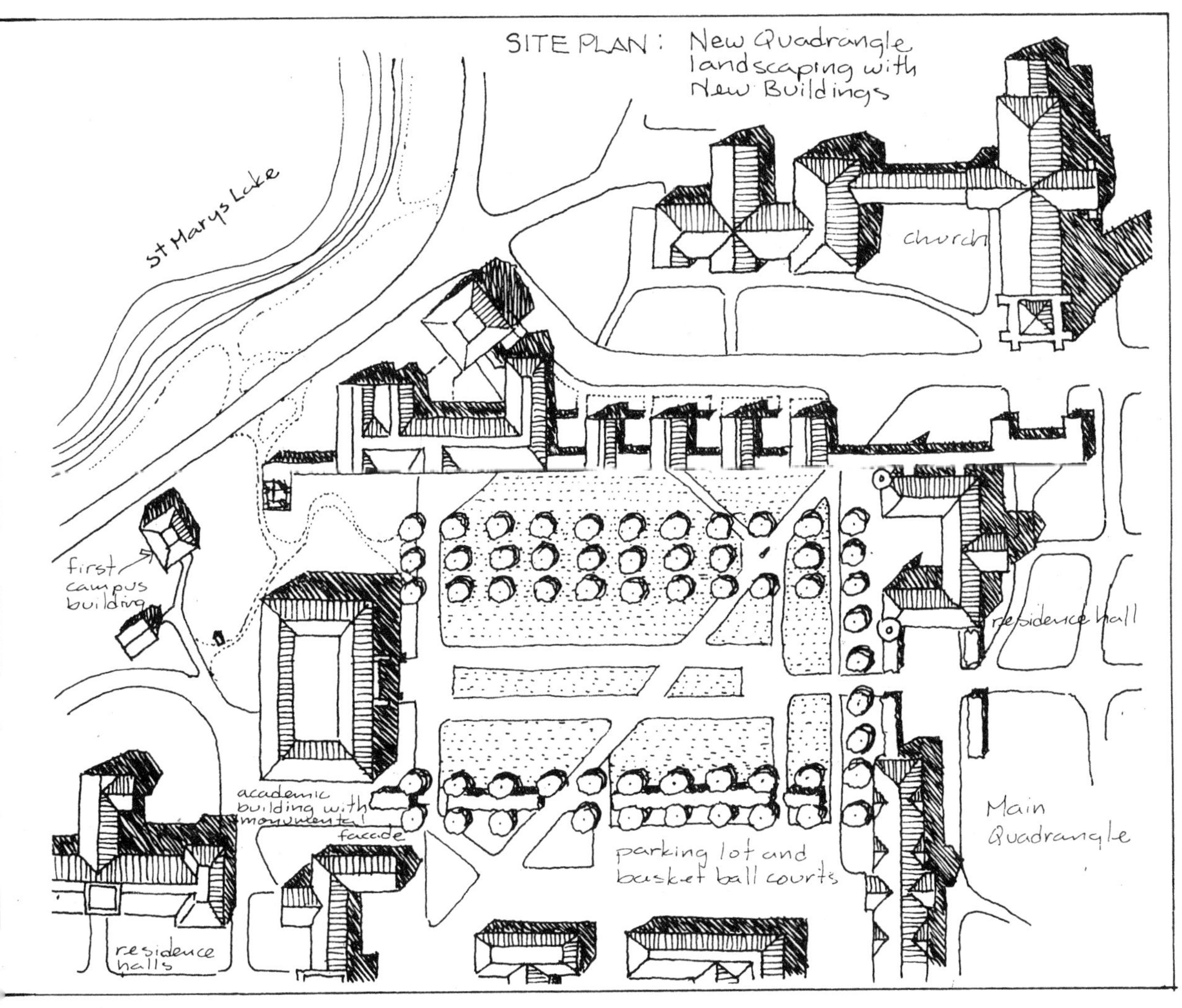

很重要（该校原名叫圣母玛利亚大学，因为该校第一批建筑是依湖而建的）。

我们设计的平面图和现有校园平面图的比较，如上图所示。我们的设计方案是通过在北侧引进连拱廊或柱廊，并“抓住”其后的建筑来形成四方院。这些建筑沿着露天空间的边缘分散布置，如果不与连拱廊结合，那么就不会形成我们所要求的封闭感。这个连拱廊也成为集合其后建筑物的基准面。连拱廊通过新建筑与校园生活的各个方面、教堂以及湖岸的联系，使新建筑锁定在校园中。连拱廊的东端有一个穹状建筑物，它作为教堂的前廊，可供参加过弥撒、婚礼、葬礼的人们在热天或其他不宜人天气时休息。连拱廊的另一端也是一幢穹形建筑，在那里，人们可以俯视圣母玛利亚湖和湖对岸丛林中风景如画的建筑景观。该穹形建筑有方便行人下来的台阶，行人可以从四方院下来走到湖岸边。

这个大型公共性四方院的景观设计取材于孚日广场，尽管部分地由于这里的现有建筑是采用非对称的布局形式，其四方院平面显得不如孚日

图3-59

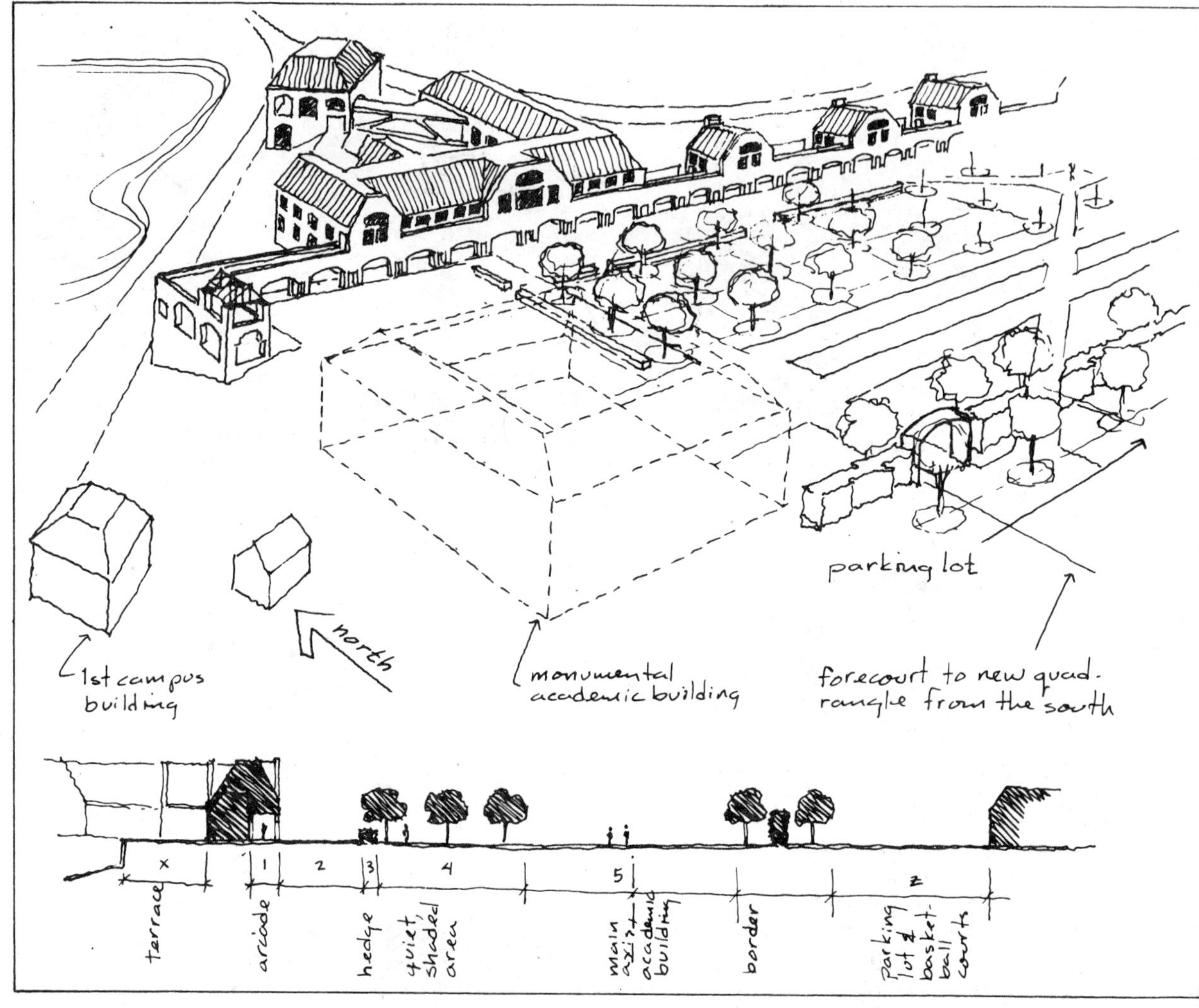

广场那么规则。这种对轴线的仔细表现，使人想到它是来自于一个更加规则的秩序。这种有目的的重新组合，与鲁道夫·阿恩海姆教授（Rudolf Arnheim）在美国研究院演讲时所提出的“潜在的秩序”观点相吻合。它也可被看作是与斯德哥尔摩的“理想化的城市平面”相类似，尽管那里的实际平面与理想平面大相径庭，但通过参照有规则的及变化不大的理想秩序，该方案获得了内在的统一并具有逻辑性。

国际中心建筑的主楼充当了具有象征性重要意义的图书馆和餐厅建筑的入口。这些建筑元素延伸了从入口处开始通到位于正南250码处的学生主餐厅的轴线。这幢学生餐厅建筑是圣母玛利亚大学的建筑财富之一，它是由波士顿建筑师拉尔夫·亚当斯·克拉姆（Ralph Adams cram）设计的一座大型的、20世纪20年代的大学哥特式建筑。

图3-60

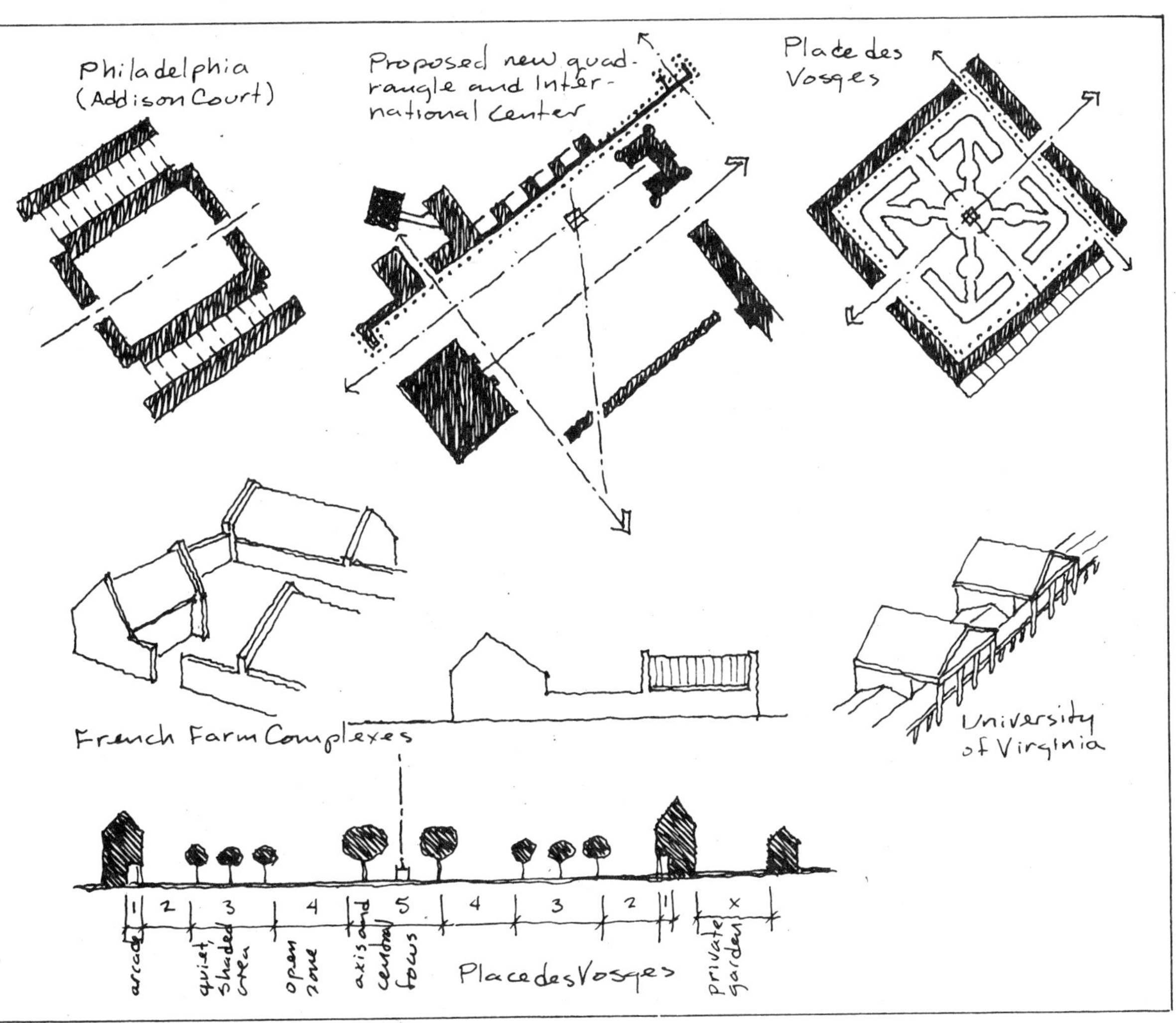

图书馆与餐厅建筑不受四方院几何图形的限制，它具有理想的外形以显示其独特的象征性角色。它的朝向是根据湖岸确定的，而与四方院无关。这样，就给颇有修道院风格的远离大学社区之外的问题提供了参考。此外，这个建筑的形体和朝向使人想起沿着同一条道路通向国际中心西南方向的该大学的第一座建筑物。

四方院本身的园林化给周围的活动提供了新鲜的感受和组织方法。比如，沿南侧新种的树木遮挡了停车场，这样院子就有了公园的气氛，附近庄严的建筑特性也就与汽车、沥青路面以及服务道路区分开来。成排的树木形成像房间一样的空间，而建筑的空间特性也透过这些树木表现出来。小径及人行道形成整齐的图案，园林化的“门厅”处于四方院的重要出入口，所有这一切都使人想到浮日广场园林化的长廊和空间。

图3-61

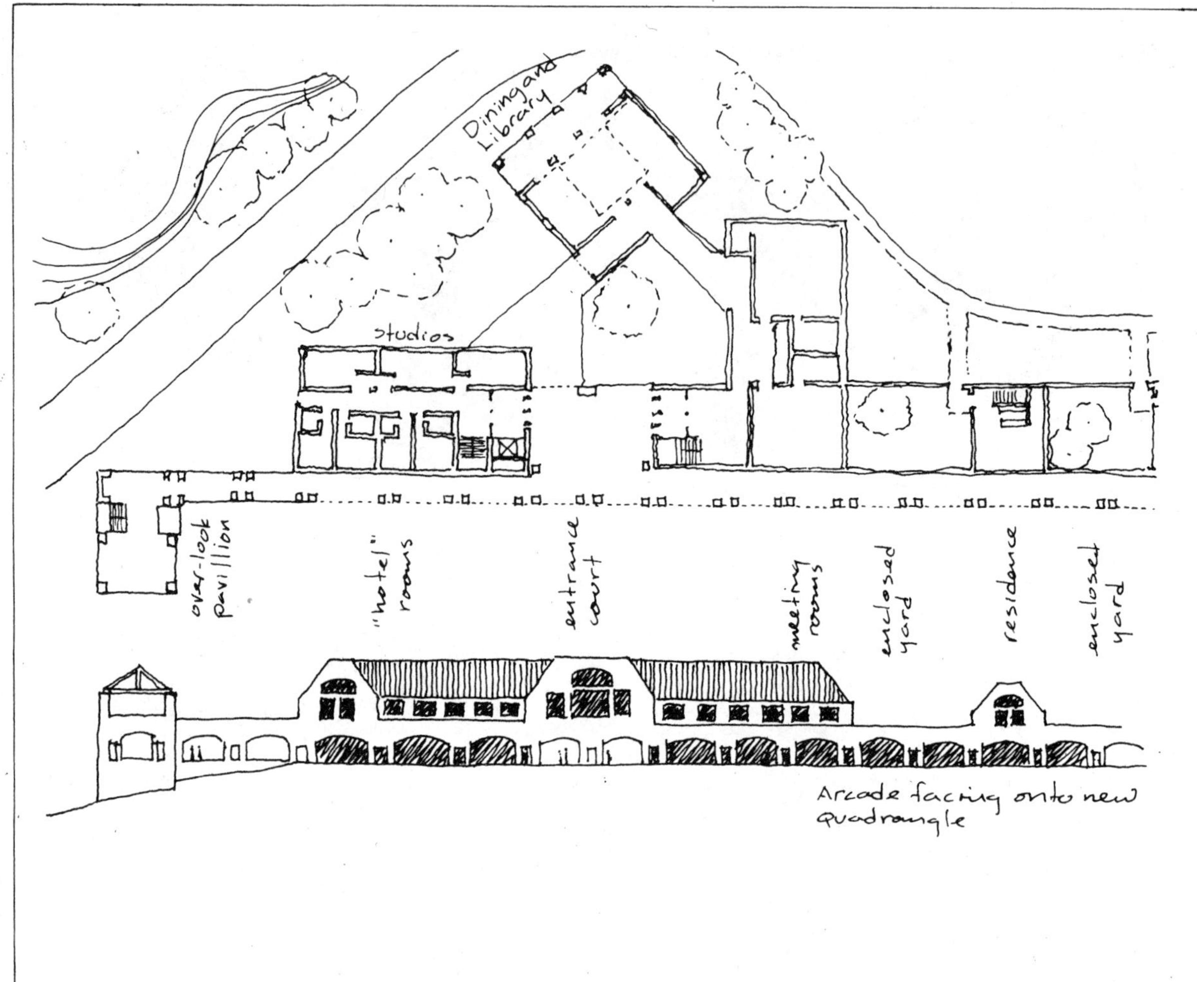

连拱廊和成为其一部分的建筑物形成了四方院的连续立面。对统一性的要求，提示了这里要像孚日广场那样具有规则的重复立面。当然，四方院另外三侧现有建筑的排列并不规则，因此，需要有连续的和非连续的韵律来形成平衡关系。这种平衡的程度似乎应该介于费城爱迪生大院不规则的、具有个性化表现的街道立面和新建筑的重复韵律之间，这种新建筑是很规则的，以致给人以单调之感。

图3-62

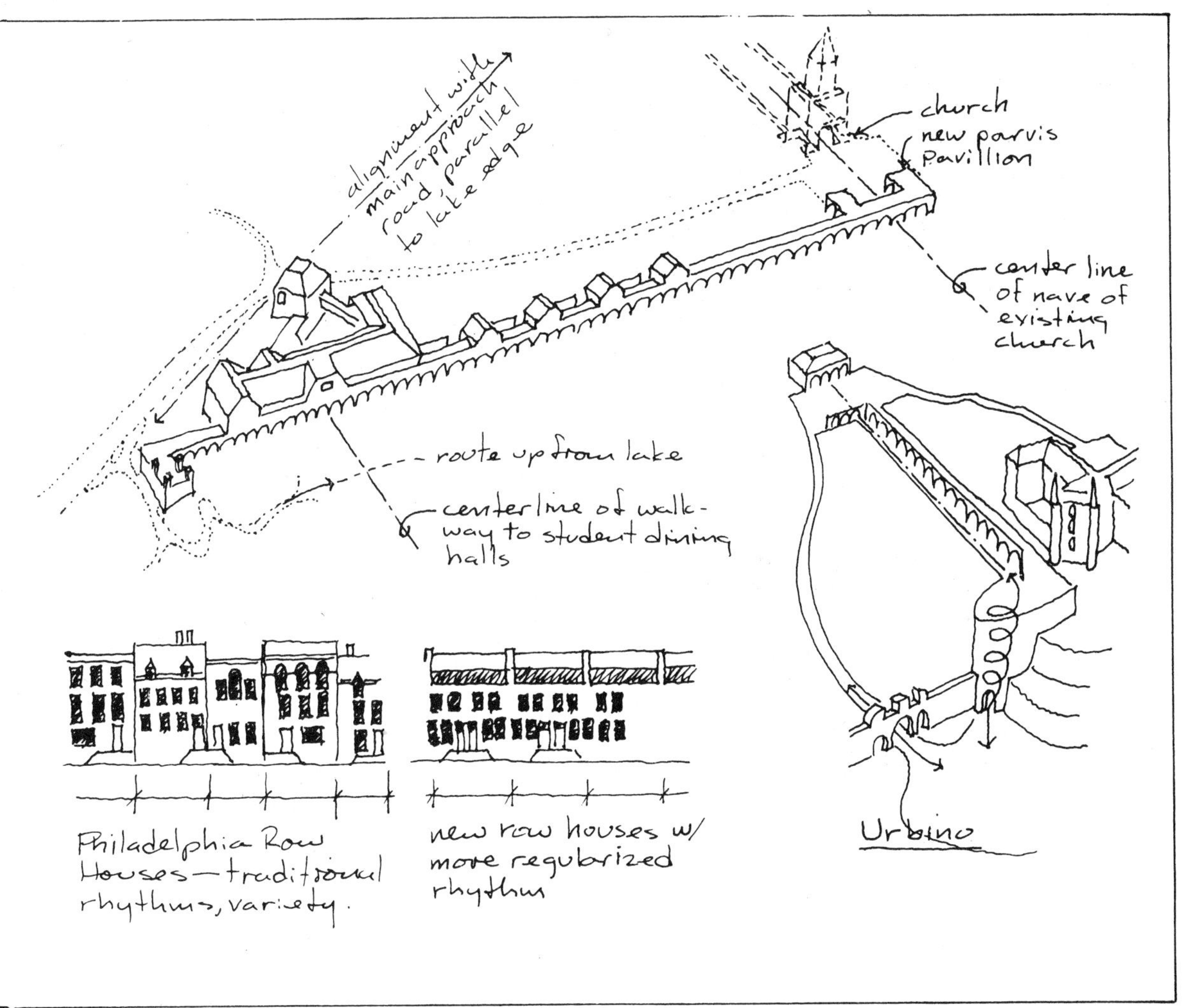

在设计国际中心的过程中，有一个不明确的假设，这就是必须完善并加强现有环境的优势。设计的基本思路是把校园理解成不完整的空间，需要设计师去使它完整。这样，连拱廊就使得四方院变得完整起来，并把校园内两个重要的、相关的"片断"——教堂和湖岸连在一起。把基地看作需要变得完整的策略意味着一种"场所感"，对此设计师在做任何改建工作之前必须敏感，否则，他就会破坏场所的独特的、微好的品质。

图3-63

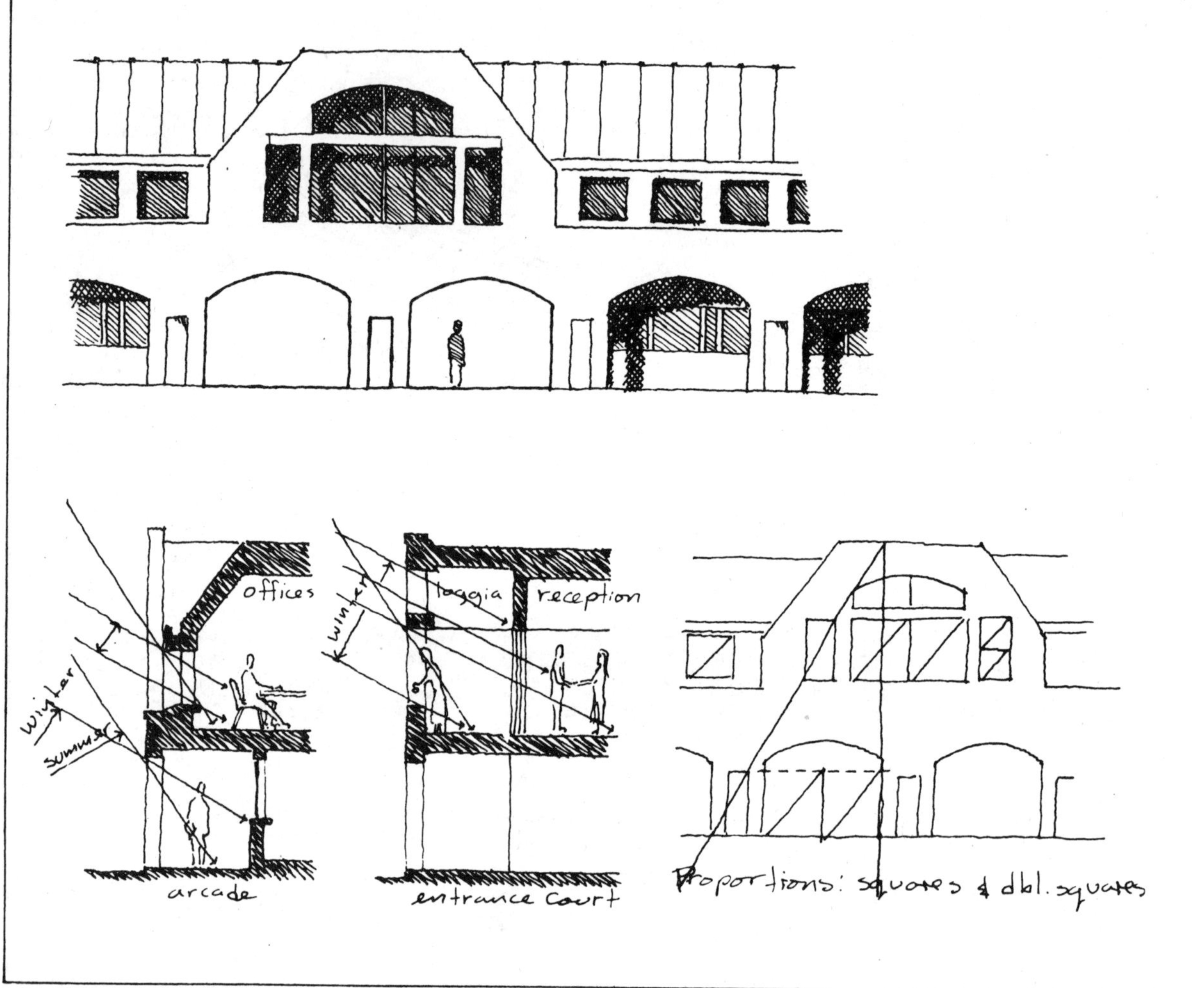

国际中心长长的南立面为布置窗户提供了很好的机会。窗户有助于建筑物和重复的拱廊的韵律发生相互作用，并控制着阳光的进入，在盛夏提供凉爽的庇荫条件，在严冬引入直射的阳光。前面记录的有关窗户的研究，有助于这里的窗户设计。所以，这里的窗户设计受益于比这里所显示的更详细的方法，其中包括对空气流通的调节、特殊景观的形成、北部漫射光的处理以及对来自西北方向寒风的阻挡。

此外，卡斯特尔维切奥城的笔记为解决图书馆兼餐厅建筑与国际中心的主楼既要联结又要分离的问题提供了线索。卡斯特尔维切奥城的“联结”方式是把遗迹和现代建筑的不同部分与古城堡相关的历史背景的片断联系到一起。通过拼贴不同的部分可以达到这种效果，这些不同的部分然后就在博物馆重要的结合点融合。在国际中心的项目中，图书馆兼餐厅建筑斜对着主要的长方形院子，使它与院子分离，又赋予它一种客观的、理想化的特性。然后，该建筑又以过桥和来自主要出入口院子的台阶再次与中心相连。图书馆兼餐厅建筑是可以通过中心的门厅入口看到，这种框

图3-64

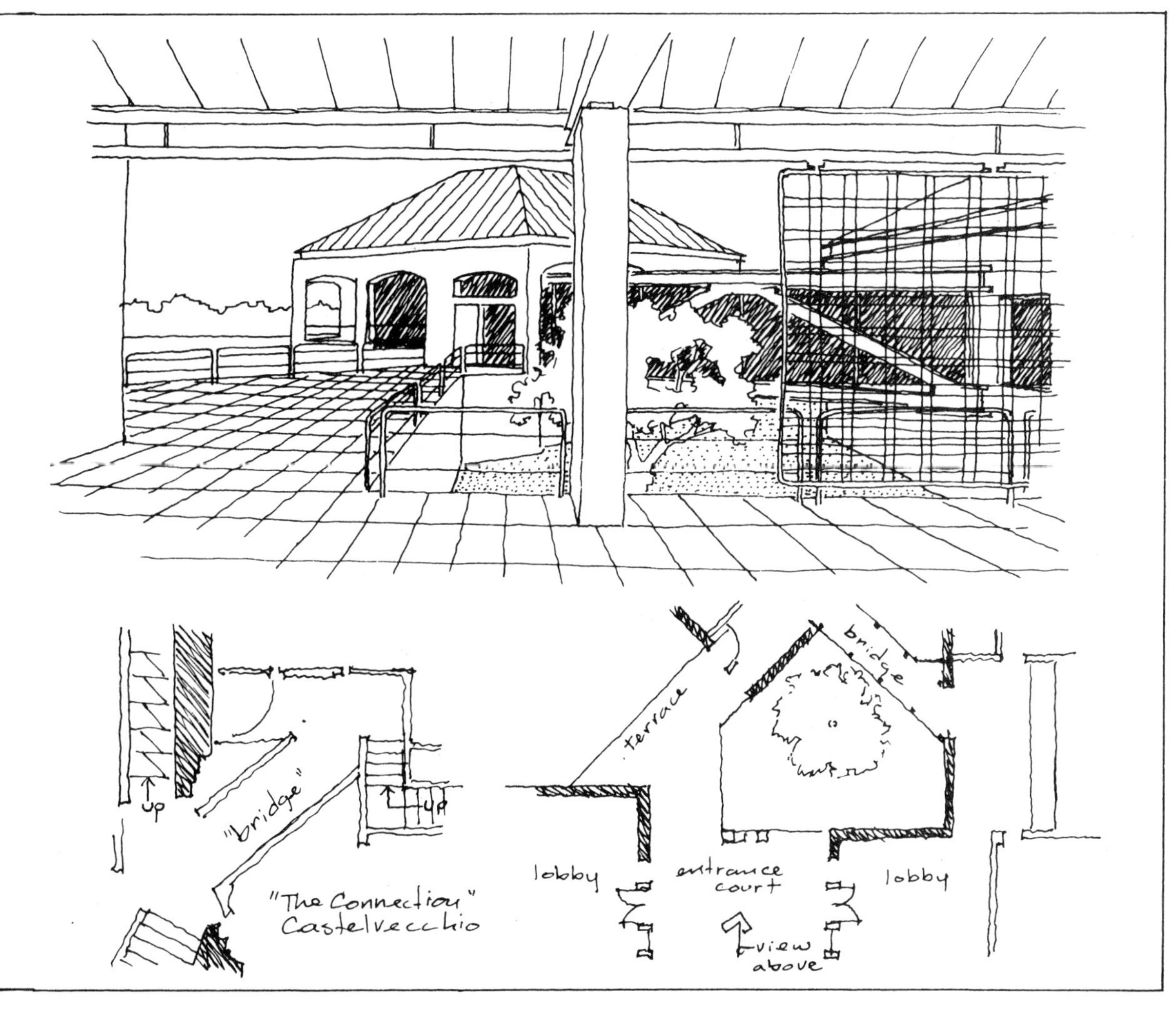

景来自于与整个四方院相协调的几何形。其高程的突然变化、似乎重叠的建筑局部、透过铸铁花格看到的建筑局部以及交织的扶手，使人想到卡斯特尔维切奥城中的“连接处”的视觉大杂烩。

实际上，国际中心方案的设计内容远比这里记录的内容要多得多。比如，我们没有包含室内设计，也没有在这里提及任何必须做出的技术决定。许多设计决定只介绍了一部分。比如，新建筑与现有建筑在基本尺寸、风格和特性上有密切关系，但是，在这里我们并没有详述。

我们在这里展示的内容大部分是假设的。我们的目的是想提供一个通过使用视觉日记来联系思维和行动的实例。记忆是会消失的。一些看起来在当时是很好的想法，到后来常常被忽略了，这是因为我们看不到其实际运用的前景。而视觉日记能保留住这些思想和图形，并把两者联系到一起，这样也就产生了新的图形以及相互联系的方式。一旦出现意想不到的情况，我们就可以通过以前在视觉日记中所记录的思想和观察结果来加以解决。

4 视觉笔记选

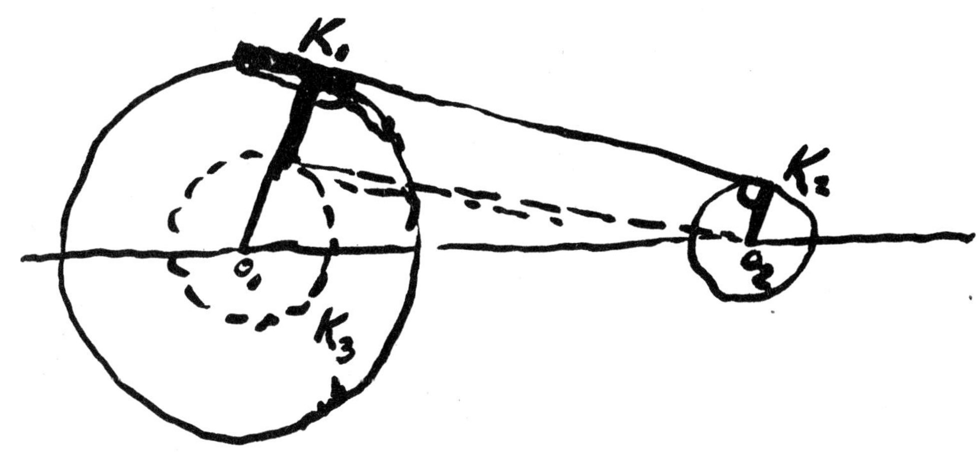

图 4-1 基于阿尔伯特·爱因斯坦（Albert Ei nstein）所作的草图

我们之所以编写这本书，是因为我们深信做视觉笔记是能够并且应当被建筑师和设计师所发展的一种技能。在上一章里，我们阐述了建筑师是如何运用视觉笔记本来记录、分析和设计的。在这一章里，我们希望能用专业设计人员的视觉记录实例来说服你。我们还收集到许多其他领域专业人士的视觉笔记。这些实例不仅丰富了我们对视觉记录可能性的认识，而且也作为开发视觉化能力的先例，这种视觉化能力的开发是一种有助于工作的技能，而且，它对启发一个人的创造力能起到重要的作用。

4.1 思维与创造力

通常，思维可以看作是一系列合理技能的一部分，我们可以测量这些技能并为它们建立开发的规范标准。这些技能可以通过媒介测试，教育机构则借此媒介去寻求开发思维的能力，即读、写、算以及与之相关的能力。有关思维能力可靠的、数量化的教育工具还没有被开发出来，因而，思维能力被定义在“基本”思维的领域之外，通常被归在灵感和天赋之列。由于对思维定义的范围偏窄，许多心理技能在“基础”教育阶段还没有被开发出来。

人们通过对大脑功能的研究，把思维功能分成两大类：

文字性	非文字性
分析性	综合性
符号性	形象性
概括性	类比性
暂时性	永久性
理　性	非理性
数字性	空间性
逻辑性	直觉性
线　性	非线性

这两类功能对思维来讲都是必要的，使用这些功能的技能应该被开发出来。基于这种认识，就像基础教育的定义一样，思维的定义扩大了。

妨碍我们自身对思维认识的另一种方式，是对大脑能力的错误认识。有史以来，人类大脑的大小几乎没发生什么变化，而思维能力却是随着文化的演进和环境的变化而发展。由于我们对戏剧性的事件或是英雄人物的变化感到兴趣，这种情况就复杂化了。在部落文化中，能解除别人痛苦

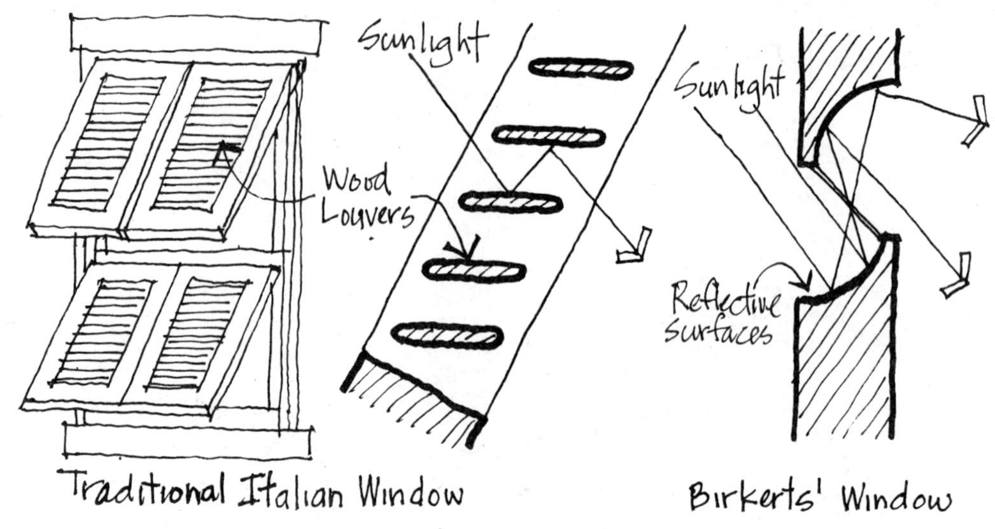

图 4-2A 类比解决方法：格纳·伯克斯（Gunnar Birkerts）设计的百叶窗和窗户

的人被认为是有巫术能力的，并在村庄中地位显赫。而在中世纪，从阿拉伯源头学会数学的人则被认为是天才，并常常作为国王的智囊人物。在过去是如此了不起的技能，如今却只是小学生的日常练习，并作为小学基础教育的一部分。

环境条件的变化对思维提出了新的要求，而且不断扩大了人们常规思维能力的范围。直到今天，创造力、发明力和灵感还一直被认为是只有天才才具备的超凡的才能。但人们思维的环境条件正在发生很大的变化。我们生活在一个非常复杂的世界里，具有令人难以置信的获取信息的方法。与在乡村的邻居相隔数里之远的农场主，在其成为城市居民之后，与新的城市邻居仅一墙之隔。由于消费者和平等权利的运动，我们每个人都已经承担了广泛的利害关系和责任。我们开始认识到，成功的政府的典型模式在于拥有信息化的、参与型的市民群体。但是，我们也发现每一个问题都不能孤立地解决，对教育和环境问题的解决方案影响到经济、劳工、健康和外交问题。

书籍、相片、电影、电视、计算机所传递的信息及其传递信息的速度，已经改变了我们所体验的世界。不出家门，我们就能看到地球上生命进化的过程、纽约或莫斯科的芭蕾与话剧、在巴西举行的足球赛、在法国举行的网球赛、海洋深处的景观、计算机建立的木星和土星的图像。当我们在树林慢跑与锻炼，或骑自行车穿越玉米地时，我们听到随身放在衣袋里的交响曲或歌曲。这样，我们的全身就充满了体验和信息。

这些交流媒介使我们的眼界开阔了，但每一种媒介又以其独有的方式改变了我们的思考方式。它们改变了我们对世界的看法，也改变了我们对自身的认识——思维基础。由于运用了所有的技术，交流媒介可以从正反两方面为人及其所生存的地球服务。交流媒介具有娱乐和消遣的功能，它既可以帮助我们回避问题和挑战，也可以用来理解我们的世界及其问题之所在。在这个世界上，创造力不能再属于少数人，而必须变为人类正常思维的一部分。当我们每个人必须运用自己的判断力来判断我们所创造的价值和财富时，我们需要快速的直觉和高度发达的视觉感知能力，这样，我们才能从生活中创造出如同音乐一样的和谐美。也许，如果我们把“艺术”思维发展为“理性”思维的一部分之后，那么，我们处理当今世界的无序与矛盾就会变得更加容易了。

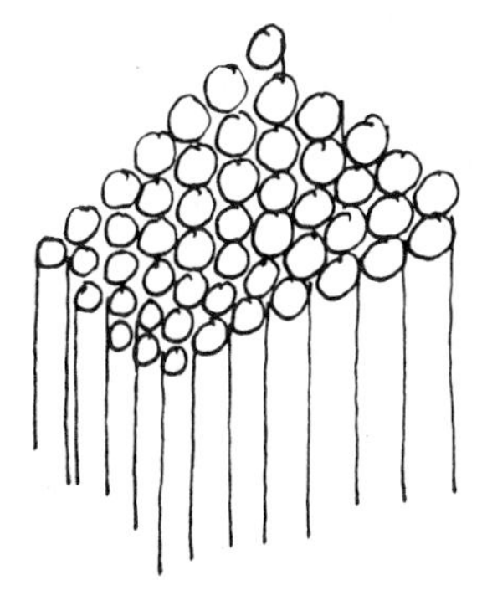

图4-2B 树木细胞和西尔斯大厦

4.2 做视觉笔记

我们深信，视觉化有助于有效的思维；视觉语言有助于有效的表达；记录视觉信息有助于开发视觉化能力和视觉语言。我们已经回顾了视觉笔记的基本功能——记录、分析和设计。这里，我们还要介绍这些功能对视觉化、视觉语言和创造性思维的贡献。

"在作画时，你会深深地探究经常为日常生活琐事所打扰的内心世界的一部分。从这种体验中，你能发展这样一种能力——全新地和全面地认识事物，发现它们的基础结构以及新组合的可能性。不论是个人还是专业方面的问题，通过新的思维方式和新的运用大脑能力的方法都可以得到创造性的解决。"发展视觉思维和视觉感知能力的关键是在常规的基础上开始认真地观察世界和它的局部。写实性的绘画迫使我们去观察事物。分析性的绘画有助于我们把事物的结构以及我们所见到的东西抽象化，揭示秩序和意义，并为复杂的现实提出视觉符号。在设计过程中，发明被定义为一种技能，即发现不同问题或不同需求之间的类比性或课题答案之间的类比性。建筑师格纳·伯克斯(Gunnar Birkerts)发现，意大利木制百叶窗所解决的问题，就类似于高层建筑物幕墙所要解决的问题，即在采光的同时又能隔热。芝加哥西尔斯大厦的结构可以被看成类似于树木细胞蜂窝状的结构。在每种情况下，我们先记住一个物体的形象，然后再仔细查看另一个物体，以了解两者的类比关系。同样重要的是，发现类比关系的能力来源于实践。如果一种技巧在特定时刻或场所是可靠的话，那么，你必须经常使用它。

4.3 实例

在收集到这些视觉笔记实例并会见这些视觉笔记的作者时，我们发现了一些共性的东西和一些特别的例子。所有的作者和速写记录都有着紧密而直接的联系。他们能够容易地回忆起作速写时的情景，并常常希望更多地谈到作画及其主题。大多数人把视觉笔记看成是体验而不是产品。他们重视这些体验并把这种体验作为分散精力、娱乐、幻想和思考的形式。许多人都谈到速写时所产生的轻松感觉，几乎在每一种情况下，作者都使用了多种绘画方法。在同一页上，读者会同时发现一个城市的鸟瞰图、屋顶细部透视图、建筑剖面图和符号化的结构关系图。作者通常根据主题或其他新的想法而自发地采用常规作图方法。

不同作者的作品风格千差万别。有些作者，其作品有明显的中心感和目的感。而有些作者通常就没有什么预定目的，这就如同撒网捕鱼或是在自己的思想与感觉的空间漫游。对某些作者来讲，速写是工作的一部分，而对其他作者来讲，速写则是一种回避设计的工作。有许多绘图技巧在这里展示了出来，其中有劳伦斯·布思（Laurenca Booth）令人难以置信的速写细节，还有伦纳德·杜尔（Leonard Duhl）活生生的潦草的画作。每一件作品的表现方式都很独特，效果强烈，并很好地反映了其个人的秉性和思维方式。记视觉笔记的场合很多，比如：访问城市、建筑物、博物馆、花园、五金店、书店；乘飞机、坐火车、坐船；听讲座、看电影、电视；与顾主会面、场所分析、小组设计会议、项目分析、草图设计、细部和构造研究。

本章选择素材的意图在于展示我们找到的各种各样的主题、风格和观念。对每位作者来讲，书中的实例仅仅代表了他本人一小部分的工作，因为我们找的都是些有个性的和极端的例子，并不反映我们对某人作品的综合看法。我们也没有引用作者的全部观点。我们发现有些作者使用的技巧和观点相同。在满足本书特定目的的时候，我们希望我们并没有对这些作者有所不恭，并希望在做完更广泛的研究之后，能有机会展示这些作者丰富多样的作品。

4.3.1 内涵与风格

视觉笔记除了有记录、分析和设计三大作用外，还有第四个重要的作用，即内涵。这是一种表达形式，是由记录笔记的方式或风格所产生的。本章展示的多种风格反映了强烈的、个性化的思维特性，从亢奋到静思的情感变化以及对精确度或自由风格的偏爱。风格形成了一种将我们的目的、兴趣、动机传达给别人的信息。更重要的是，风格可以为视觉笔记增添色彩。风格常常就像你穿上一件令人喜爱的、舒适的套头衫一样，让你准备好进入一种轻松而又专注的状态以及创造性思考的境地。“绘画能在很多方面为你自己展示自己也许受到文字的限制而难以表现的你的某些方面。你的绘画可以向人们展示你是如何观察事物以及感受事物的。”仔细看看建筑师阿尔瓦·阿尔托的草图就会发现这种潜力。我们可以想象到他慢慢地寻找形式并渐入平静而又专注的心态，这些形成了他强有力的观察力和创造力的背景。

图 4-3 阿尔瓦·阿尔托（Alvar Aalto）的设计草图

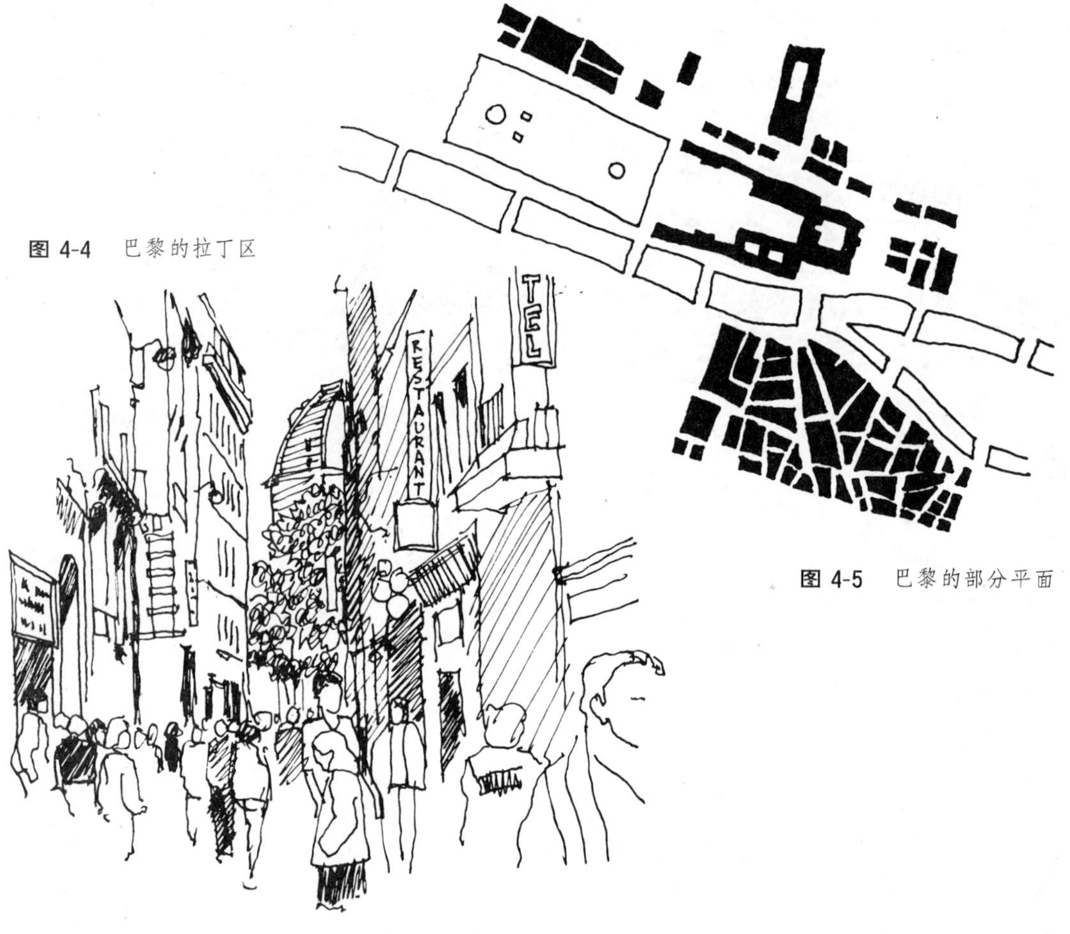

图 4-4　巴黎的拉丁区

图 4-5　巴黎的部分平面

4.3.2　感知与概念：双重性

另一种研究本章实例的方法就是从概括的程度上来研究。从某种程度上讲，由于速写不是精确地表现现实世界，因此，它可以被称之为抽象画。当然，从对就餐空间直接具体体验的写实性表现，到用符号来表示一个餐馆，就有许多种不同的表现方法。因为我们都能直接感知，又具备基于感知的更抽象的概念，所以，我们对世界的体验既是感受性的，又是概念性的，这两者都要表现在我们的视觉笔记本中。如果我沿巴黎拉丁区的街道散步，我就会对食品摊的色彩和气味以及形成街道空间的建筑物拥挤程度有着直接的体验。我体验的另一个重要部分是我知道拉丁区在巴黎地图中的位置，而且过几个街区的远处就是塞纳河，河对岸有园林和博物馆环境，视野很宽，这些与我现在所住的地方很不相同。

因此，我的概念体验提高了我的感知体验。感知和概念并不是对立面，而是代表了整个体验过程的两个端点。它们互相加强，相得益彰。

4.3.3 交流

本章中，我们想就有些人不愿公开其视觉笔记这一现象谈谈自己的看法。人们不愿意让别人看自己的视觉笔记有许多令人理解的理由：这些视觉笔记也许很个性化或是内省的；对别人来讲也许并不重要或质量不够高。与对其他事物的态度一样，我们也许更愿意和某些人分享视觉笔记。每个人必须自己做出决定，分享视觉笔记在某种程度上会有积极的一面。为了在事业上有成就，并使得自己的生活变得幸福，我们就必须不断地和别人交流。在与他们交流的过程中，我们不仅仅是传递信息，而是共同理解信息的意义。为了成功地进行交流，我们必须以非正式的、更广泛的方式与别人分享思想和看法。这就是为什么许多建筑师与顾主在会面时，一开始要经常谈些轻松的关于体育、气候和新闻话题的缘由。他们共享着同一种氛围。这与他们当时的感受有关，不管他们的时间多么紧张，也不管他们多么期待这种会面。他们也建立一种互相尊重的关系，这对任何实质性的讨论都很有必要。

视觉交流要求在众多的人当中寻找到共同的认识。非正式的视觉笔记常常能胜任这种工作。就像一个很好的非正式会谈，视觉笔记表达了一种在正式会谈中表现不出来的开放和期望。这些记录有助让大家理解作者的视觉思维方式，而且还能使别人很快而又全面地理解它们。这些视觉笔记需要外界的反应和更多的对话。对个人来讲，视觉笔记的许多价值可以和别人分享，这样对所有人都有好处。也许，更为有成效的和具有创造力的说明问题的方式之一，就是将个人的思想与能激发共同创造力的自由交流建立一种平衡的关系。

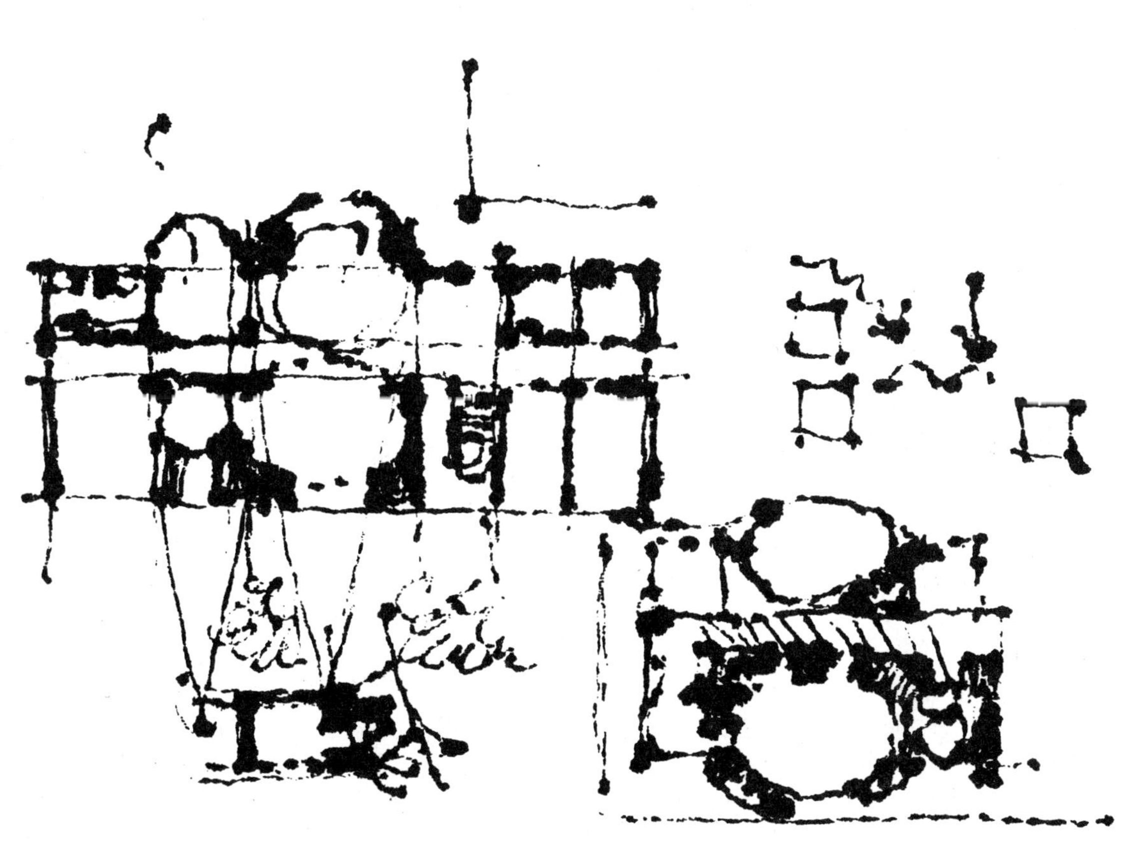

图 4-6 画在餐巾纸上的草图

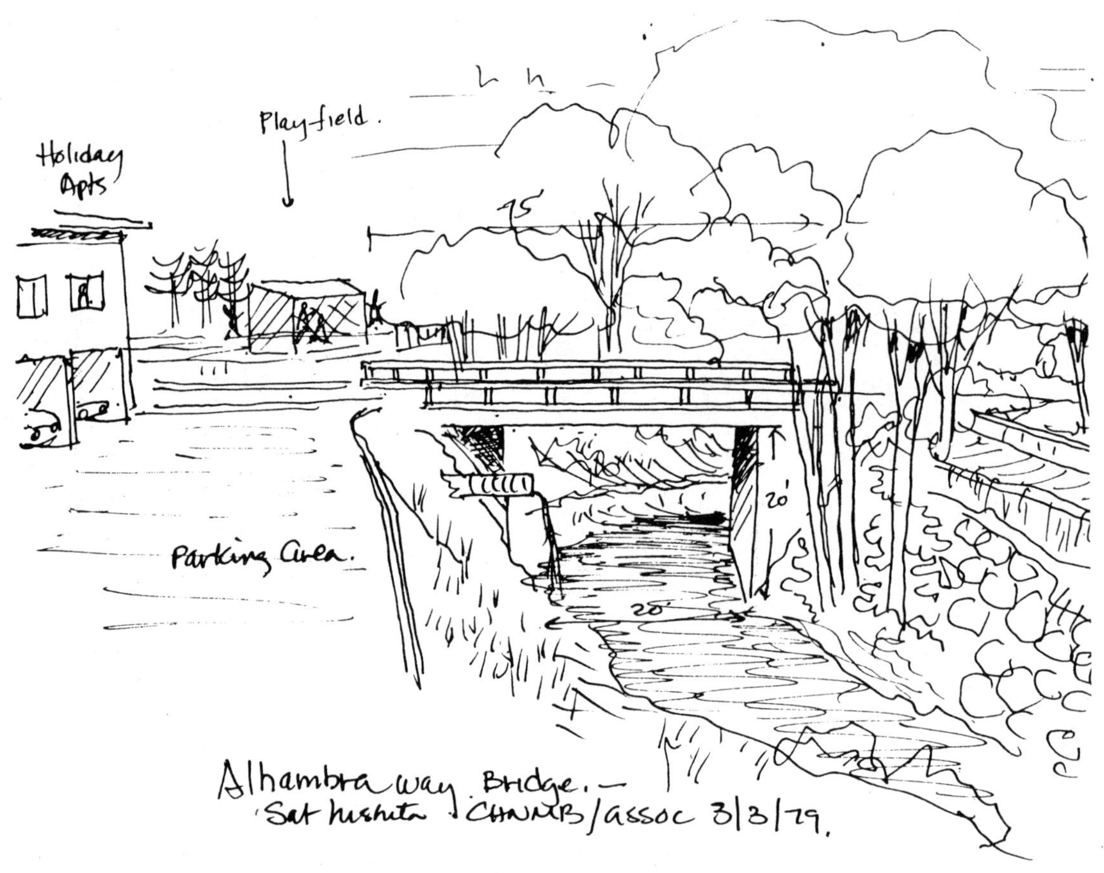

图 4-7　场地研究

螺田觉（SATORU NISHITA）

园林建筑师

为了与前述的视觉笔记过程相对应，我们以三个主题（记录、分析、设计）为线索组织了这些例子。不过，这第一个例子，说明了常见的有创造力的设计师组合视觉笔记过程的程度。本例中，你会看到细致表现的观察结果、探索性的图画以及特定的设计方案，很自然地被自由组合到其环境文脉和设计项目上。

“速写反映并记录了有关现有场地、环境和区域特征的最初印象和思想。它们提供的线索涉及到现有主要元素、特征和自然环境（即植被、地形、水力、城市形式等）的重要性，这些都反映了项目方案的背景和环境文脉。通过视觉观察、图示记录和分析这一过程，它们还反映了重要的问题、论点、限制因素和机会。”

“我发现这些视觉笔记是很有价值的工具，可以用来与其他小组成员交流观念和想法，并通过视觉笔记反馈回来和信息，激发其他的思想和讨论。”

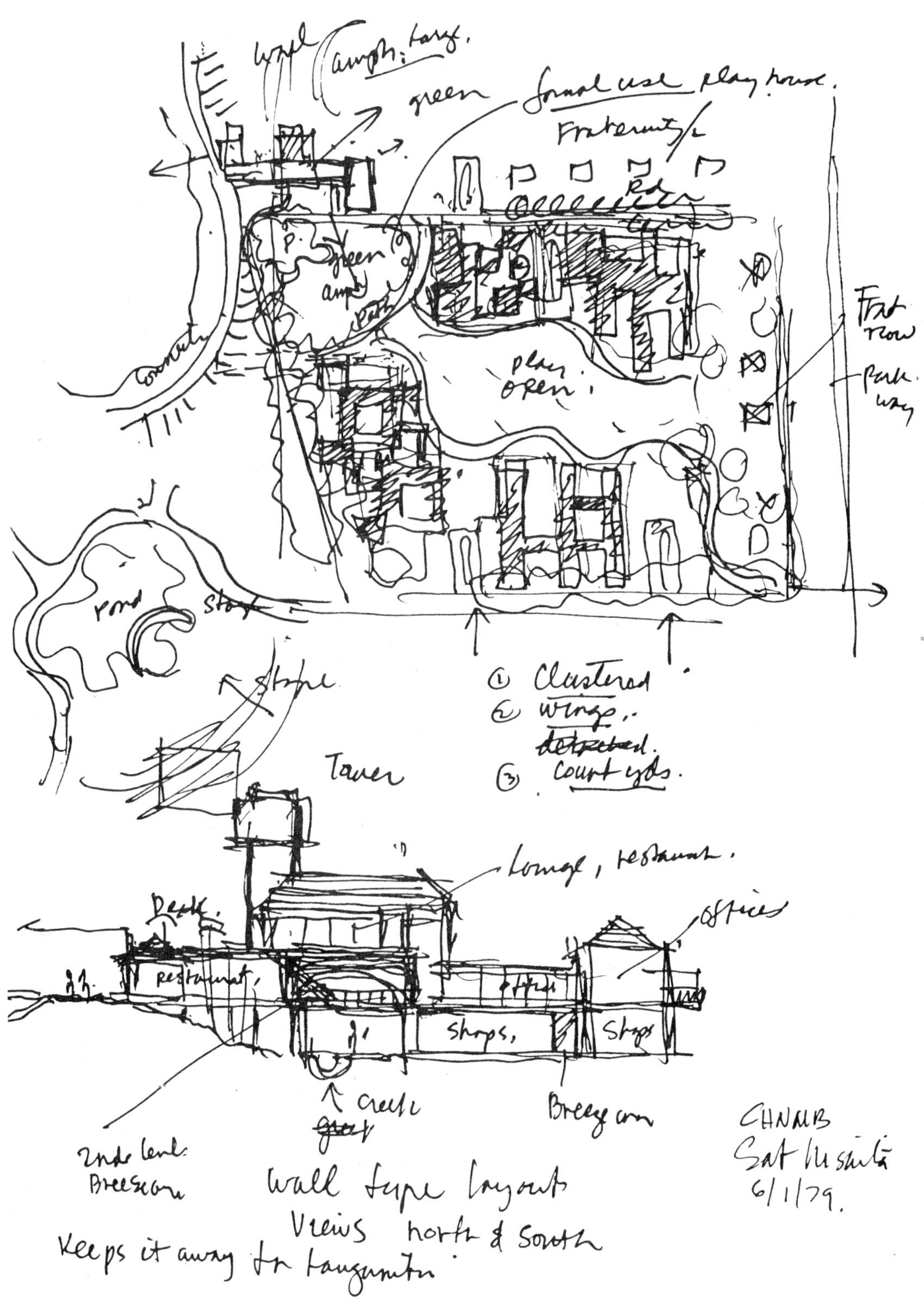

green
Fraternity
green
play open
pond
Frat row
park way
① Clustered
② wings
③ court yds.
Tower
lounge, restaurant.
offices
restaurant
Shops,
Shops
creek
Breezeway
2nd level Breezeway
Wall type layouts
Views north & South
6/1/79.

图 4-8　场地研究

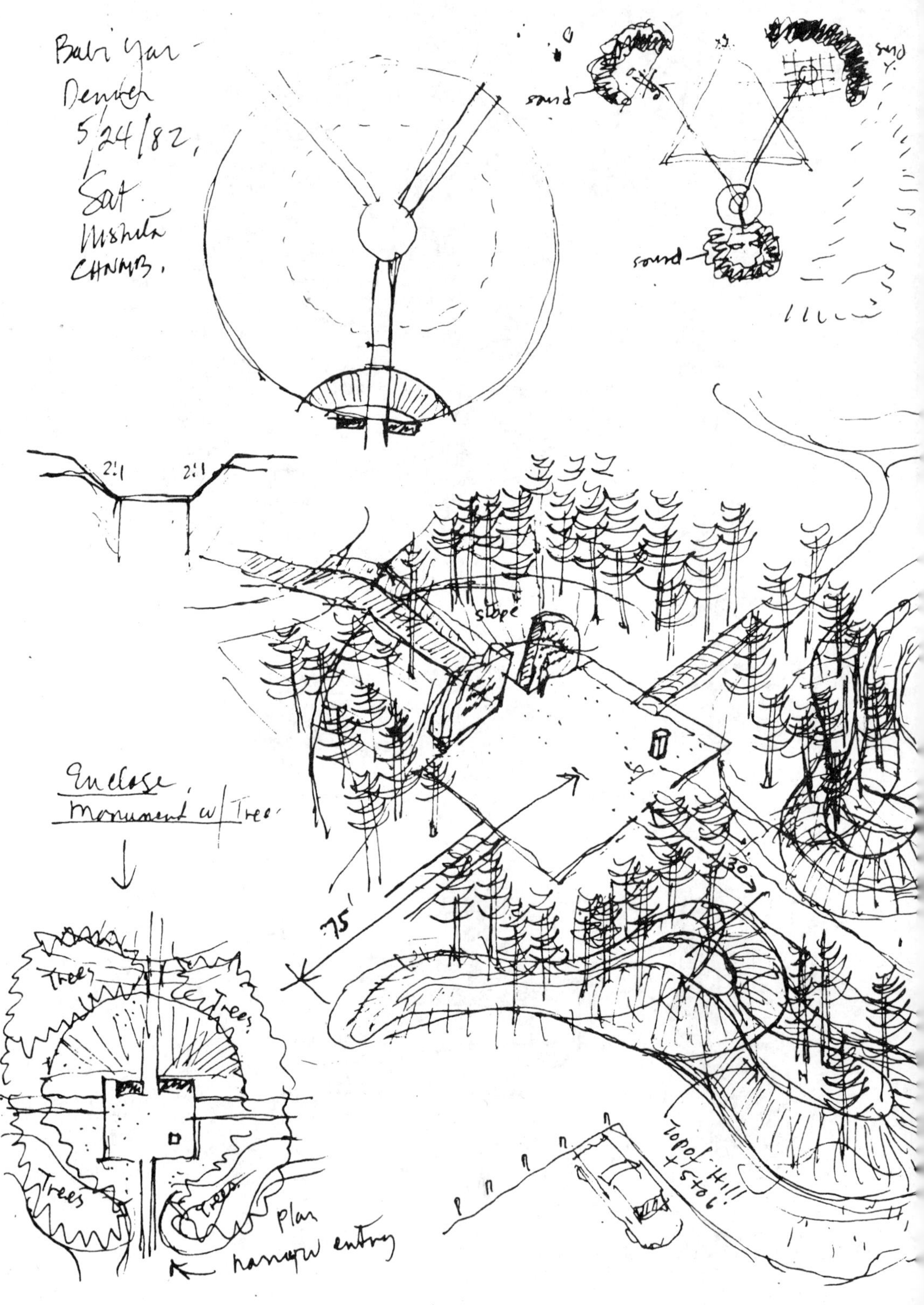
Babi Yar
Denver
5/24/82
Sat
sound
sound
sound
2:1
2:1
slope
Enclose
Monument w/ Trees
75'
30'
Trees
Trees
Trees
Trees
plan
narrow entry

图 4-9　场地研究

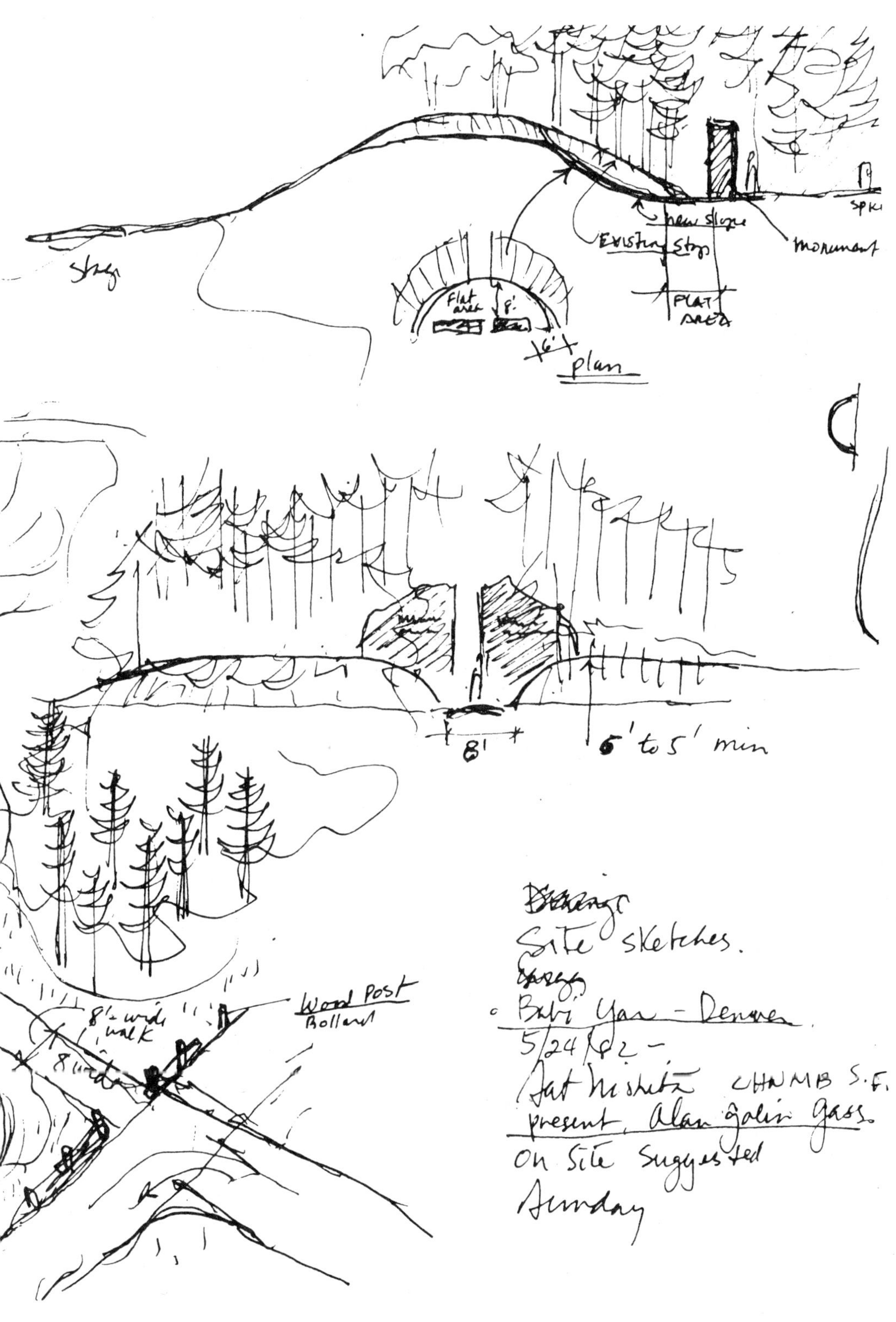
new slope
Existing slope
monument
Flat area
8'
16'
plan
FLAT AREA
8'
6' to 5' min
Wood Post
Bollard
8' wide walk
Site sketches.
Babi Yar - Denver
5/24/82 -
present, Alan Golin Gass
On Site Suggested
Sunday

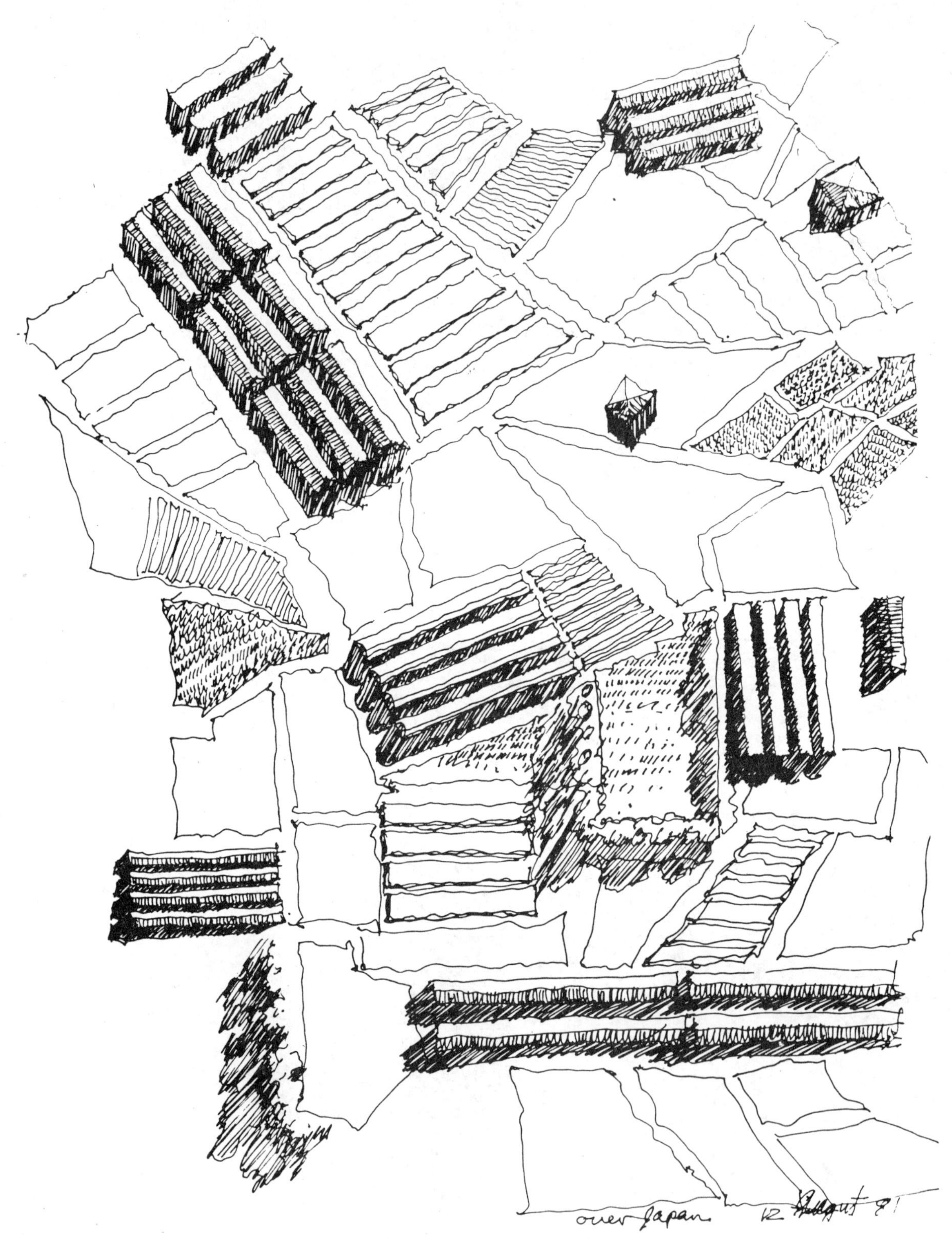

图 4-10　从飞机上俯视日本农场景观

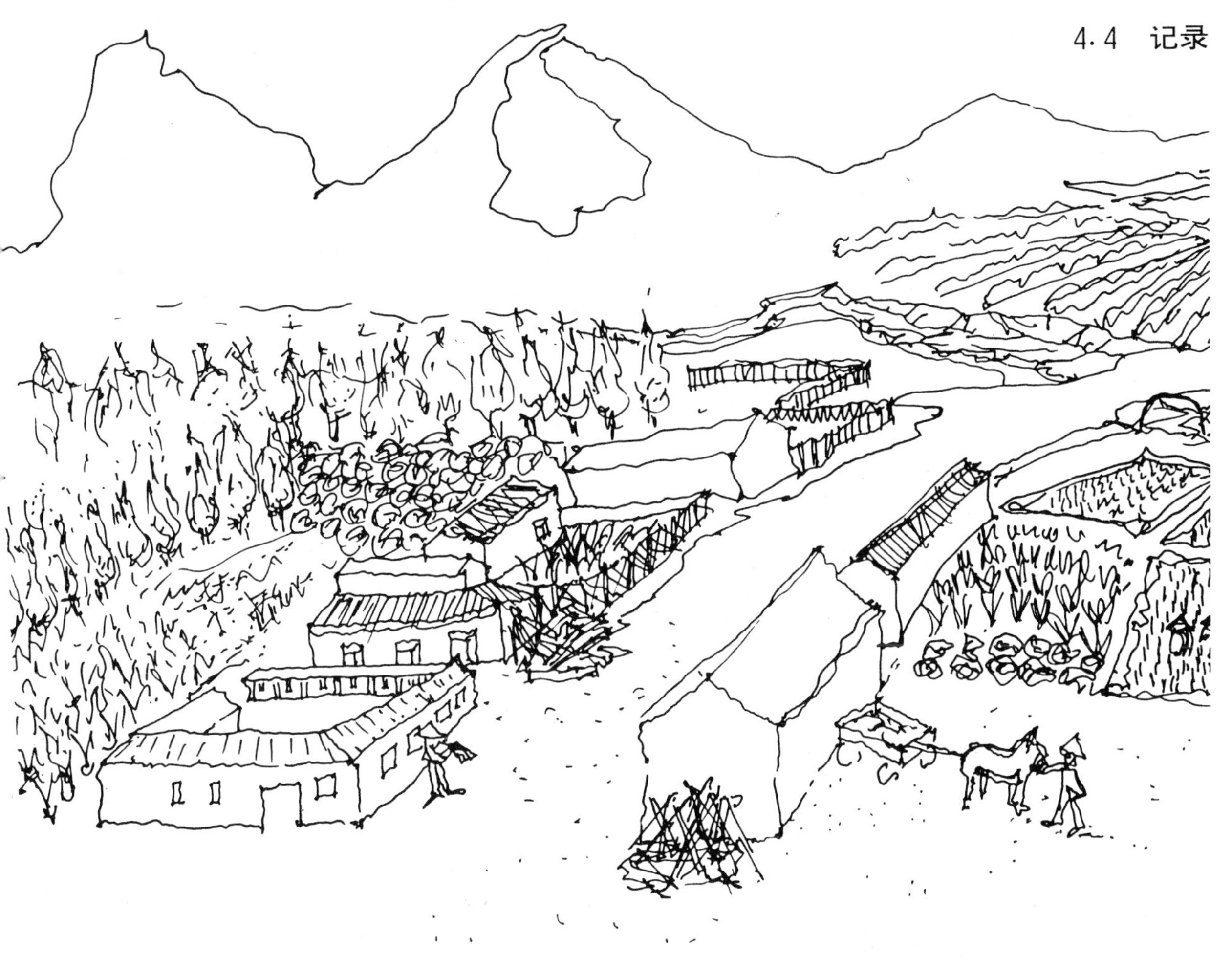

图 4-11 中国吉林省的农村景观

凯思林·奥米拉
(KATHLEEN M. O' MEARA)
建筑师

一个有成就的视觉信息的记录者就像一个好的听众。实践提高了他接受体验的技巧。这第一个例子明确展现了发现一个专心的、不受先见约束的视觉笔记记录者的潜能。

"速写是一种徒手的技艺,它成为心灵的一种工具。为了记录一个空间,速写过程是发现秩序的一种途径。在观察一个地方的时候,一种形象可以引发出许多速写。由于这些速写是对现实的抽象,因此,它们也就形成了思想。用图像思考就是一种对话:速写是思想的源泉,速写是思维的记录。速写就是用铅笔来思考。"

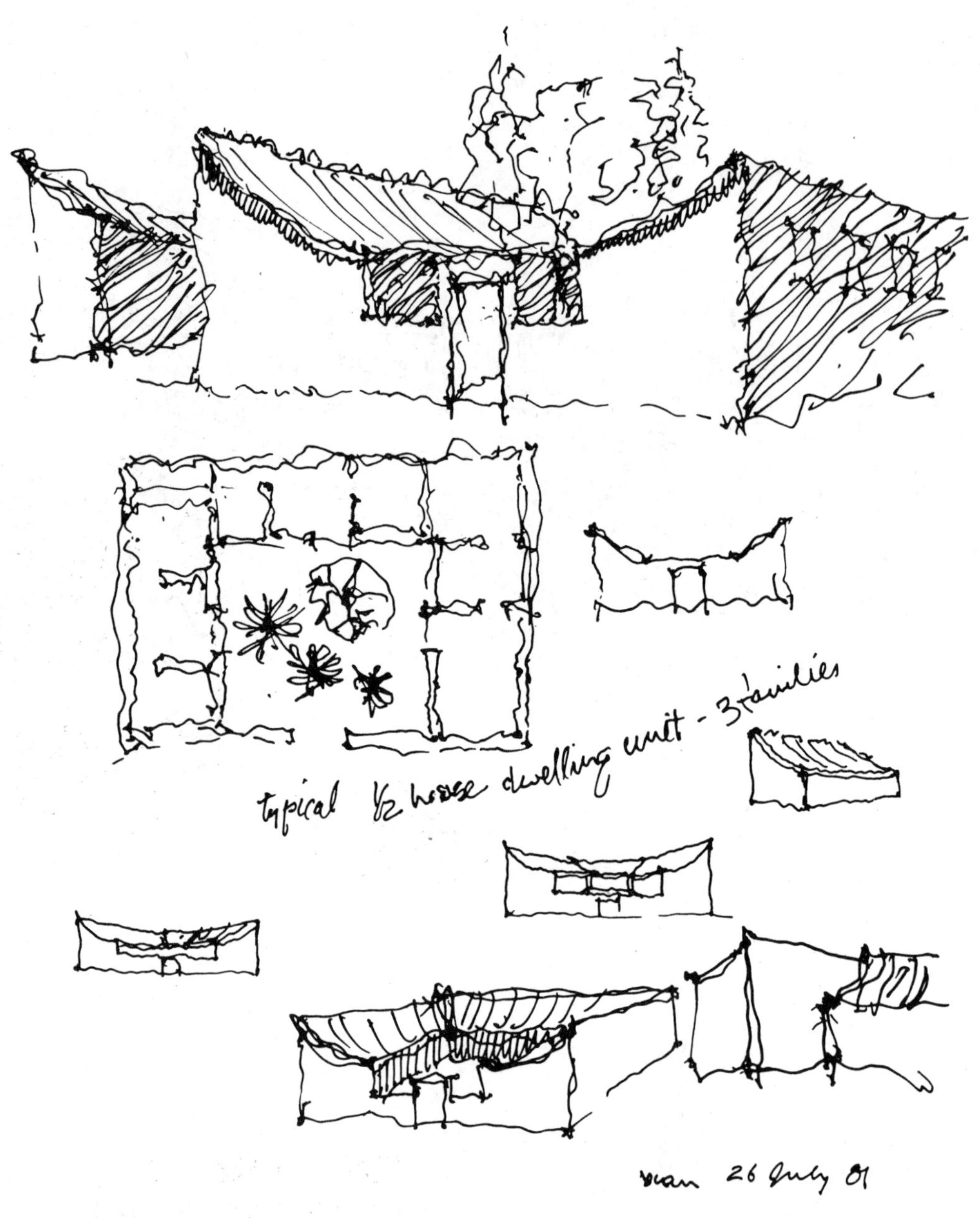

图 4-12 中国西安的半坡房屋

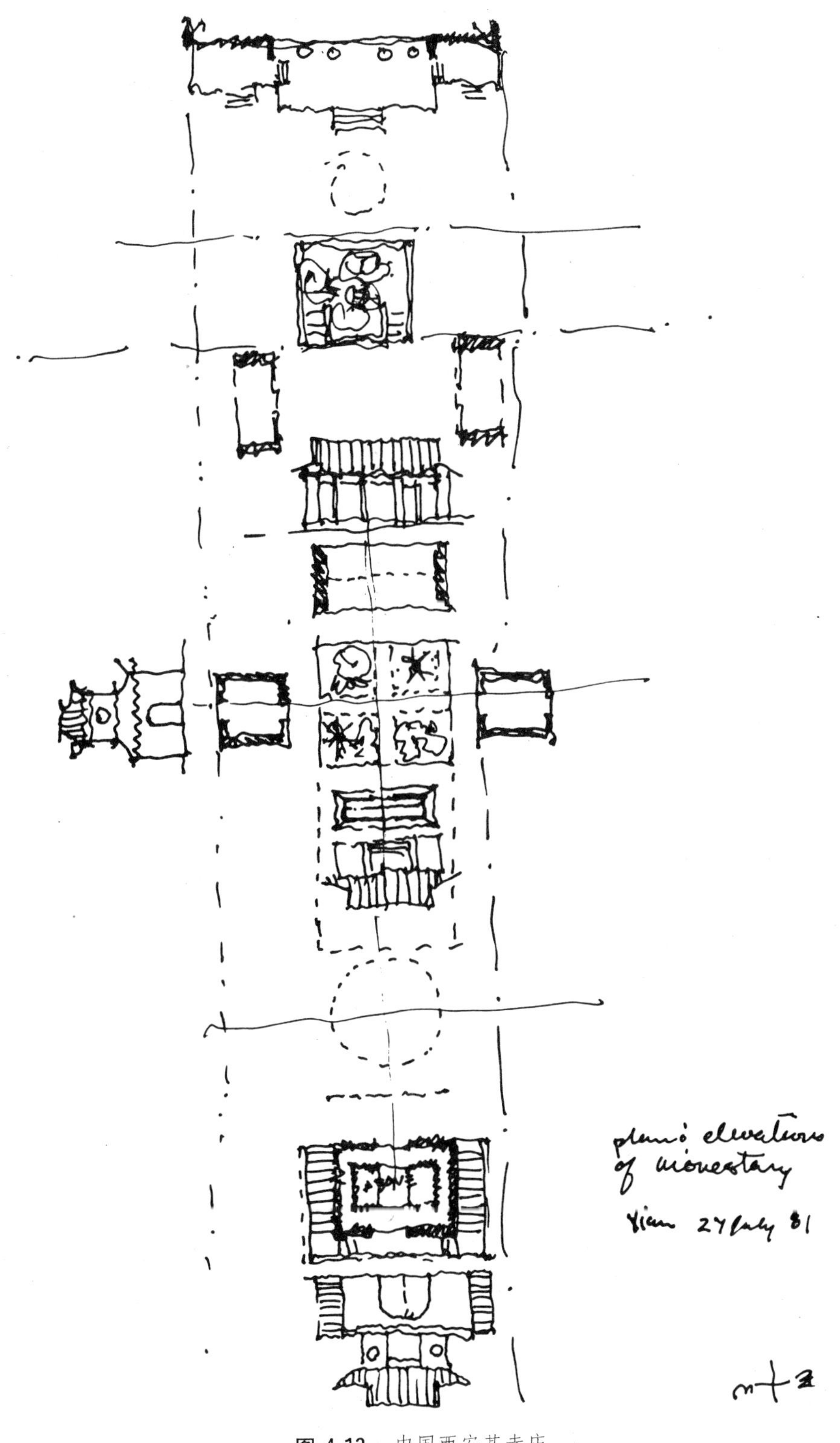

图 4-13　中国西安某寺庙

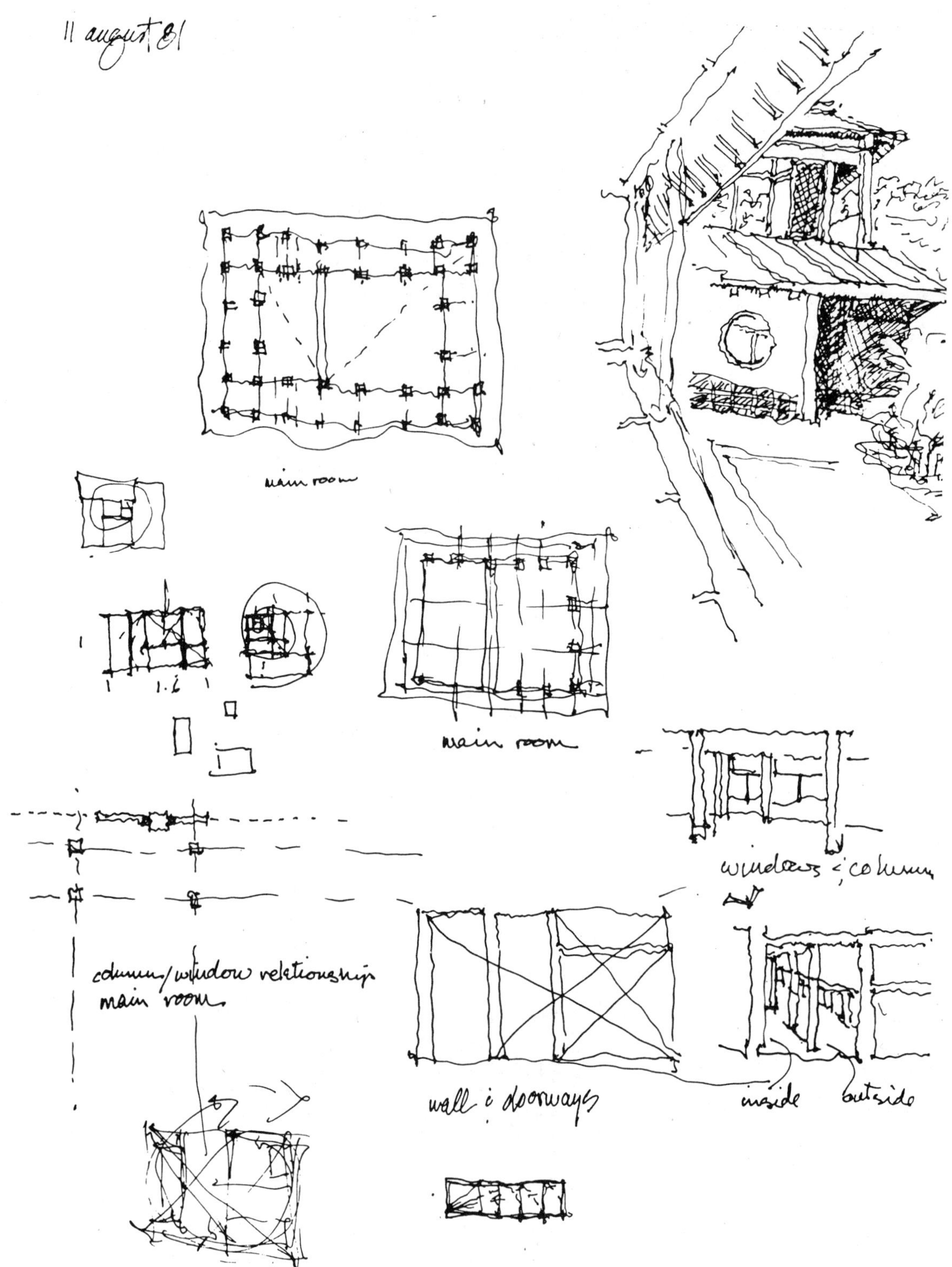

图 4-14　日本日光（Nikko）附近的皇家别墅

Sunday touring 9 august Sunday

Meibi
Shinto Shrine

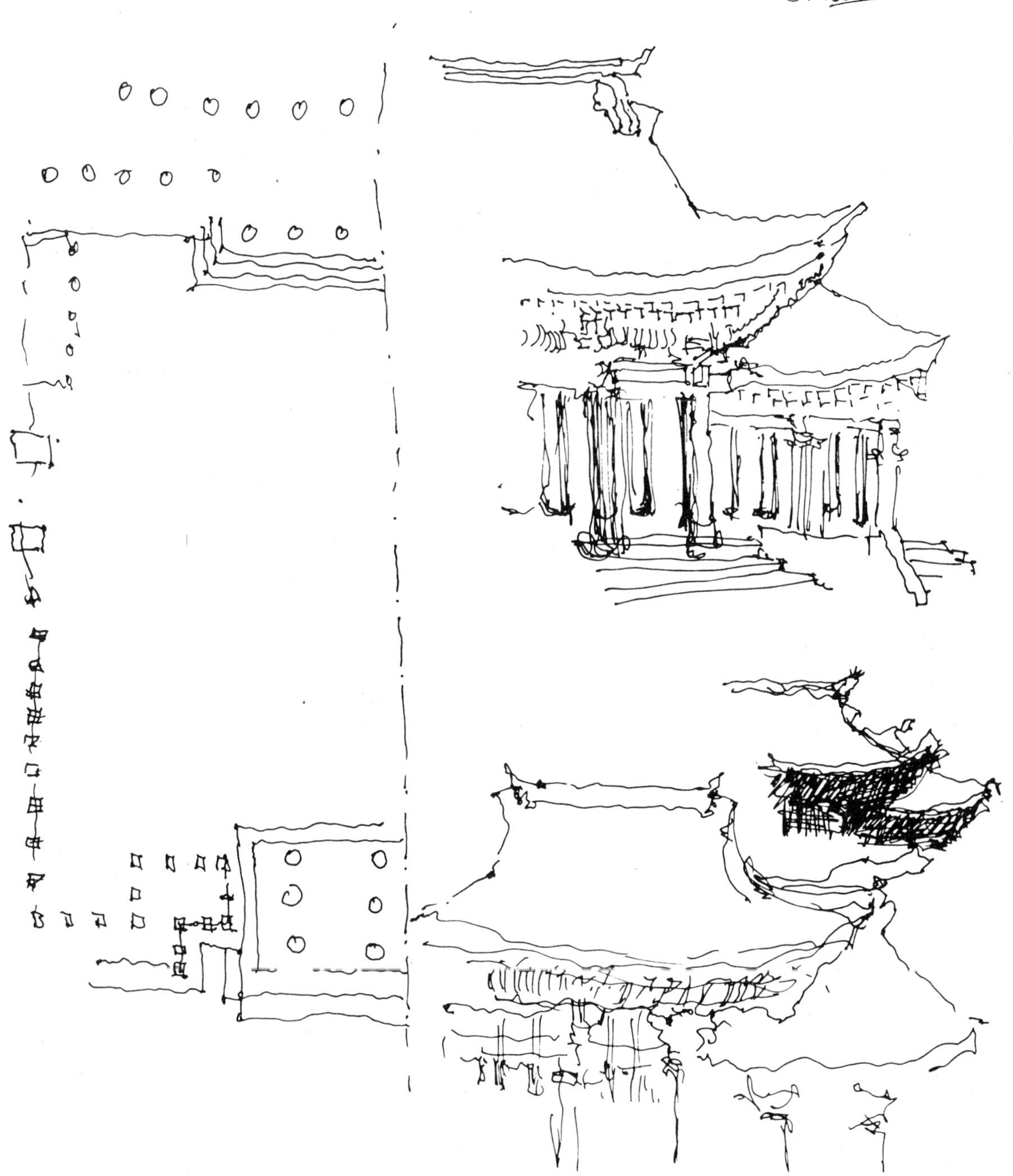

图 4-15 日本东京（Tokyo）欣图圣所

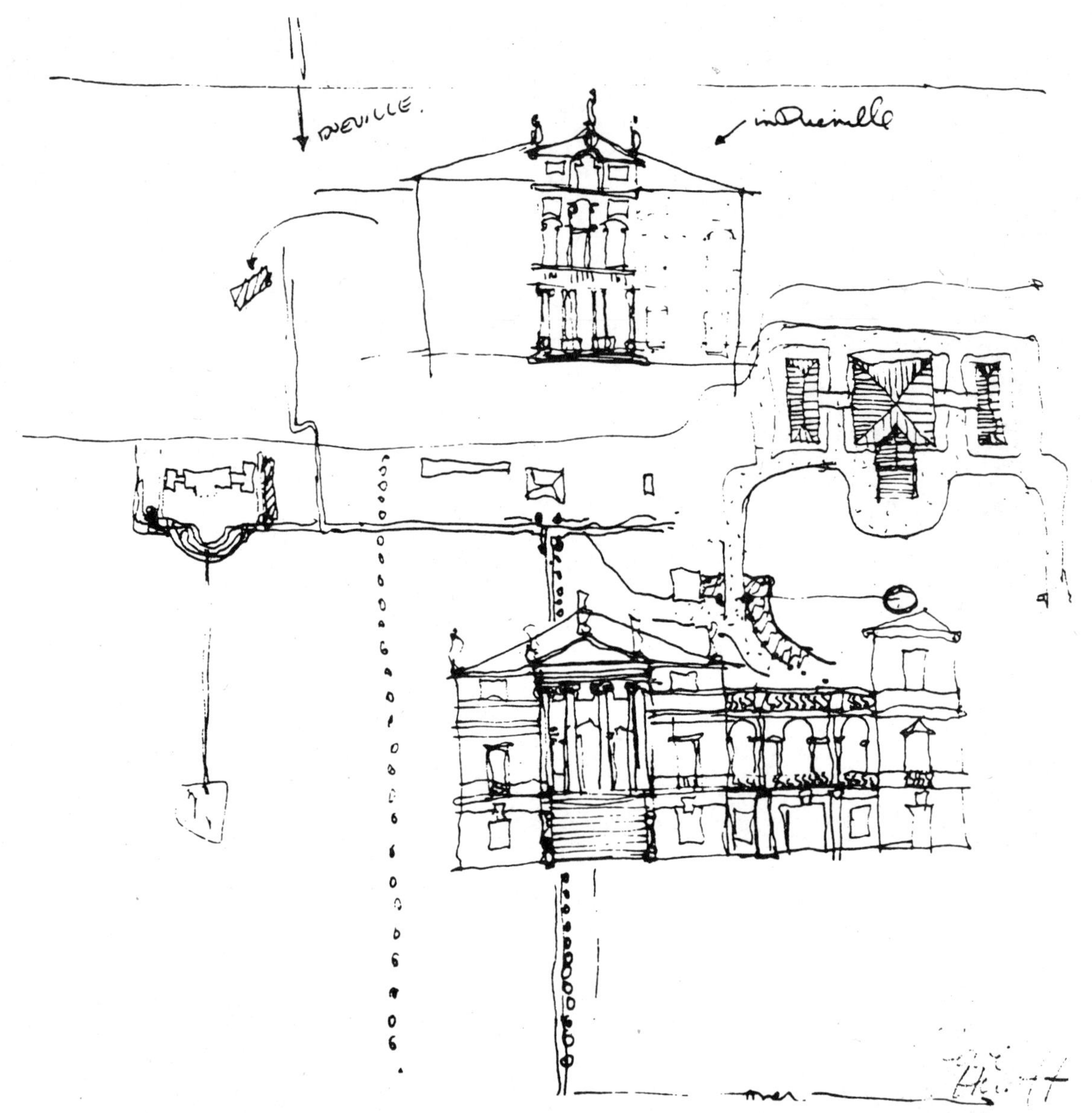

图 4-16　意大利多维莱（Dueville）的蒙扎别墅

史蒂文·赫特（STEVEN HURTT）

建筑师

“绘画反映了不作画就会逃离眼睛从而不是内心所注意的关系。这些绘画反映了我的兴趣在于农场主对景观的敏感性上。维内托被人们看作是一个适合居住的花园，在这里，田野和建筑是相互呼应的。”

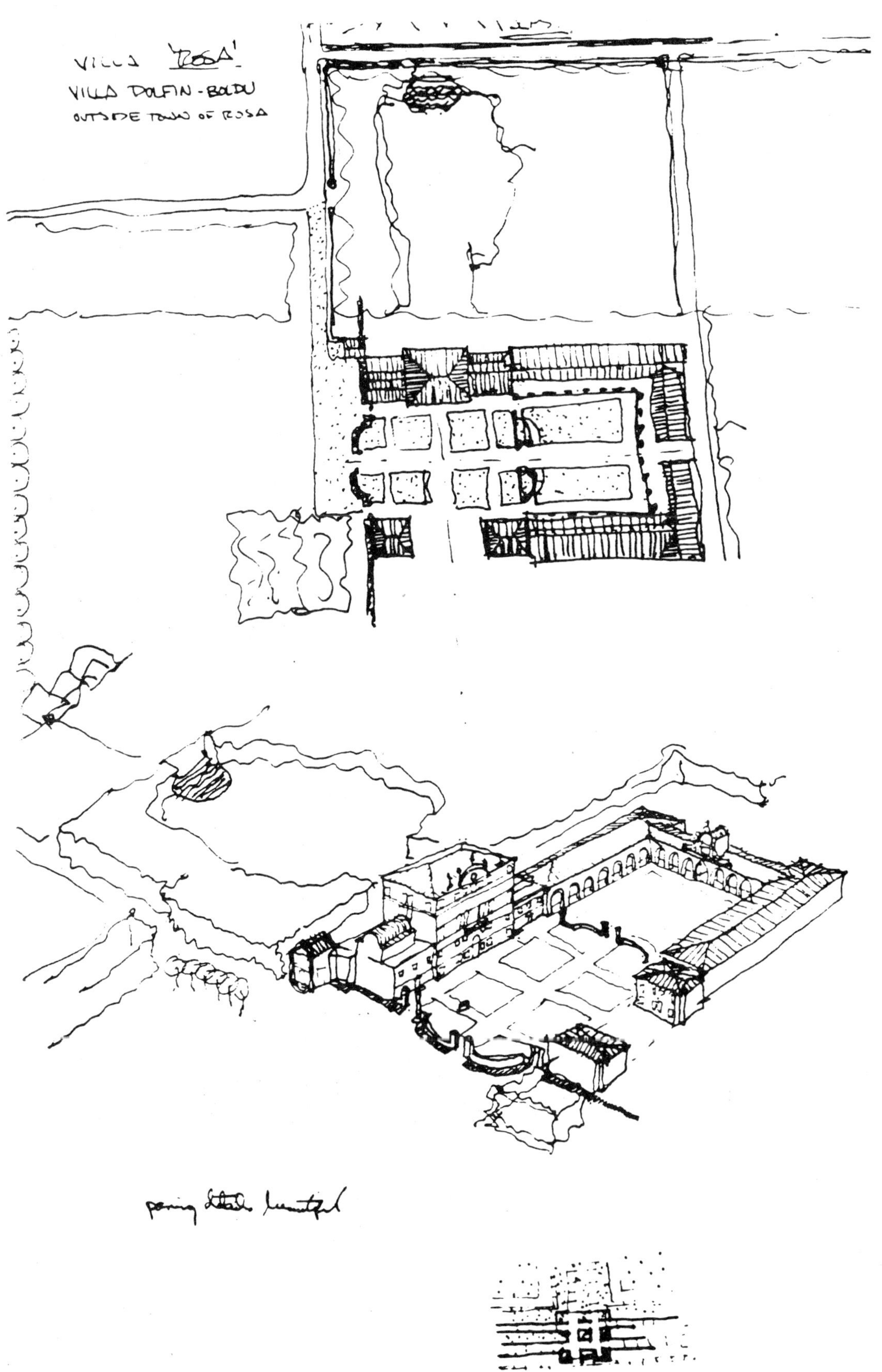

图 4-17　意大利维内托地区罗萨附近的多芬．布达（ca′ Dolfin Boldue）别墅

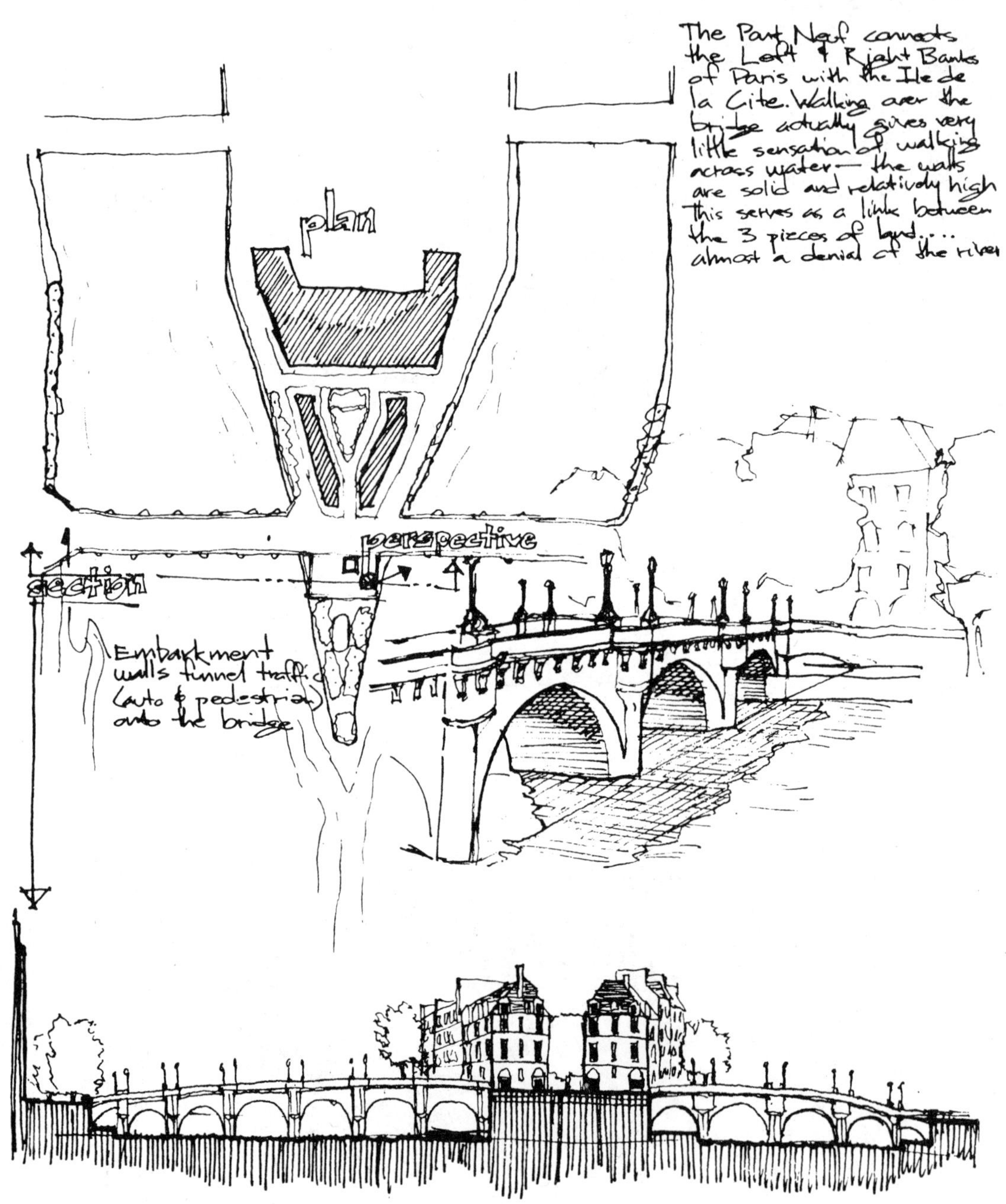

THE PONT NEUF
The Pont Neuf connects the Left & Right Banks of Paris with the Ile de la Cite. Walking over the bridge actually gives very little sensation of walking across water — the walls are solid and relatively high this serves as a link between the 3 pieces of land... almost a denial of the river
plan
perspective
section
Embankment walls funnel traffic (auto & pedestrian) onto the bridge

图 4-18　巴黎的庞特诺尹弗（Pont Neuf—Paris）

图 4-19 意大利佛罗伦萨的帕齐（Pazzi）教堂

保罗·盖茨（PAUL GATES）

建筑师

“我发现速写促使我更加了解人工环境。通过绘画，我迫使自己超越对主题的初步印象，更敏锐地去了解构图中的特殊片断。我曾经有过速写一个特殊建筑的经历，比如其中的一个平面细部，通过绘画我了解到这个细部是如何通过自身和其所处的环境发生作用的。一旦将来需要那种细部，经过补充和修改，它便成为我自己的了。”

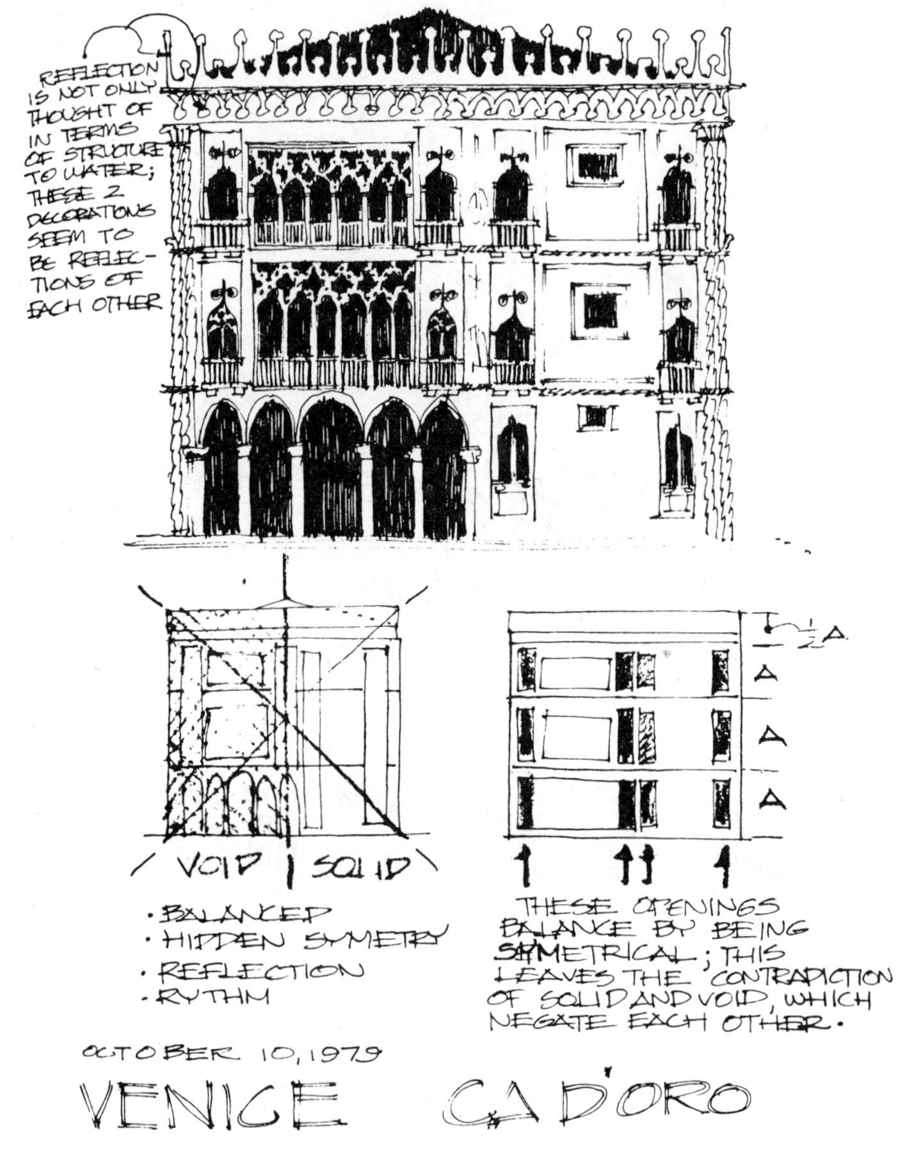

图 4-20 意大利威尼斯的卡德奥罗（Ca′ D′ Oro）

道格拉斯·加罗法洛（DOUGLAS GAROFALO）

建筑师

“除了能产生明显的美的愉悦外，绘画使我心明眼亮。客观的存在，如形式、质感和色彩是很容易表现的，它们在设计或构图中表现得更为抽象。如果我能够把三维物体或空间变换成二维绘画的形式，其内在原因是我学习了这种技巧。后来，绘画帮助我理解我所看见的东西。速写是一种工具，正如阅读能力是一种工具一样。认识到这些工具与美学紧密相关，这是很令人兴奋的。”

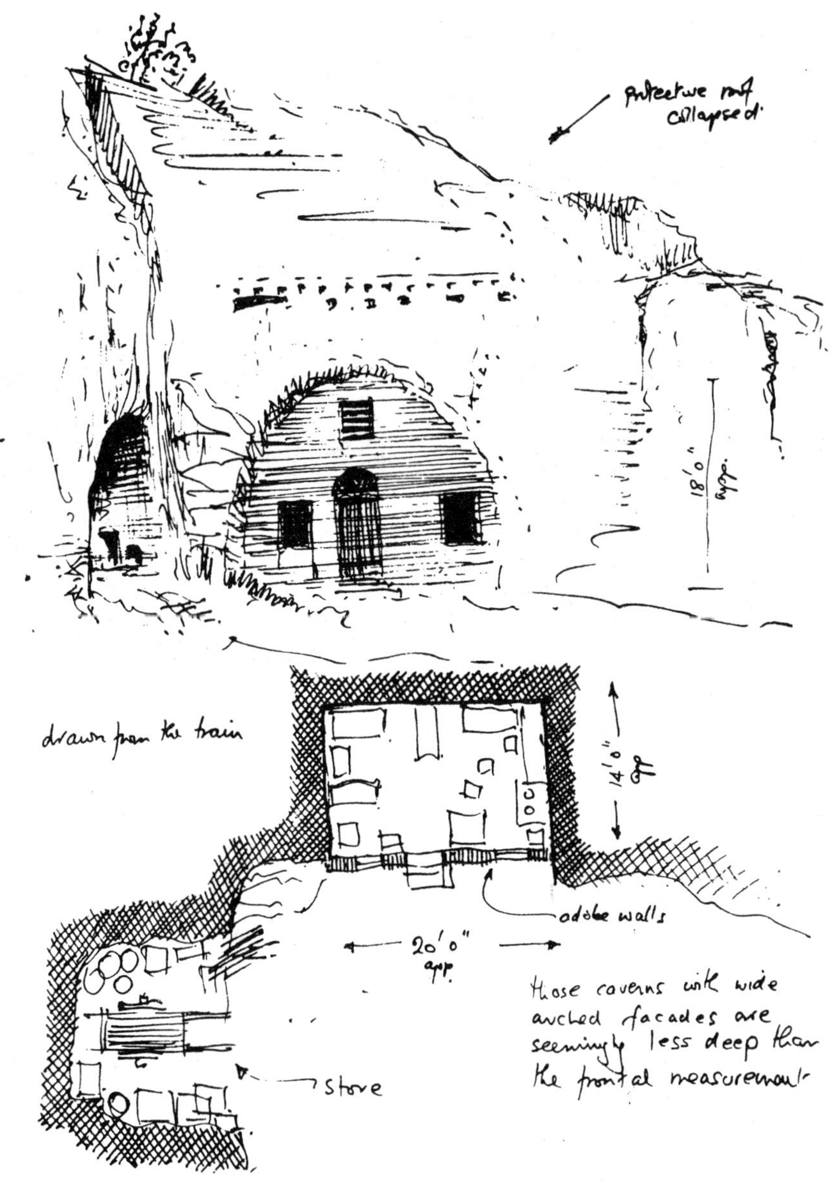

图 4-21　中国西安附近的窑洞式住宅

帕特里克·霍斯布鲁格（PATRICK HORSBRUGH）

建筑师

“在来自生活速写的刺激的反应中，有下列三方面使人无法不相信的影响出现了，它们强化了体验。第一，在主题的形式和条件上对流逝的时间的体验是无所不在的，包括艺术家对于材料特性的感受；第二，通过创造性的努力来抓住效果的情感上的刺激作用；第三，被激发起来的好奇心。”

音乐是活的，这是因为有先发出的声音和随之而来的尚未听到的效果，从这个意义上讲，“不管什么样的景色，对我来讲都是‘活的’。这种一刹那间的体验是会话性质的，如同在一支与自己的协奏曲中，独奏总是处于期待状态的位置。”

“对设计师来讲，视觉印象表现了主要的秩序和相对的位置，实际应用即以此为依据，在这里，空间和所见物体一样的重要。中国西安附近窑洞式住宅的魅力，是出自其发掘的必然结果，也源于其所处地域的隐蔽性和与社会的隔离性。”

图 4-22 英格兰的韦斯迪安（Westdean）

巴里·拉塞尔（BARRY RUSSELL）

建筑师

这位视觉笔记的记录者令人信服地证明了经常性地速写和记录观察结果所给予他个人的回报。

“这里的大多数速写画得很快，许多是在步行过程中作短暂停留时画的。我用的是我手头上随手可拿到的工具。我常常携带速写本，喜欢在旅行、步行或等候的时候画我能画的东西。我喜欢走走画画。我上学时就是这样做的。”

“许多速写后来成了作更大幅画的基础，但这里没有选用。带笔记本除了可以让我不断实践外，还可以帮助我回忆起某个想法、某个地方、某一天或某种情感。这对我来讲是很重要的。有些画只是研究某种视觉思想，就像折起来的立面，这些画也提供了与建筑、空间和景观有关的信息反馈。”

图 4-23 折立面的研究

图 4-24　土耳其戈雷米（Goreme）附近的乡村

图 4-25　英格兰萨塞克斯（Sussex）的老式磨房

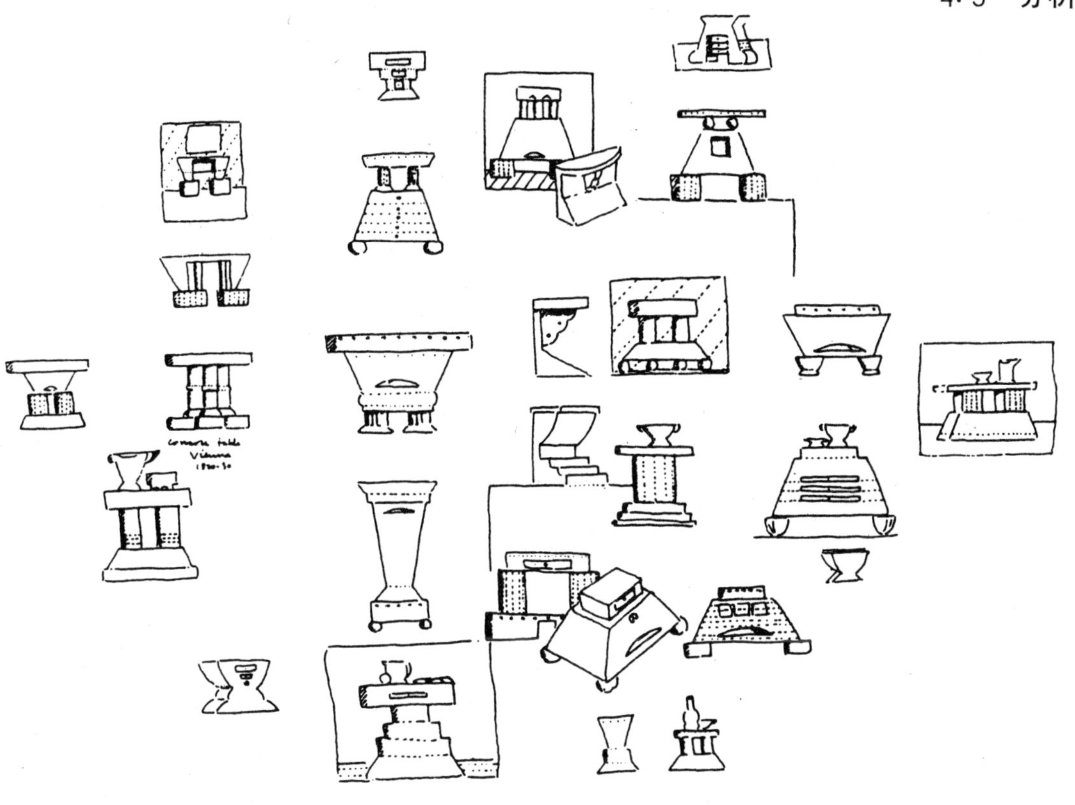

图 4-26 桌子设计研究

迈克尔·格雷夫斯（MICHAEL GRAVES）

建筑师

“这种类型的绘画（预备性的研究）记录了探索的过程，以某种方式检查了因一种给定意图而引起的问题，这可以为日后决定性的工作打下基础。这些画本身就是非常实验性的。它们根据主题的不同而产生变化，显然，这也是为更具体的建筑设计所做的练习。照此下去，它们通常发展成一个系列，这不全是线性的过程，而是重新审视所给的问题的过程。”

“这些研究对于绘画的取与舍有指导作用。能被用作测试思想并为随后的发展提供基础的方式包括通过假设不完整性而把问题展开的方式……。”

图 4-27　波特兰建筑立面研究

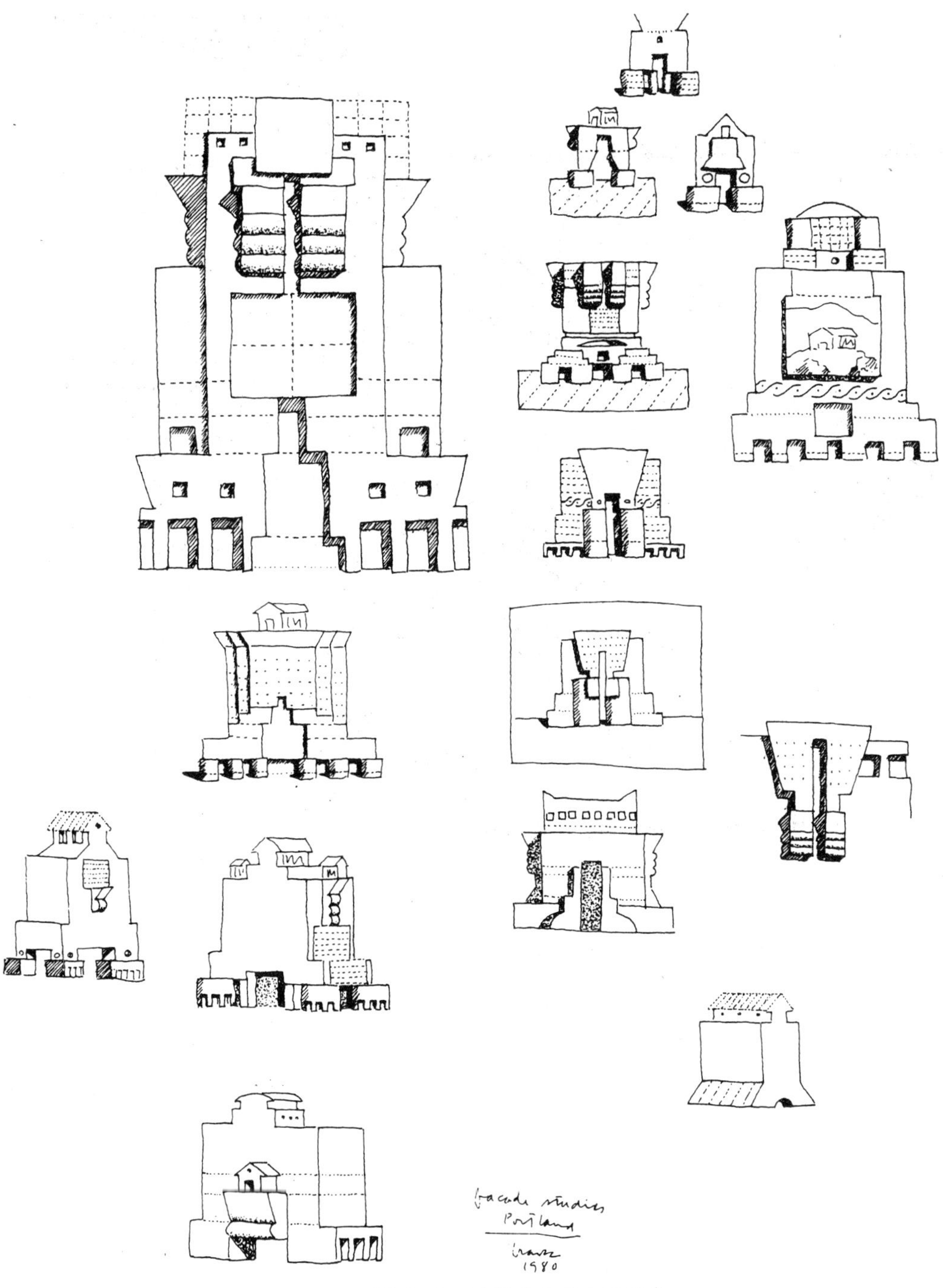

图 4-28　波特兰建筑立面研究

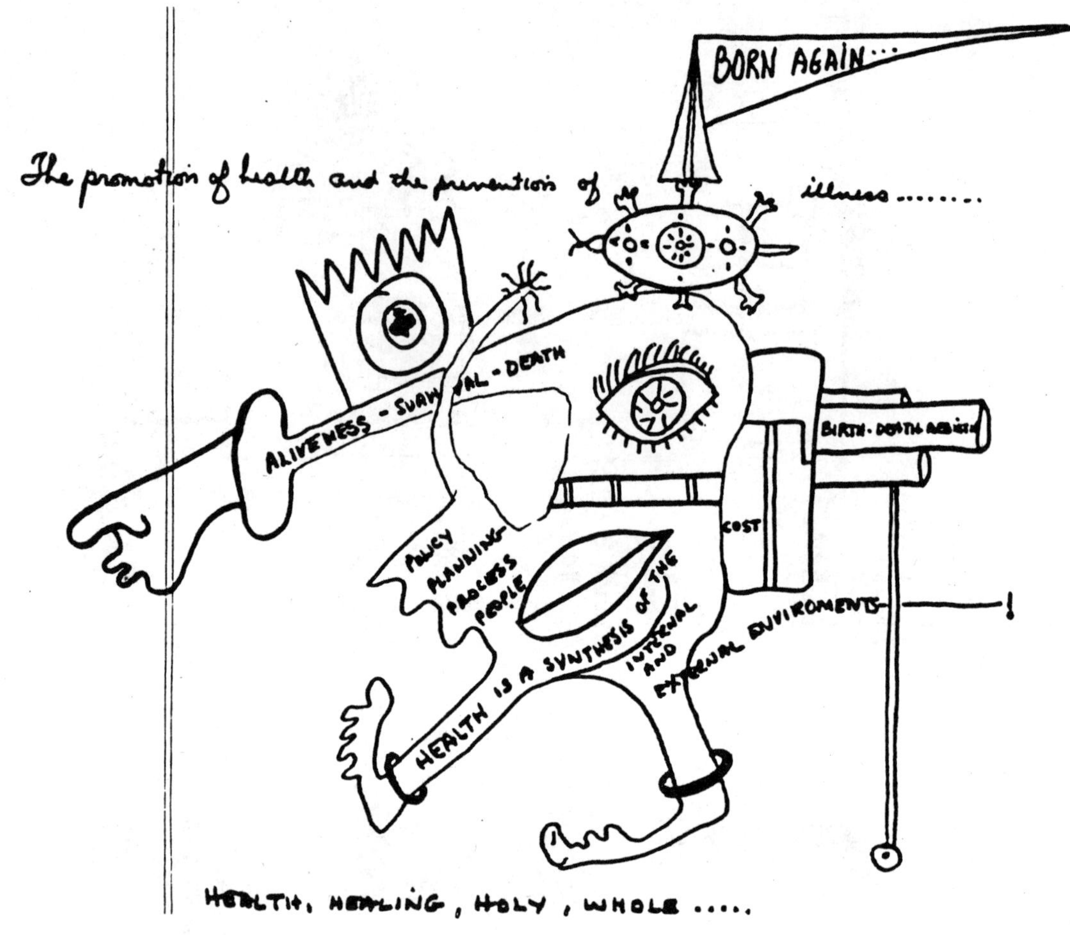
BORN AGAIN…
The promotion of health and the prevention of illness……..
ALIVENESS - SURVIVAL - DEATH
BIRTH - DEATH - REBIRTH
POLICY
PLANNING
PROCESS
PEOPLE
COST
HEALTH IS A SYNTHESIS OF THE INTERNAL AND EXTERNAL ENVIROMENTS —— !
HEALTH, HEALING, HOLY, WHOLE …..

图 4-29　教员会议笔记

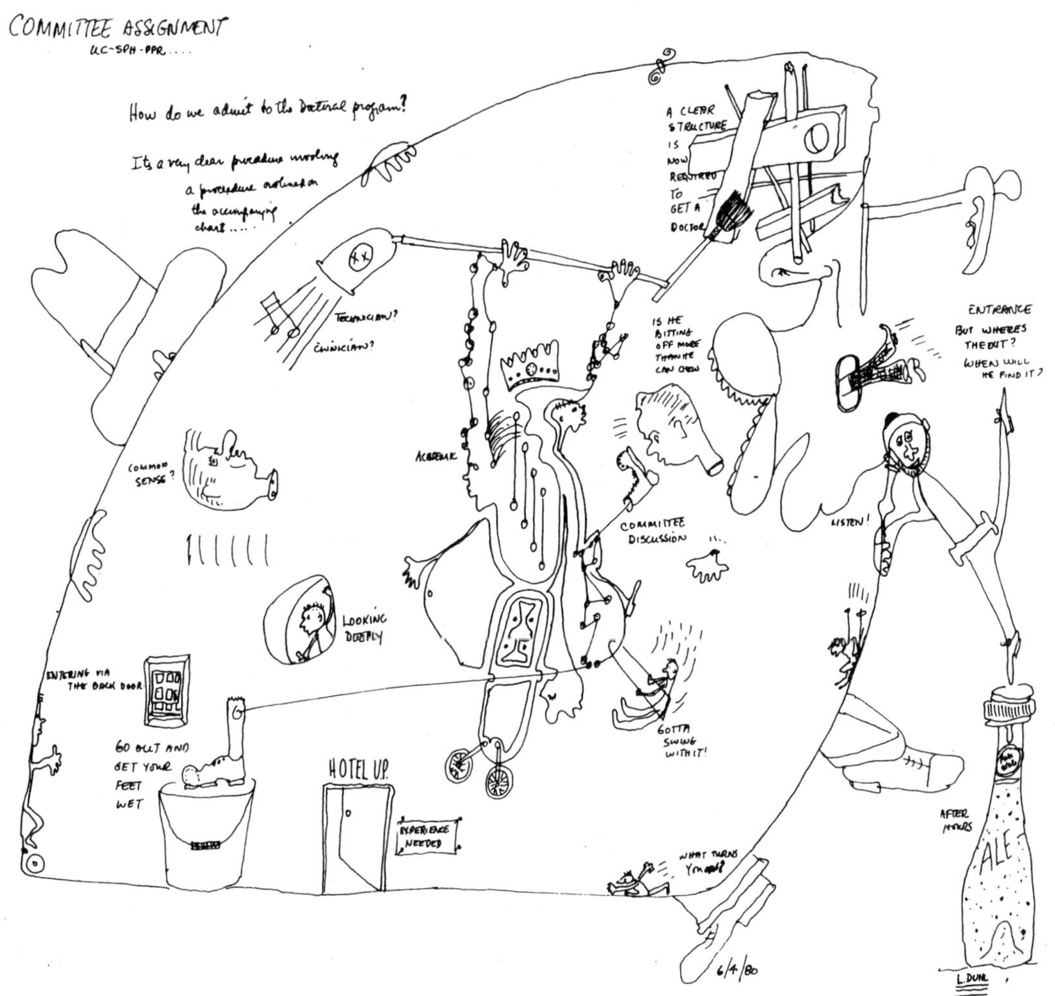

图 4-30 组织演讲笔记

伦纳德·杜尔（LEONARD DUHL，M. D.）

医学博士，环境健康专家

“我讨厌开会，于是就随手画画。对我来讲，徒手画既是一种艺术，同时又是在记录笔记。我的思维是非线性的，我在口头表达上有困难，但我的图像记录比文字更好。非线性指的是系统性以及我作画时出现的东西：关系、方向、重点。后来，这些图像使我想起当时所发生的事。”

“慢慢地，我的速写发展到运用彩色，然后我开始用相似的作画技巧来写作。后来，我在上课时用这些画来指导我的学生，并作为他们工作日记的模式。”

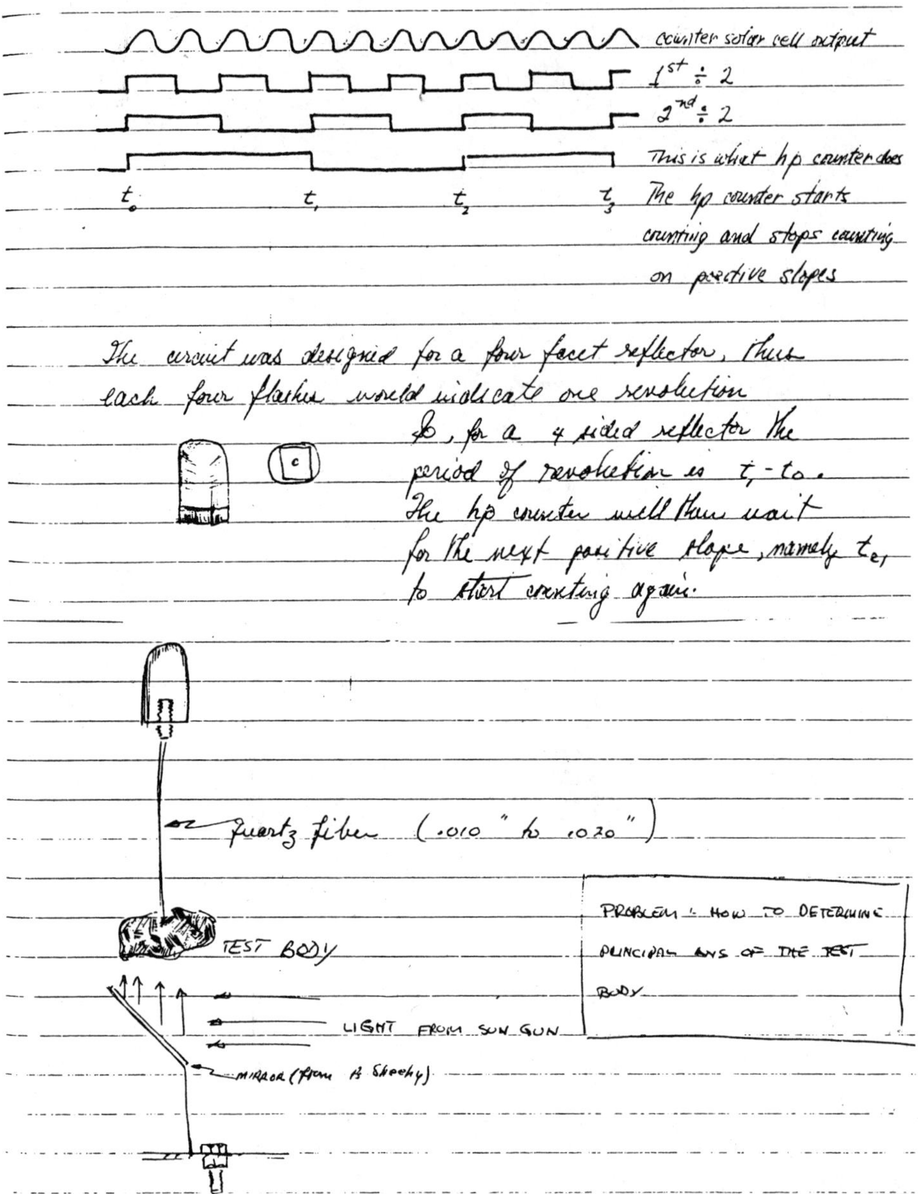
Nov 30, 1971
counter solar cell output
1st ÷ 2
2nd ÷ 2
This is what hp counter does
t0 t1 t2 t3
The hp counter starts counting and stops counting on positive slopes
The circuit was designed for a four facet reflector, thus each four flashes would indicate one revolution
So, for a 4 sided reflector the period of revolution is t1-t0.
The hp counter will then wait for the next positive slope, namely t2, to start counting again.
quartz fiber (.010" to .020")
TEST BODY
LIGHT FROM SUN GUN
MIRROR (from B. Sheehy)
PROBLEM: HOW TO DETERMINE PRINCIPAL AXIS OF THE TEST BODY

图 4-31　研究笔记

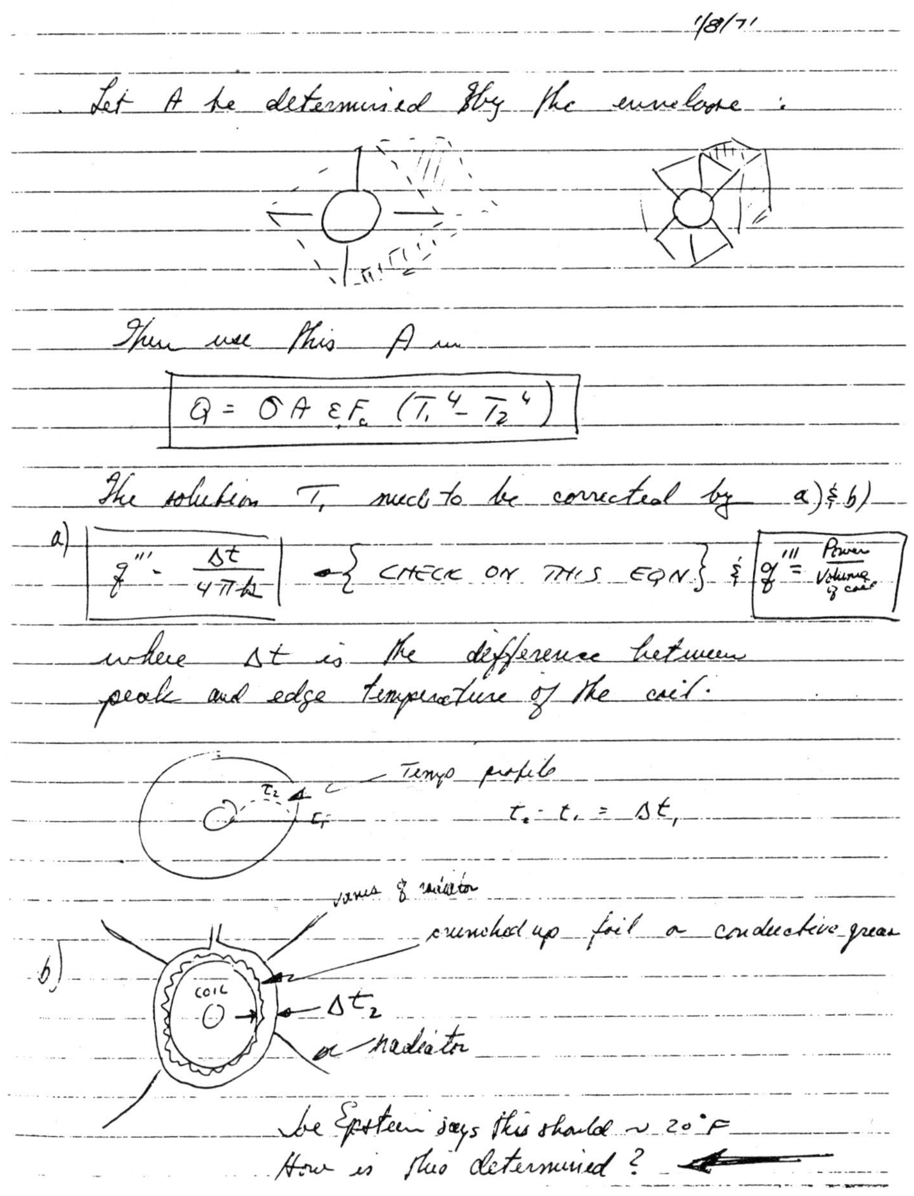

图 4-32 研究笔记

斯蒂芬·帕德克（STEPHEN PADDACK）

宇航工程师、科学家

“在研究符号的过程中，简单的速写能替代许多文字。最上部的弧形波浪线表示了太阳能电池在测转速时的反应。为了确定测量某一特殊旋转时期的起始点的稳妥‘边界’，使用了触发电子装置。当电流从零开始上升，电压达到一定值时就引发了这个装置。正如你能从草图中看到的，在每一个升起的脉冲中，触发装置都被引发。方形波的周期正好是弧形波的一半。”

“本页上的记录与一个电子线圈有关。我知道。我必须在真空管里放一个大的线圈。我当时担心线圈会太热，因为它们不能散热。草图探究了一种思想，即用一种装置可以把热量从线圈中散发出来。另外，我在设计中使用了经典的斯蒂芬·博尔茨曼辐射热平衡方程。”

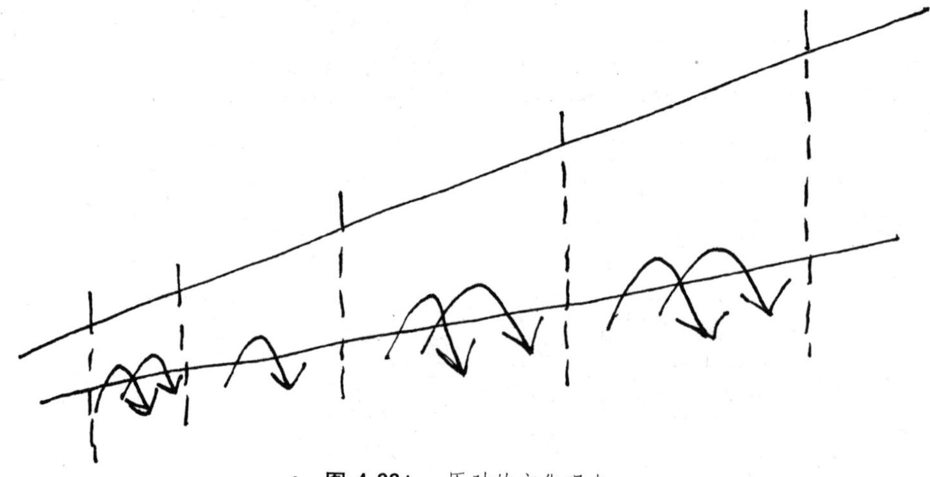

4　图 4-33A　历时的文化观点

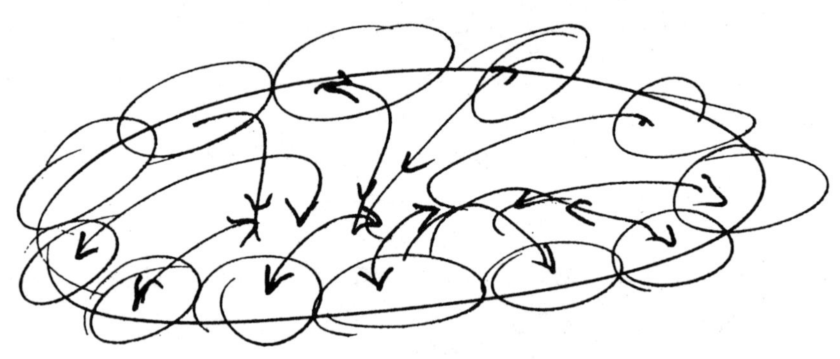

图 4-33B　有机统一或功能相互依赖

肯尼思·E·穆尔（KENNETH E. MOORE）

人类学家

“文化可以看作是一个历史的过程，或是某一特定时期的结构。第一幅简图表明文化是一个过程。现代民族文化在开始发展时，起步较小，随着时间的变化而发展起来。图中虚线标出了不同的阶段，即定居阶段、发展阶段、工业化和城市化阶段、世界权力阶段等。箭头以符号的方式说明每个人生于一种文化，其思想在这种文化中形成，而思想又反过来有助于文化的发展，直到一个人的最后消亡并被下一代人所取代。在这个图示中，文化被看作是一个过程，它与作为其载体的人类很不相同。文化被看作是一种以人的画符号能力为基础的生活方式。文化是积累并发展的，因为有画符号能力的人能把每一代人适应环境变化的能力传给下一代人。”

“有机统一是埃米尔·德克海姆（Emile Durkheim）理论上的用语，它指的是：在不同种类的人组成的社会中的一种融合，每一种人表现出使众人受益的作用。因此，许多专业化的职业是互相补充的。这与机械的统一即初级社会的特征形成鲜明的对比，在那种初级社会中劳动只有性别之分。也就是说，一个男人所知所为也是每一个男人所知所为；一个女人所知所为，也是每一个女人所知所为。”

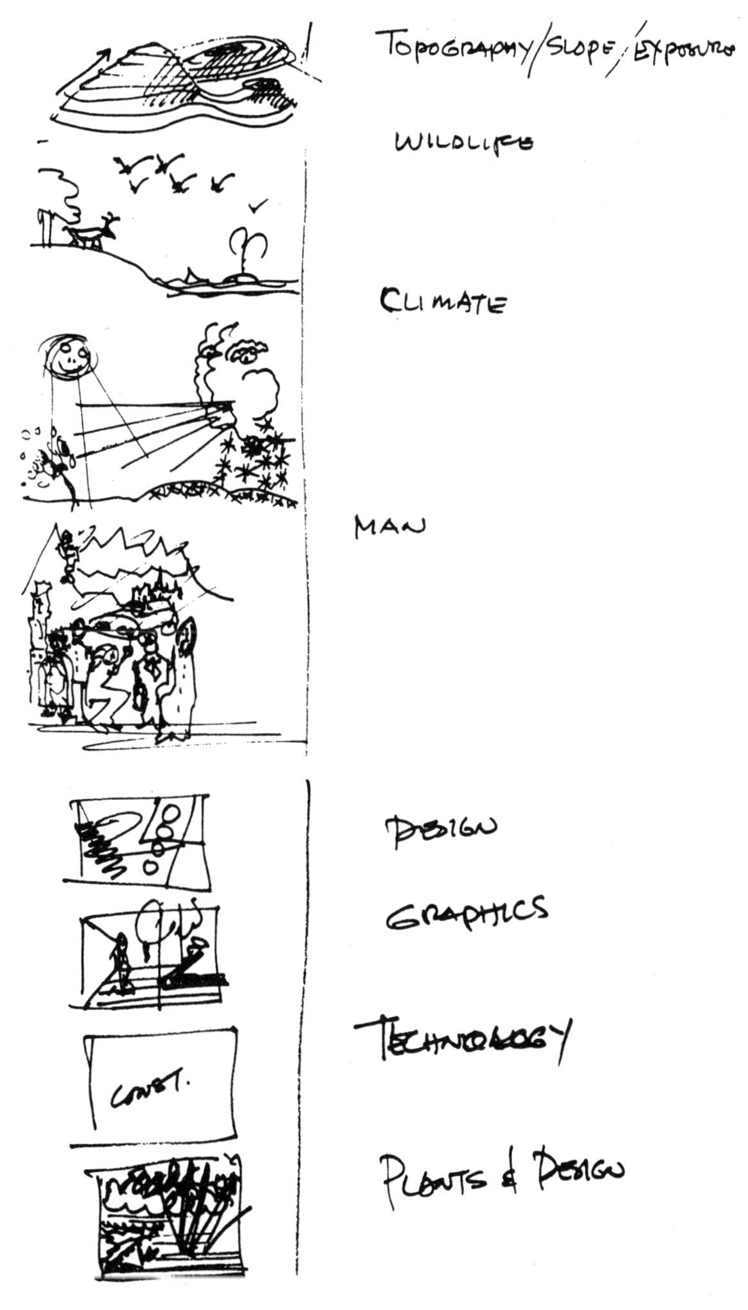

图 4-34 故事栏草图

约翰·拉塞尔（JOHN RUSSELL）

园林建筑师

“这些速写是故事栏的一部分，它们帮助我开发了一个幻灯放映的体系。这种技术并不独特，但我相信，在设计师手中，图形说明和文字说明的结合可以使两者相得益彰，并比它们独自提供的信息还要丰富。对于我来讲，如果没有想象的画或是已经画好的图，那么，我就没法编成这个故事。因为我更多地使用视听产品的技术，我发现图画与文字关系越来越密切，我的故事栏也更加丰富。”

4.6 设计

设计符号可能是视觉笔记中抽象范围的最好图示。在设计过程中，我们非常清晰地看到个人情感的影响以及对于有效的和个性化的视觉语言的需要。本章中第一位视觉笔记记录者依靠一种特殊的能力来表达现实的体验，在后面的例子中，你将会看到抽象的标志，它可以对各种多样的设计环境作出反应。

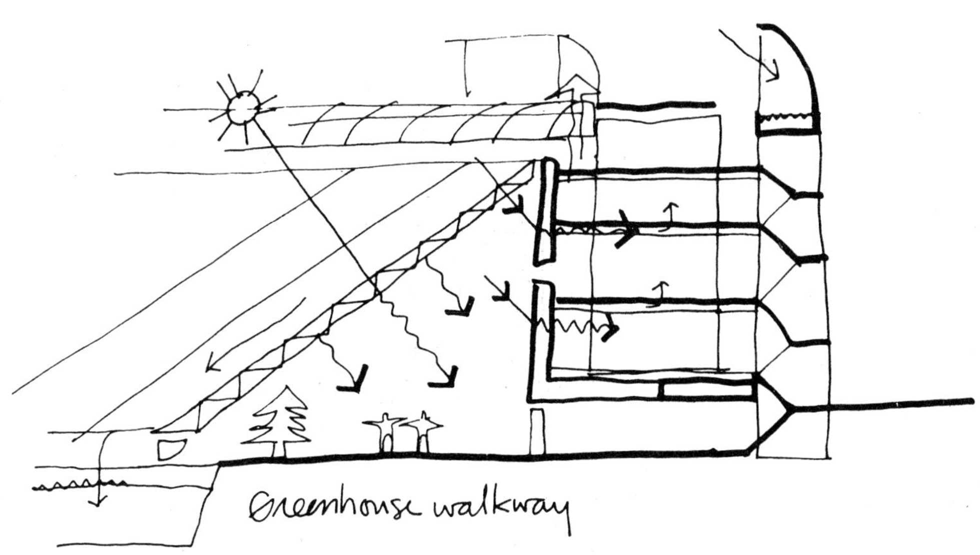

图 4-35 科罗拉多（Colorado）旅馆的日照研究

吉尼·海恩斯（GENE HAYES）

建筑师

“我作草图是为了记录我所描绘的对象与我的对话，同时也和其他人交流思想。草图很像小型录像机，因为，当看一幅草图的时候，我想起了当我绘制它时我正在想什么，而且，这思维的过程常常可以从那一点往前移，或往后退。这些草图抓住了思维活动中的一个瞬间，这些思维并不总是有方向性的、受控制的、有逻辑性的或有意识的。对我而言，它们变成了设计发展过程中的路标，因为这些草图在一种设计构思付诸实施之前就抓住了这种构思的本质及所有的设计参数。当设计深入下去的时候，由于更多的人以及规则的参与，将一种构思带进现实的过程变得更加复杂了。常常有这样一种情况，由于一个人如此关注于设计过程中所产生的各种问题，结果，其基本思想或目标反而都被忘记、丢失或是残缺不全得无法辨认了。这些草图帮助我将所有的精力集中于原始的思维，以便引导现实，而不是被现实所引导。”

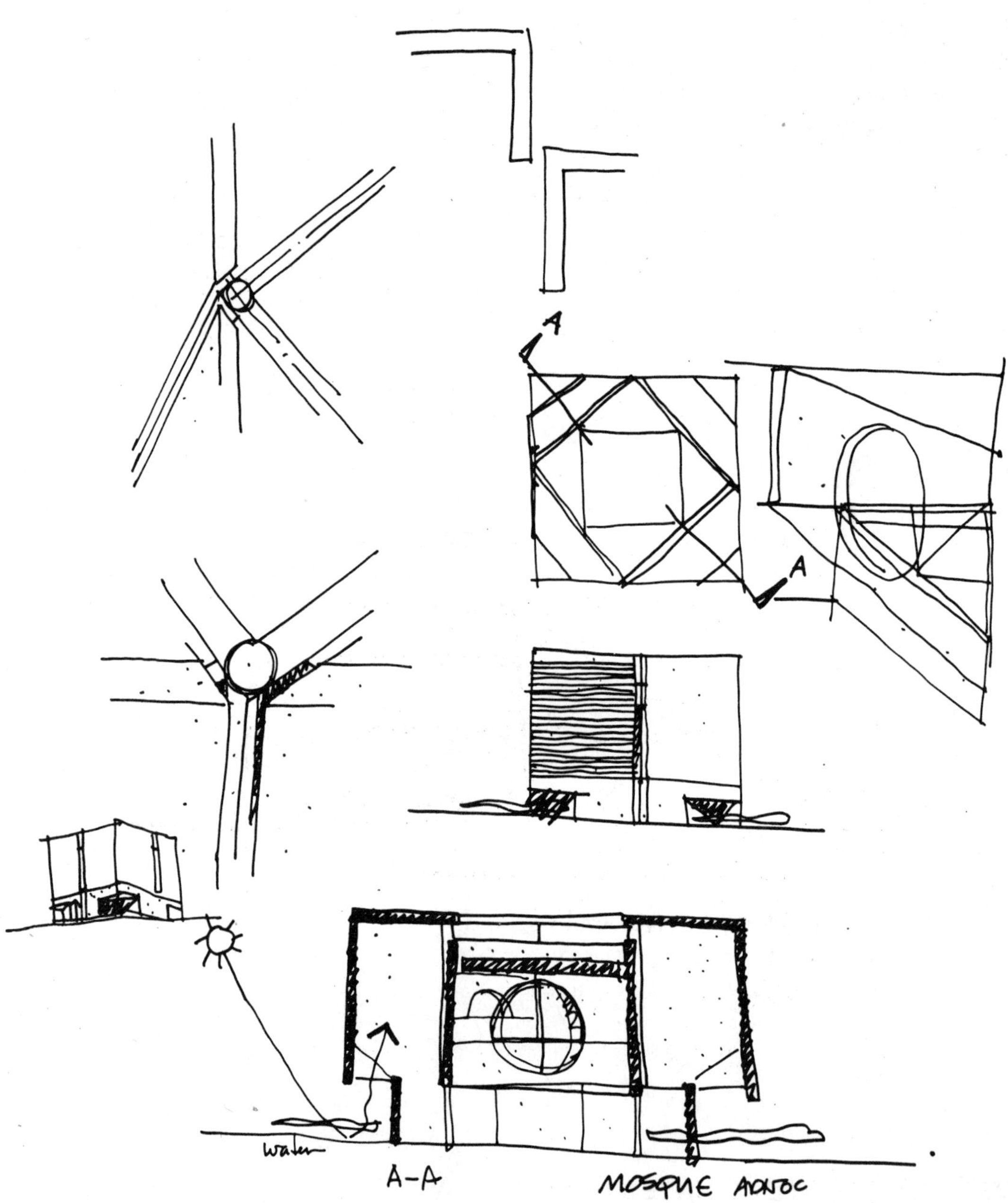

图 4-36 沙特阿拉伯阿卜台比地区鲁怀斯（Ruwais）的邻里清真寺

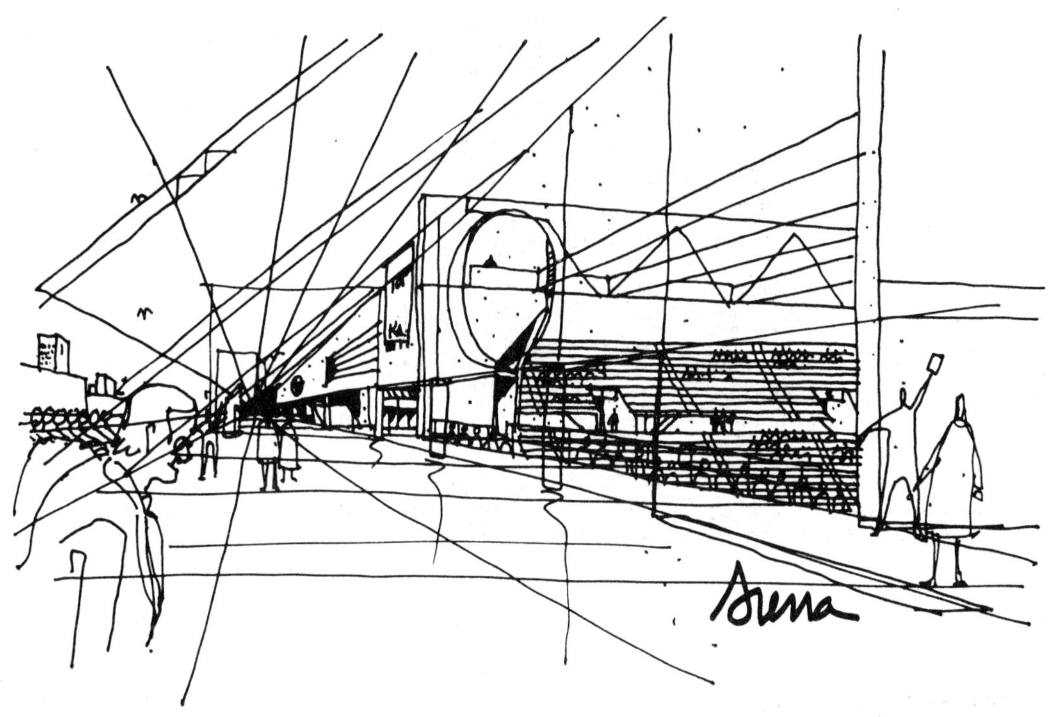

图 4-37　美国堪萨斯州托佩卡（Topeka）的会议中心竞技场

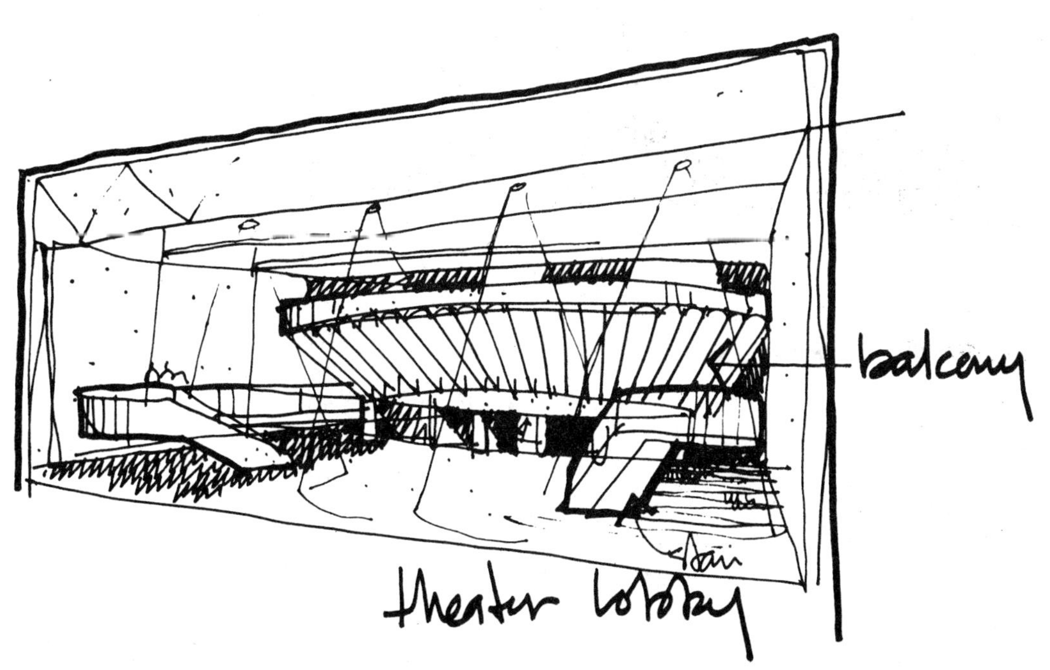

图 4-38　美国堪萨斯州托佩卡的会议中心剧场

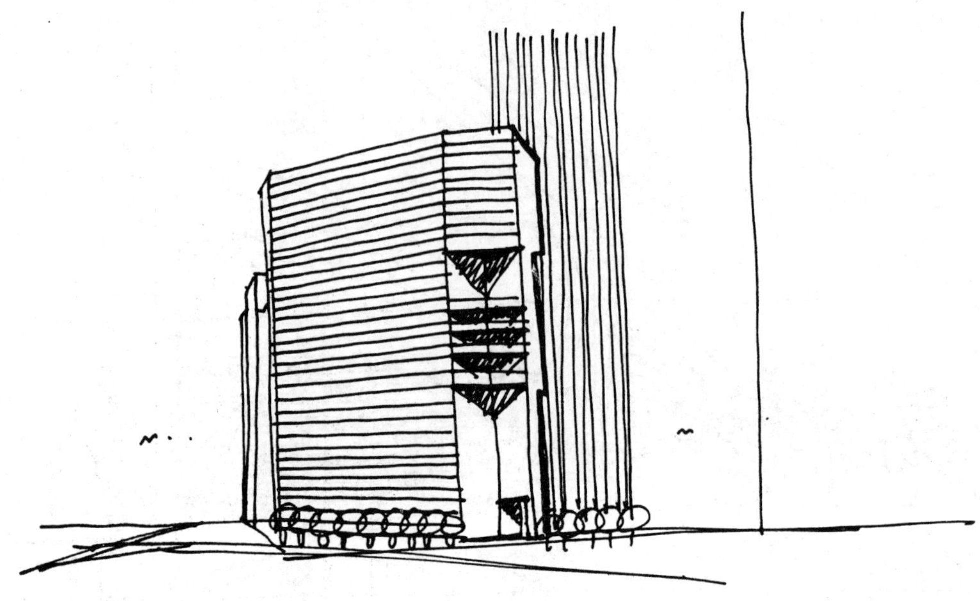

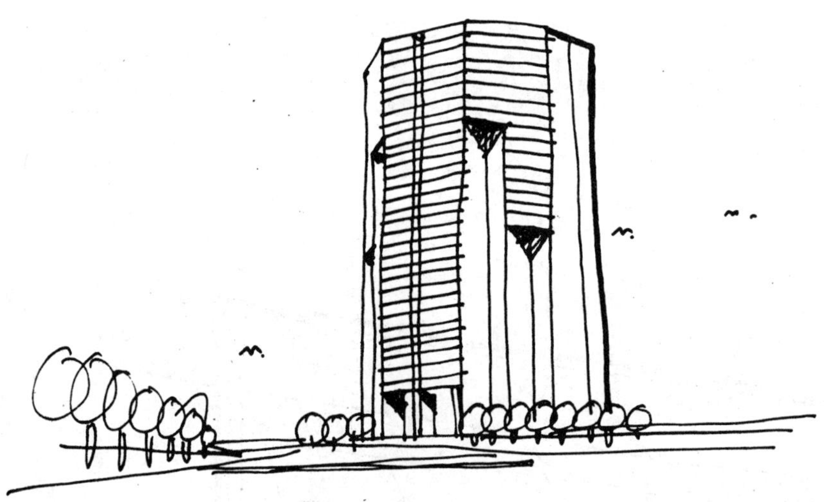

图 4-39 美国得克萨斯州休斯敦一幢塔楼的总体速写

“我注明作草图的日期，以便我能够按顺序实实在在地重构设计过程，因此，我能回头去发现一个坏的决策或是一个未被开发的方案。创造过程在性质上是在未被探索的领域中进行的，在这种领域中，很容易使人变得迷失方向，混淆是非和失去信心。草图能够给你提供一条发现你自身的创作方式以及指导其他人的路子。”

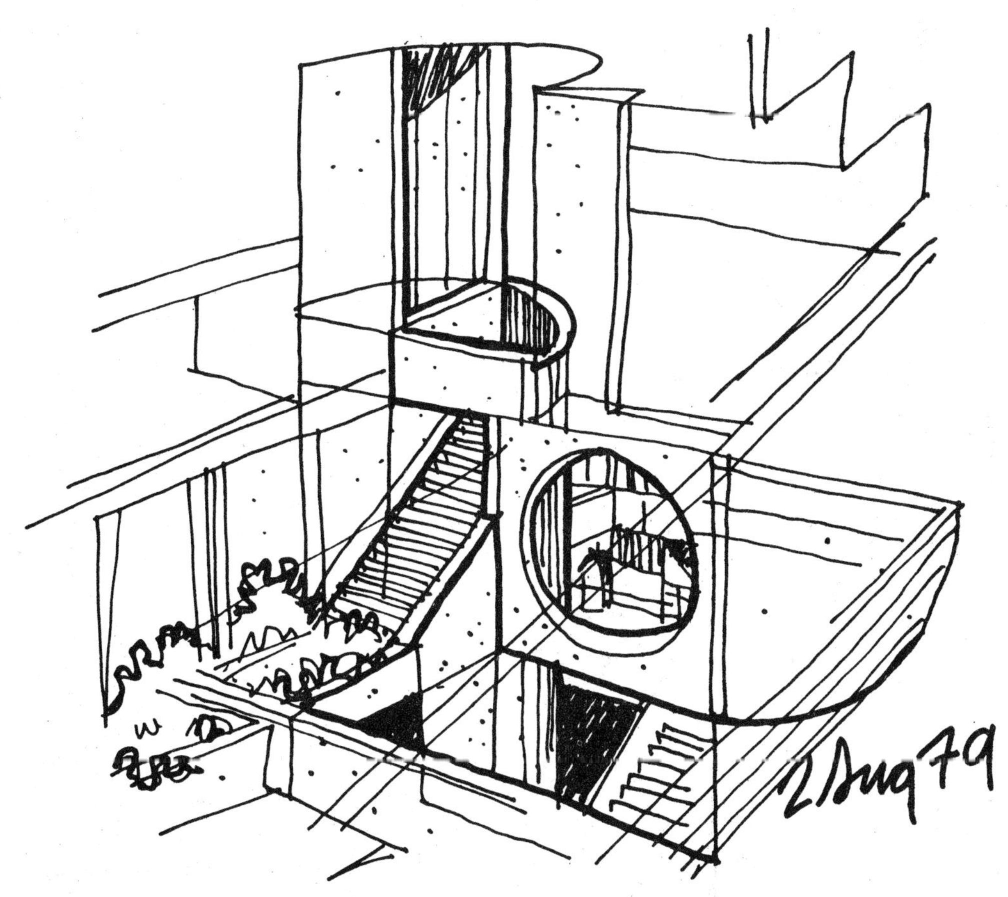

图 4-40 沙特阿拉伯阿卜台比地区鲁怀斯一个客房的空间研究

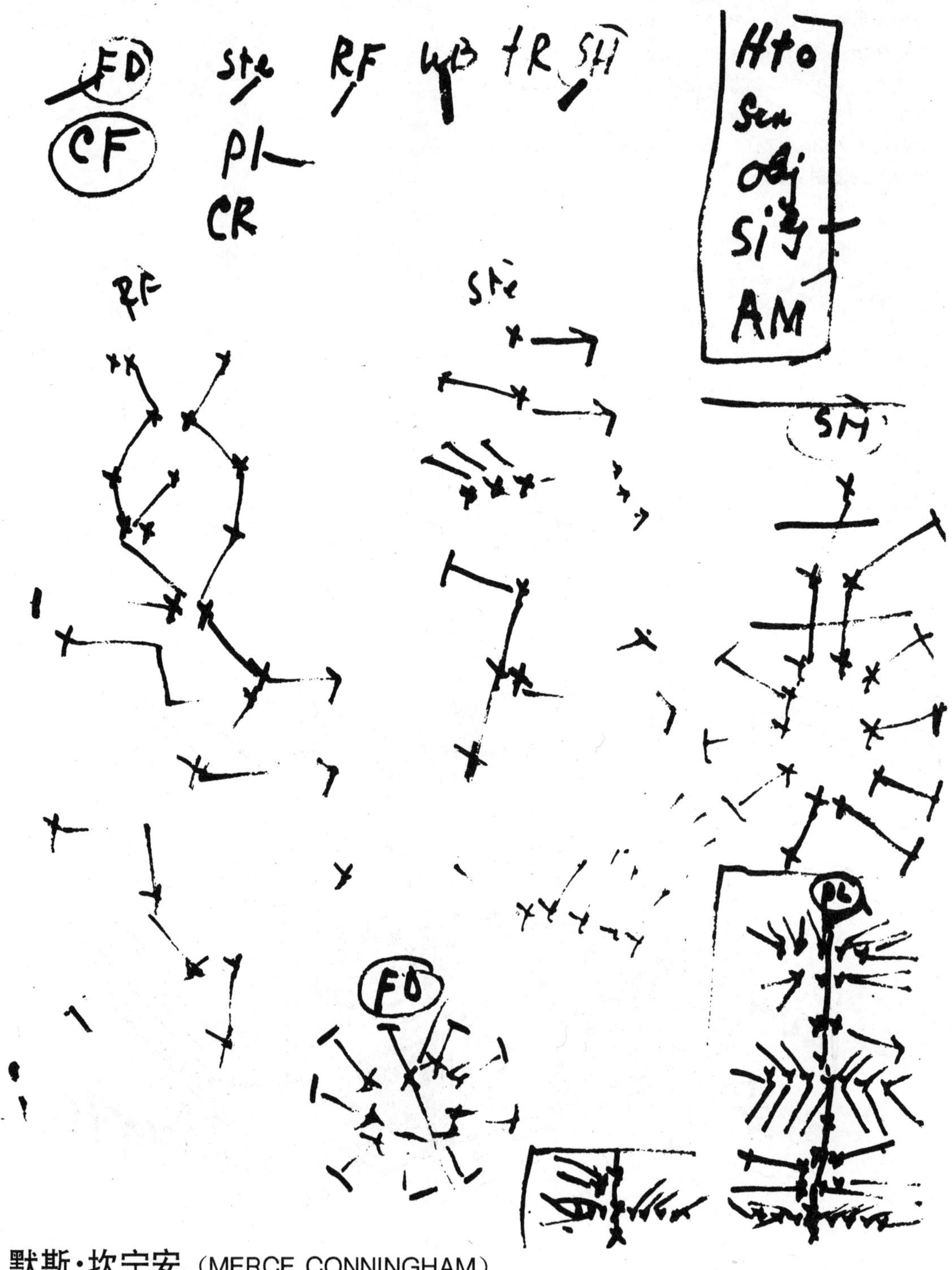

图 4-41 舞蹈空间方向研究

默斯·坎宁安（MERCE CONNINGHAM）

舞蹈设计师

"上面的草图（图4-41）论述了几种舞蹈空间方向的可能性，这些舞蹈包括《雨林》、《田园之舞》、《五人组舞》、《第二只手》和《场所》。图4-42所示的草图描述了一个有关照相机放置的空间计划，它使舞蹈者能最大限度地进入镜头。舞蹈只是一小部分。"

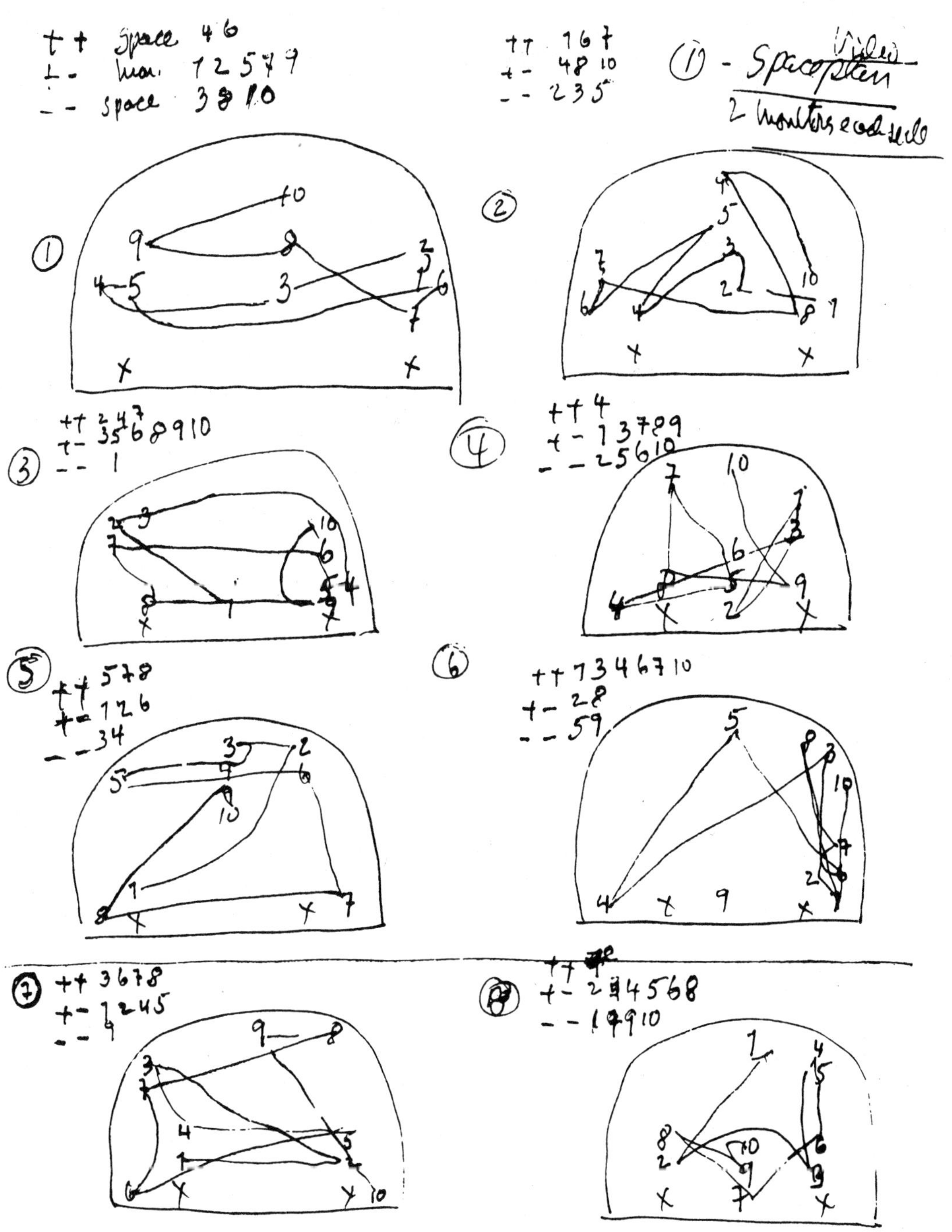

图 4-42 照相机放置的空间平面图

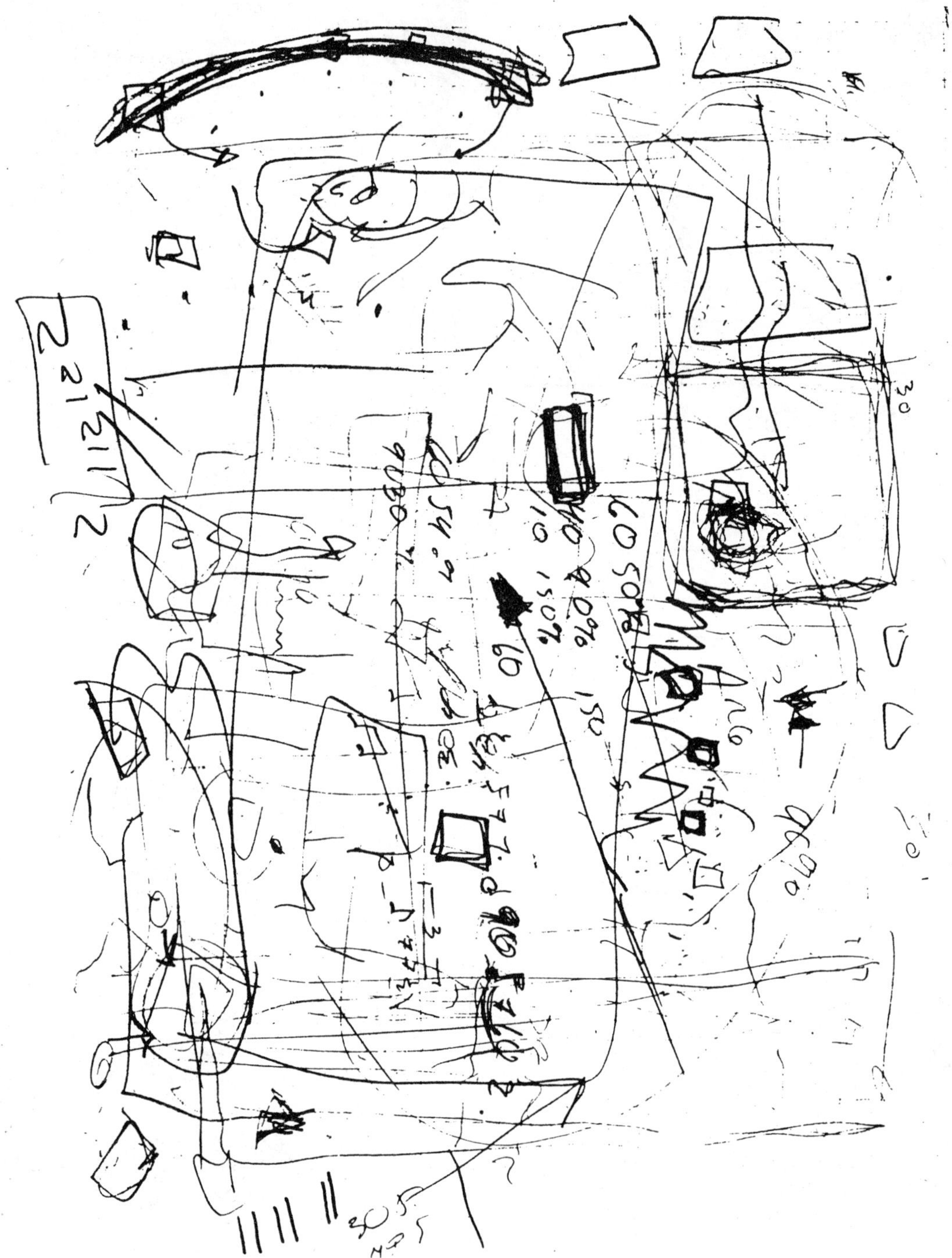

图 4-43　空间的声音

弗雷德里克·比安奇
(FREDERICK BIANCHI)

音乐作曲家

“图4-44表明了在作曲之前我开始做的工作。我在揉合我的思想。一种思想被重叠在另一种思想之上，直到下面的思想消失。这是我一直在思考的东西的混合体。在草图中，有些事物的片断比其他的更为清晰。数字是百分比。我正在掂估我想要的某种效果或形象的分量。”

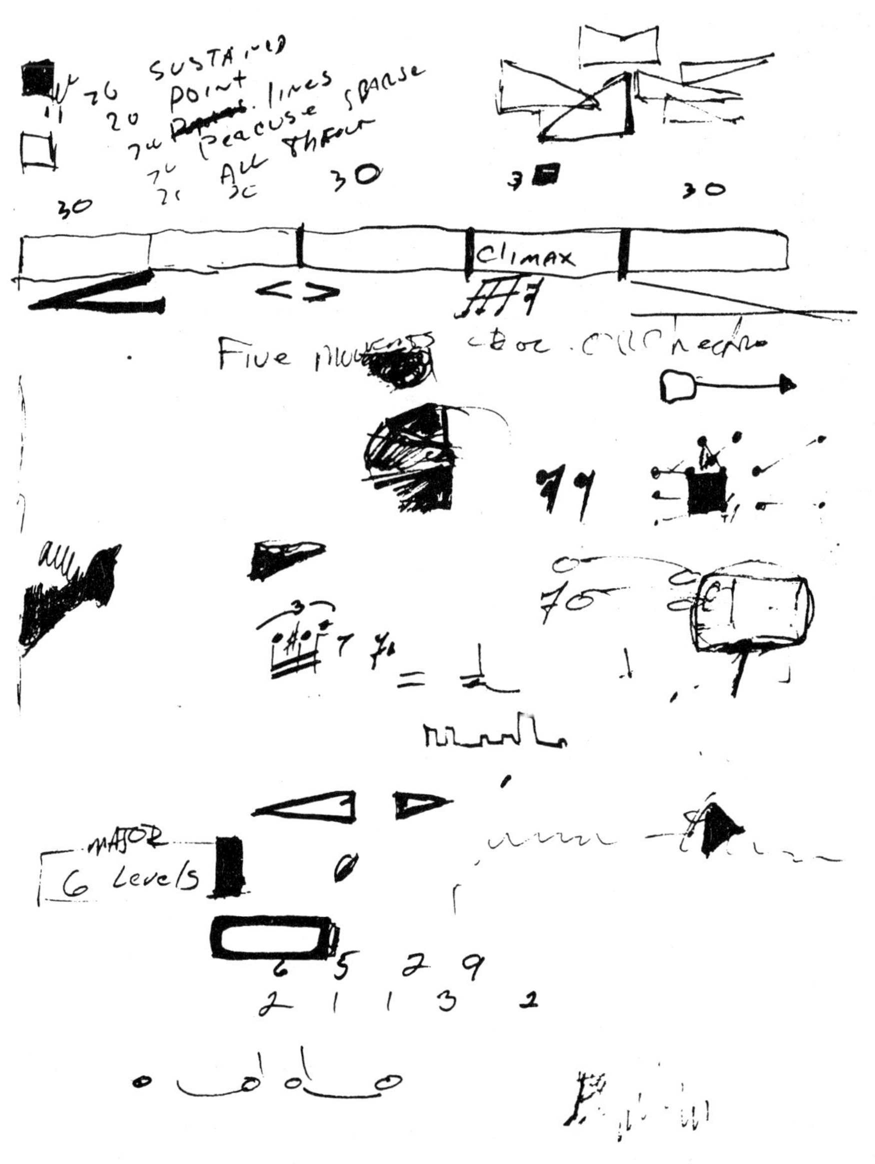

图 4-44　计算机音乐构思

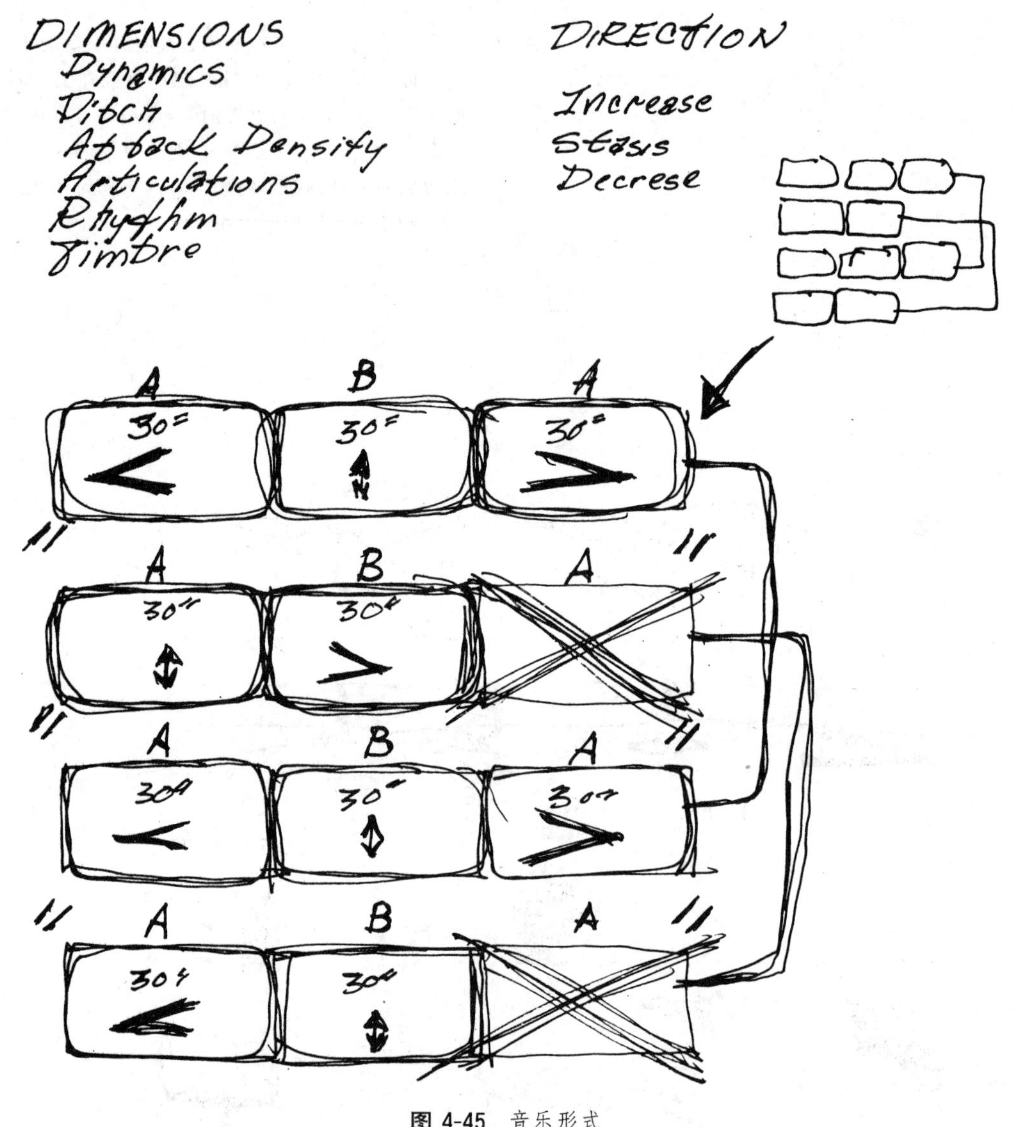

图 4-45 音乐形式

“这张图(图4-45)比前面的草图前进了一些，但还是没有达到用音符或乐器产生音乐的地步。该图表基本上是将思想组成更小的单位，表达我想要音乐流动的方向。虽然节奏、强弱、音调高低或其他要素没有被定下来，但我已经花了相当一段时间并开始考虑音乐的逻辑性。对我而言，这画就好像从远处观看落基山脉一样；你能看出山脉的走向，当你在那里下车更靠近它时，你开始看到小的凹角、树木和花卉。”

“图4-46是思想、事件或声音的并置。它们表示了一段音乐的密度。把它们记录下来后，我就可以开始考虑更多细部方面的内容，如节奏和音调高低。图的下面不是乐符而只是说明乐符可能出现的密度。这是乐曲如何及时生存的构想。”

“我一直用这种作图方式，因为这些图能给予我更多的自由度在声音的基准水平上去探索和创作。这些图展现了更多的可能性。”

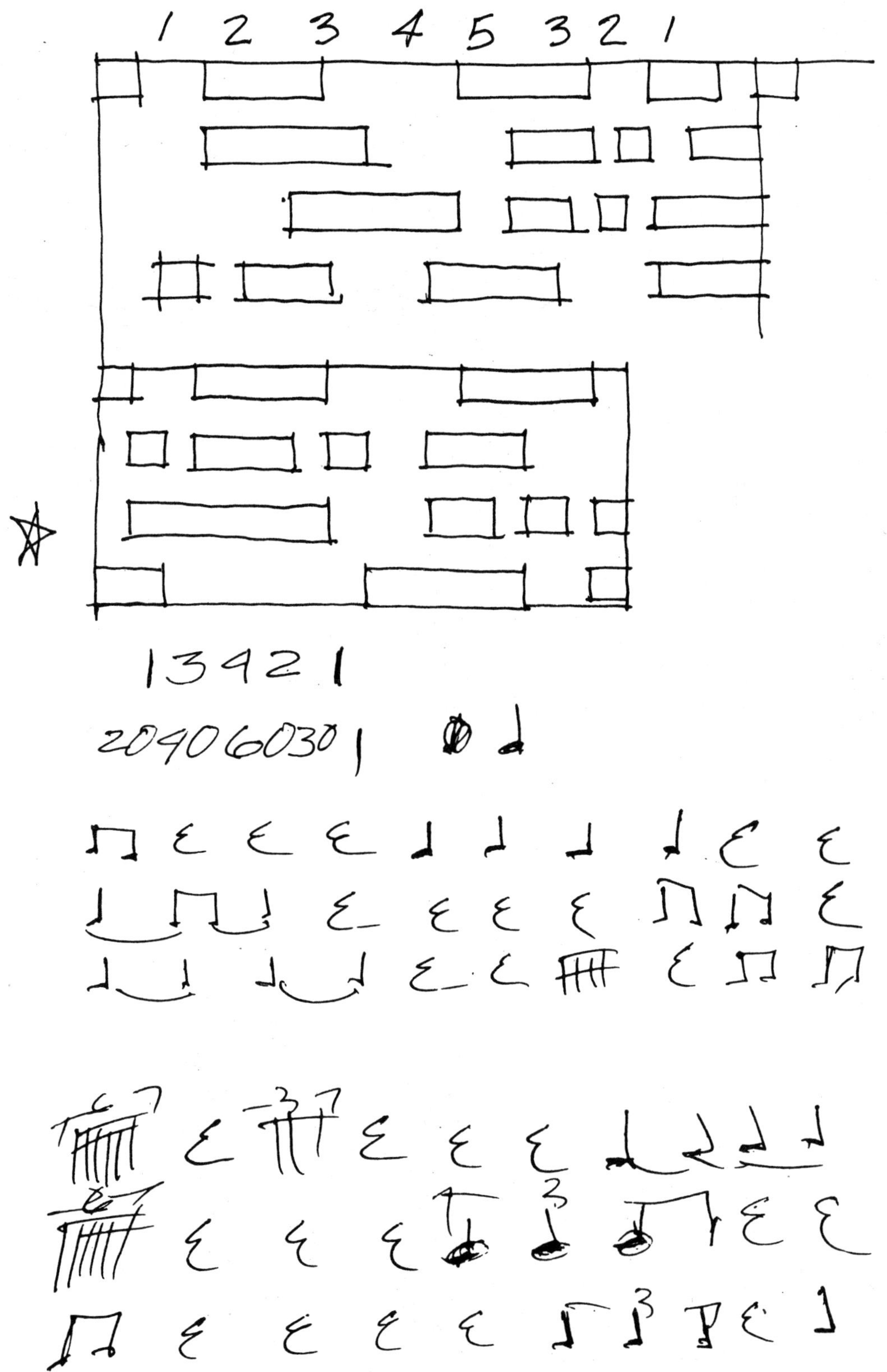

图 4-46　时间结构

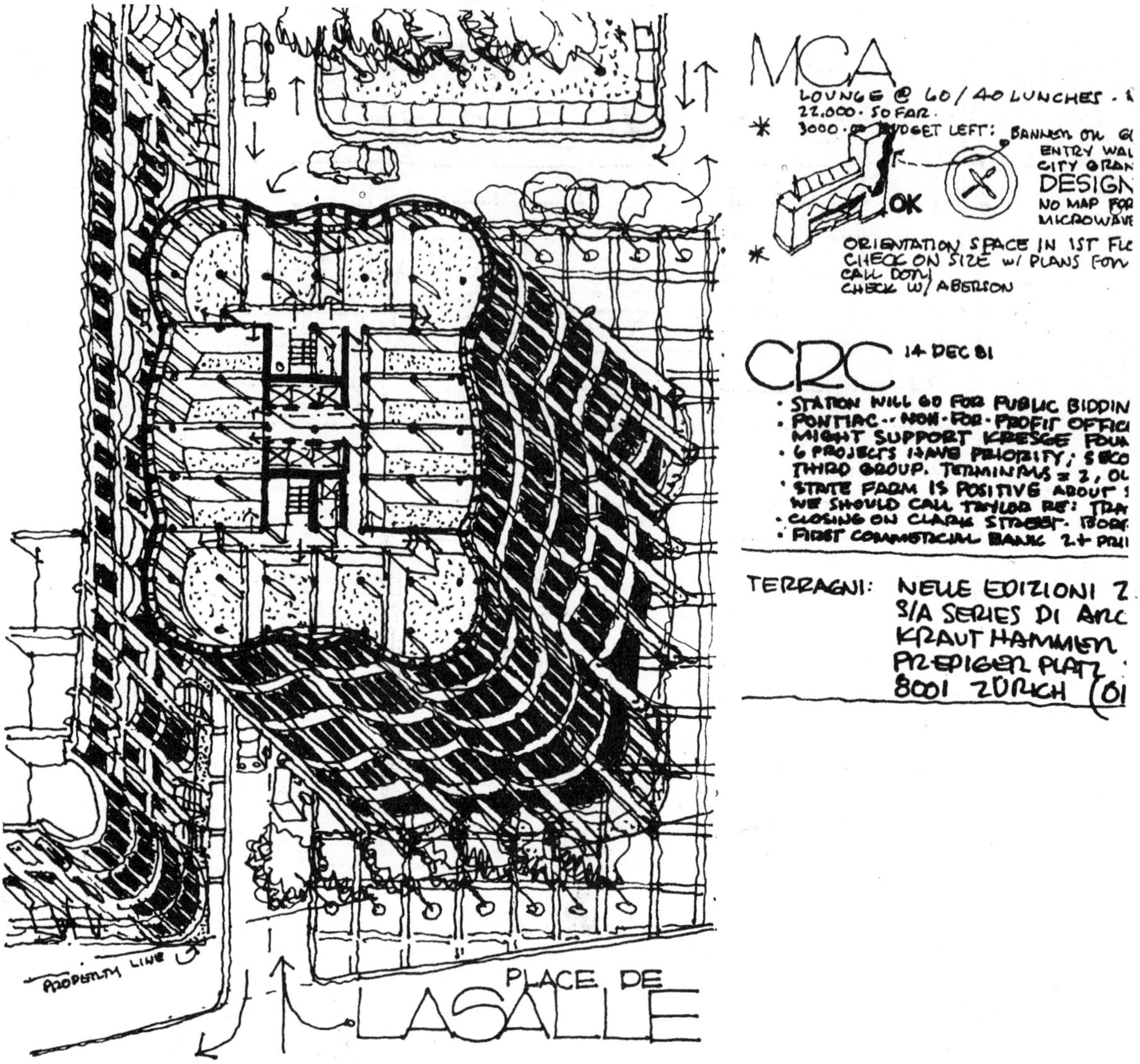

图 4-47　高层公寓的速写和笔记

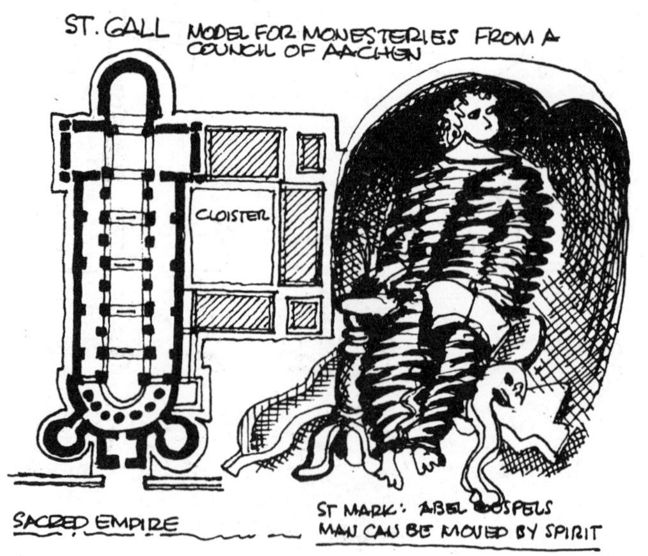

图 4-48　中世纪艺术笔记

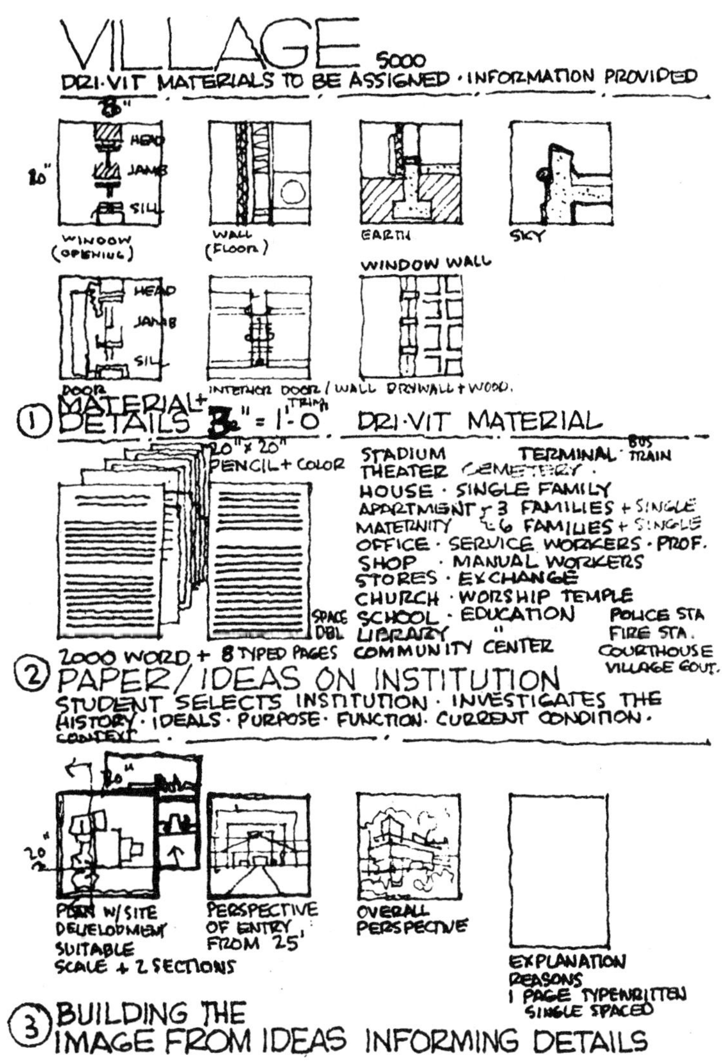

图 4-49　在伊利诺伊大学上课的笔记

劳伦斯·布思（LAURENCE BOOTH）

建筑师

这里是我们想用来结束本章的实例，乍一看，这些画似乎太复杂了，以致不能给普通的人提供一种实用的或真实的模式。但是，如果你仔细、冷静地观赏这些草图的话，我们相信你会发现，这种画风来自真正热爱本职工作的作者的细致和耐心，也来自他的尽可能清晰而又直率地表达其思想的渴望。他的作品是强烈的，而非虚幻的。

5　工具和技巧

图 5-1

这一章，我们根据写作过程中自身的经历及一些成功设计师的经历对做笔记和使用工具提出了一些实际的建议。这些笔记打算用作初学者的方便读物，或用作急于提高自己初步获得的技巧的某些人的便捷参考。

这些技巧在许多书中都有更为详尽的论述。本书结尾部分提供了参考文献，以帮助你找到你最感兴趣的那些技巧。

设备

笔记本
钢笔、铅笔及其他设备

基础性绘图

笔记记入
现场速写
方格纸
线条画
明暗与色调
细部与图案
人物

常规作图

立面图
平面图与剖面图
平行线图
透视图
透明图
分解图

分析性绘画

几何
分区
对比
韵律
比例

符号性绘图

符号
关系图
面积图、方格图与网络图

5.1 设备

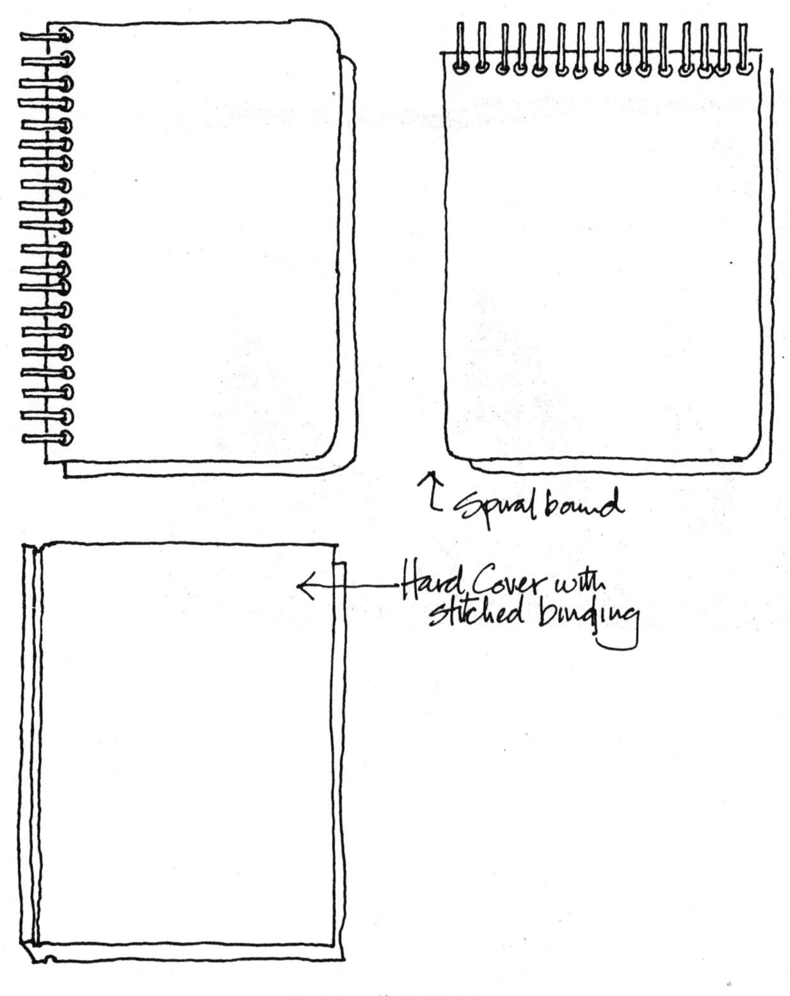

图 5-2 基础笔记本

5.1.1 笔记本

许多做视觉笔记的设计者已经考虑到了笔记本的选择问题。虽然不同的设计者有不同的需求和爱好，但在选择一本笔记本时有一些普遍需要考虑到的问题：

1. 耐久性：笔记本要作为永久性的记录，所以，它应该能够经受得住连续使用，而且至少要保存到终身。笔记本应有不容易弯曲或撕坏的厚封皮，并有优质的纸张。

2. 便携性：任何时候，你都想随时随地能拿到自己的笔记本。因此，你该选择容易携带的笔记本。口袋大小的笔记本是最方便的。但如果你有随身携带公文包或速写包的习惯，那么，你带上一本更大一点的笔记本也方便。

3. 实用性：假如笔记本使用起来很费力，那么，你就可能不去用它，这样就失去了它的效用。太厚或太大的笔记本拿起来或携带都不方便。螺旋丝穿的活页夹很好，因为它有坚硬的封皮，用过的活页纸能全部翻过去，这样，笔记本就容易拿住。

4. 清晰性：为取得最佳效果，图文应该很容

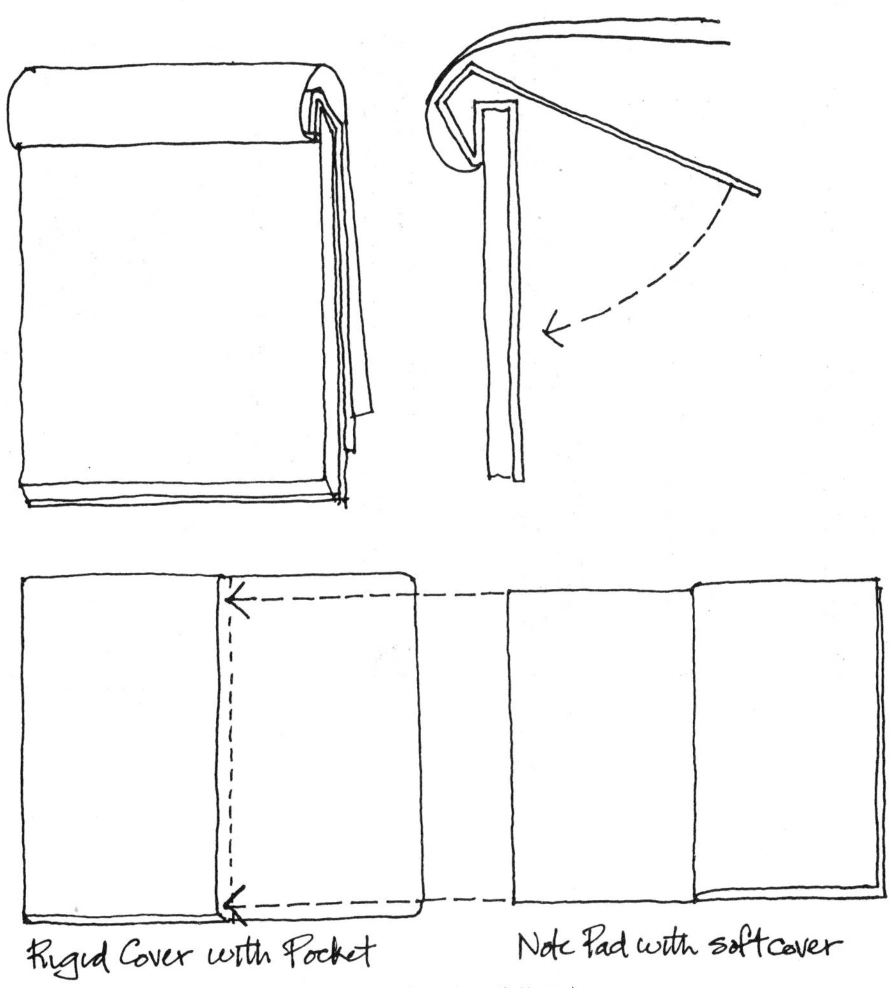

图 5-3 可选用的两种笔记本

易地就能看到。一般地讲，铅笔在粗糙的纸上笔迹清楚，而墨水笔则在光滑的纸上用最佳。太容易渗透的纸会使得墨水洇开或阻碍钢笔尖移动，产生模糊的和不规则的线条。太薄的纸则容易被撕裂或者让墨水渗透到下一页。

有许多种笔记本可以买到，其中有两种我们发现是最合用的。第一种是在笔记本的上部或一边用螺旋丝穿起来的，大约3.5英寸宽、5～6英寸高、不到0.5英寸厚的活页本，有硬纸板封皮和封底。第二种笔记本是线装的，同样具有硬封皮，尺寸与前一种笔记本大致相同，但比第一种稍薄。其他可供选择的笔记本有：装在保护性封套中的软封皮笔记本，还有硬背软封皮能够从上边折过去的笔记本。

笔记本用各种不同的纸张制成，我们推荐一种很不透明，但表面光滑的纸张。它便于干净利落地作画，并且不会透到背面去。一些设计者喜欢使用透明纸，以便他们重描草图。另一些人则喜欢使用带浅蓝格子的纸以帮助作画。你应当自己去试验，并找出最适合你工作的笔记本。假如你想要的笔记本不能买到，你从厂商那里订做并不困难。

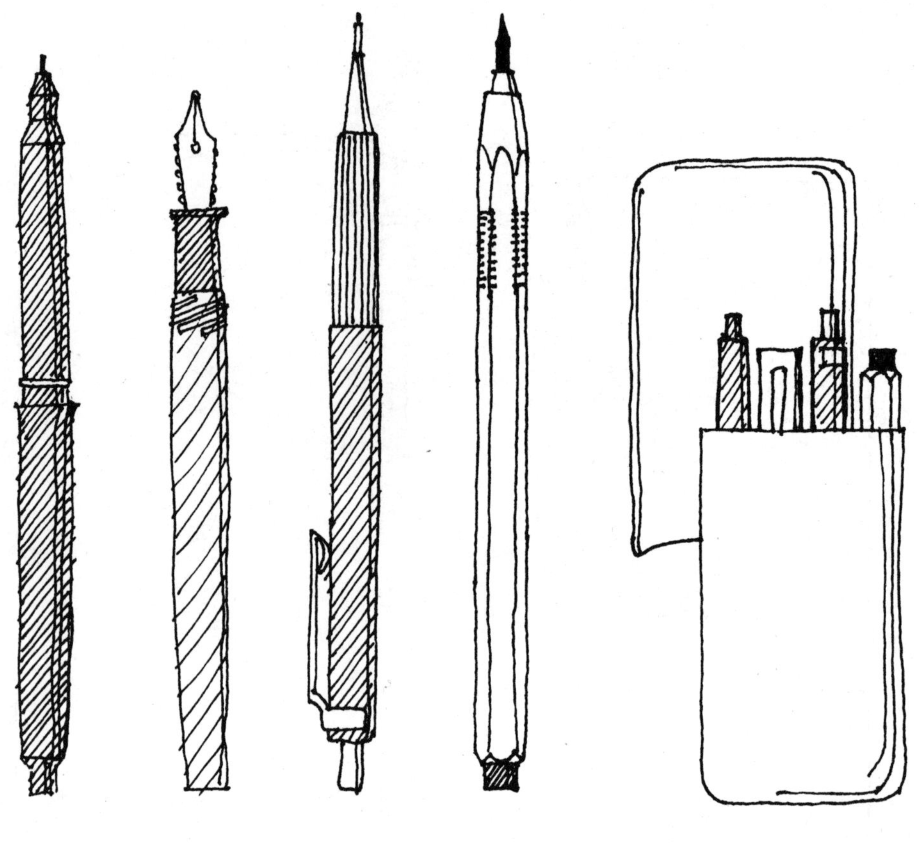

图 5-4 基本的绘画用具

5.1.2 钢笔、铅笔及其他设备

墨水因其耐久性和高度可视性，而成为笔记本的可取媒介，它还促使记笔记的人提高快速精确作画的技巧。有许多品牌的细线马克笔可画出清晰的、黑色的线条，并且便于携带。弹子墨水笔对于那些喜欢流利线条的人来说，是良好的选择，因为它还有一个优点，就是不容易造成大的污点或洇水。

使用熟练后，铅笔也可以有效地用来作视觉笔记。它具有能够产生一系列从浅到深的色调的优点，但它不如钢笔那样能保存长久，而且还容易弄脏。假如你使用铅笔的话，你最好不要使用硬质铅笔或依靠橡皮。一般而言，再重新画一张比试图在原画上改动要强得多。有些设计师随身携带几支彩色铅笔，以便为他们的绘画提供更多的选择；不过，用宽头马克笔来做笔记是不太实用的，因为它们会透过纸张，而且洇起来也难以控制。

我们许多人衣服口袋上都有被钢笔或铅笔刺破的小洞，或弄脏的斑点。有人用摄影包或公文包来放速写工具。一个较为简便的选择是用容易放在夹克口袋里的皮烟嘴包，它既可以保护钢笔、铅笔，也可以保护你的衣服。

其他方便的设备包括：一块乙烯基软橡皮，几个用来夹住笔记本的夹子，一把6英寸长的薄塑

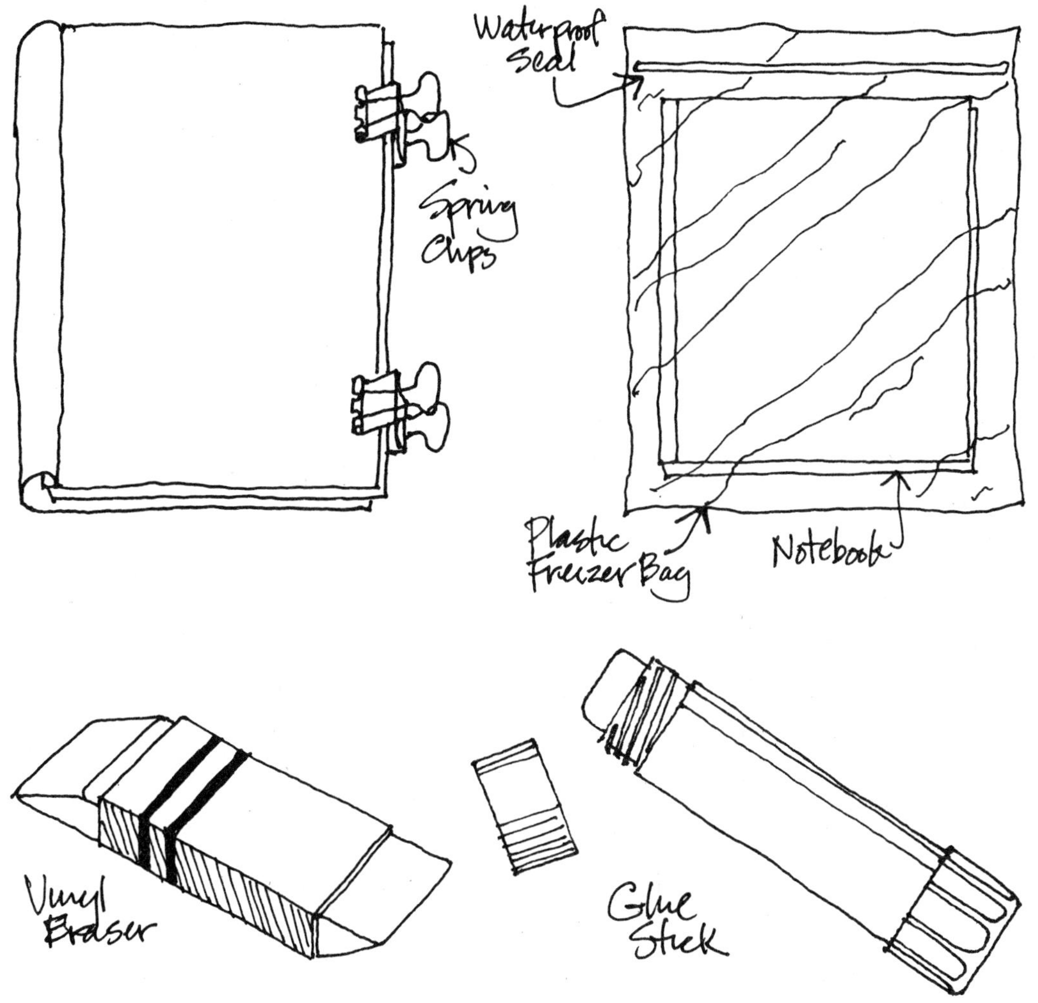

图 5-5 其他有用的设备

料直尺和一个保护你的笔记本免遭雨淋和湿气的可密封塑料拉链包。

在旅途中，你偶尔会发现一张小地图或其他印刷材料，这些物品对于你描述一种思想是非常有用的，但花时间把它们誊写或临摹到自己的笔记本上，那就没有什么意思了。也许你希望将它们保存下来，那么，你可以在纸巾或描图纸上做一些速写，然后，用便携胶带将上述资料迅速地固定在笔记本上，同时在笔记本纸张的背后用力把它揉平，并压入笔记本中。

5.2 基础性绘图

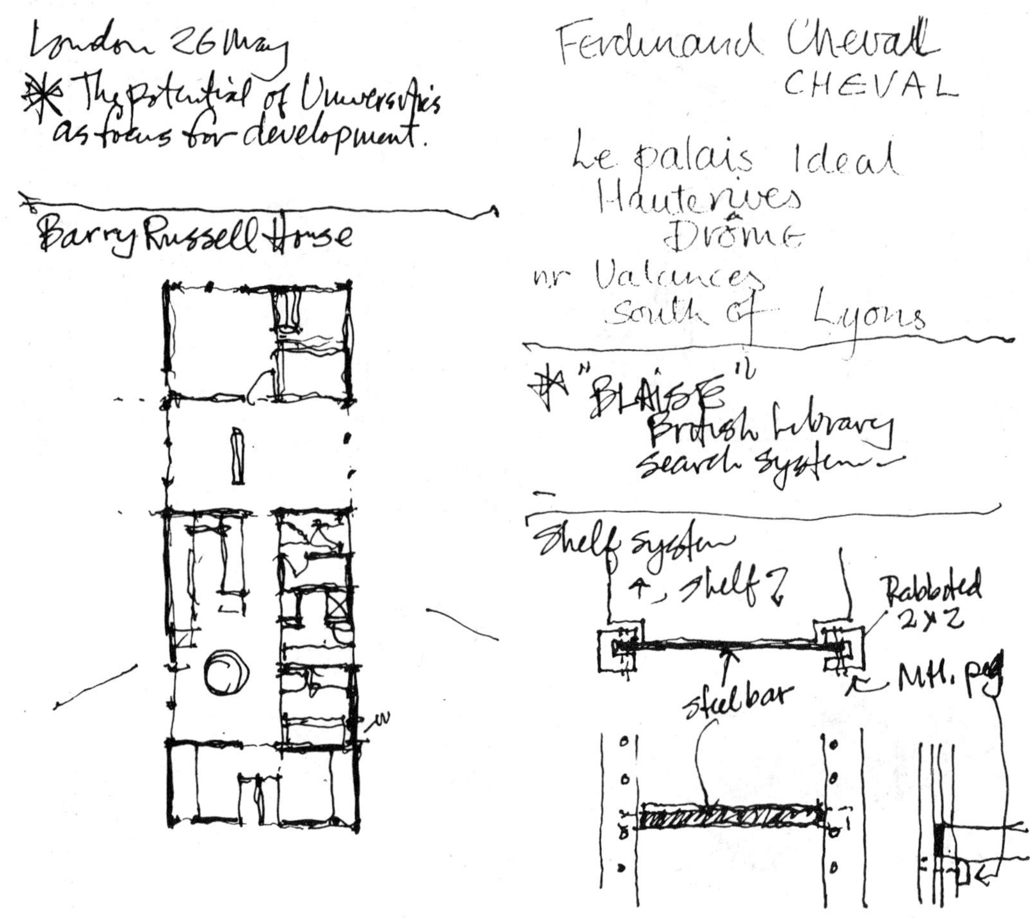

图 5-6 典型的视觉笔记

5.2.1 笔记记人

开始做笔记时，有的人认为每一种新的构思或主题都必须记在新的一页上。后来，他们发现这样很快就记满了笔记本，并留下许多用了一半的纸张。一种避免这种情况的简单方法是，在每一种思想或观念结束后、新想法开始前在笔记本上画上一条线。虽然这常使几个不同的观点聚集在同一页上，但能将它们彼此区分开，并且通过观察同一页上不同思维间的联系，你将会产生新的思想。线条还能够在大笔记本上隔出小块把不同的想法分开，从而迫使你更紧凑而经济地速写。记录每次记笔记的时间有助于日后追溯当时思想的起源和环境。在你忘记了有关人物的姓名或地点之后，你将可能回忆起近似的日期，比如在那一天你听到了某人的说话或是访问了某个地方。通过笔记本来进行时间上的回忆，你可以迅速重新找到那个思想。

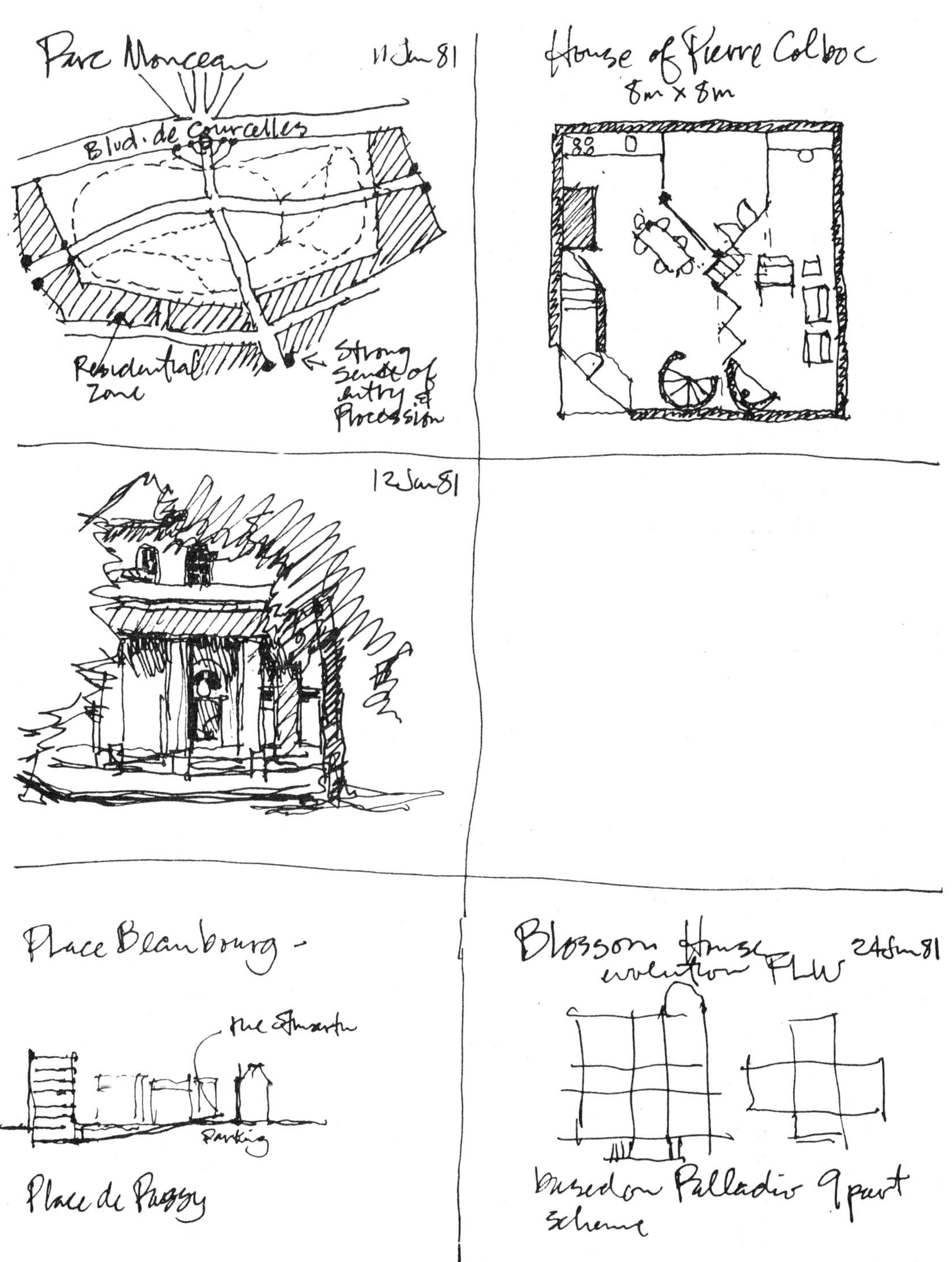
Parc Monceau
11 Jan 81
Blvd. de Courcelles
Residential Zone
Strong sense of entry & Procession
House of Pierre Colboc
8m x 8m
12 Jan 81
Place Beaubourg -
Parking
Place de Passy
Blossom House
24 Jan 81
evolution FLW
based on Palladio 9 part scheme

图 5-7　组织笔记

图 5-8 最初的现场速写

图 5-9 速写放大

图 5-10 用钢笔在最初的铅笔稿上绘图

5.2.2 现场速写

对于大多数记笔记的人来说，他们的困难是没有时间来画一个主体。要处理好这个问题，你应该迅速描绘总的形体并记下其他的一些特征，如明暗、图案或细部（详见本章线条画部分），日后再参考你的笔记重新作画。你还可以先用铅笔作一个粗略的草图，然后用钢笔详细重新绘制，最后用软橡皮擦掉铅笔痕迹。任何时候都要把笔记本放在近处，并养成随时随地记录下你的想法的习惯。有些人很多的创意来自特殊的环境和时间，比如在他们想睡觉之前或一觉醒来之时。在你的每本笔记本的封页上注明你开始和记完此笔记本的日期，并将你所有笔记本都一起放在一个安全的地方。

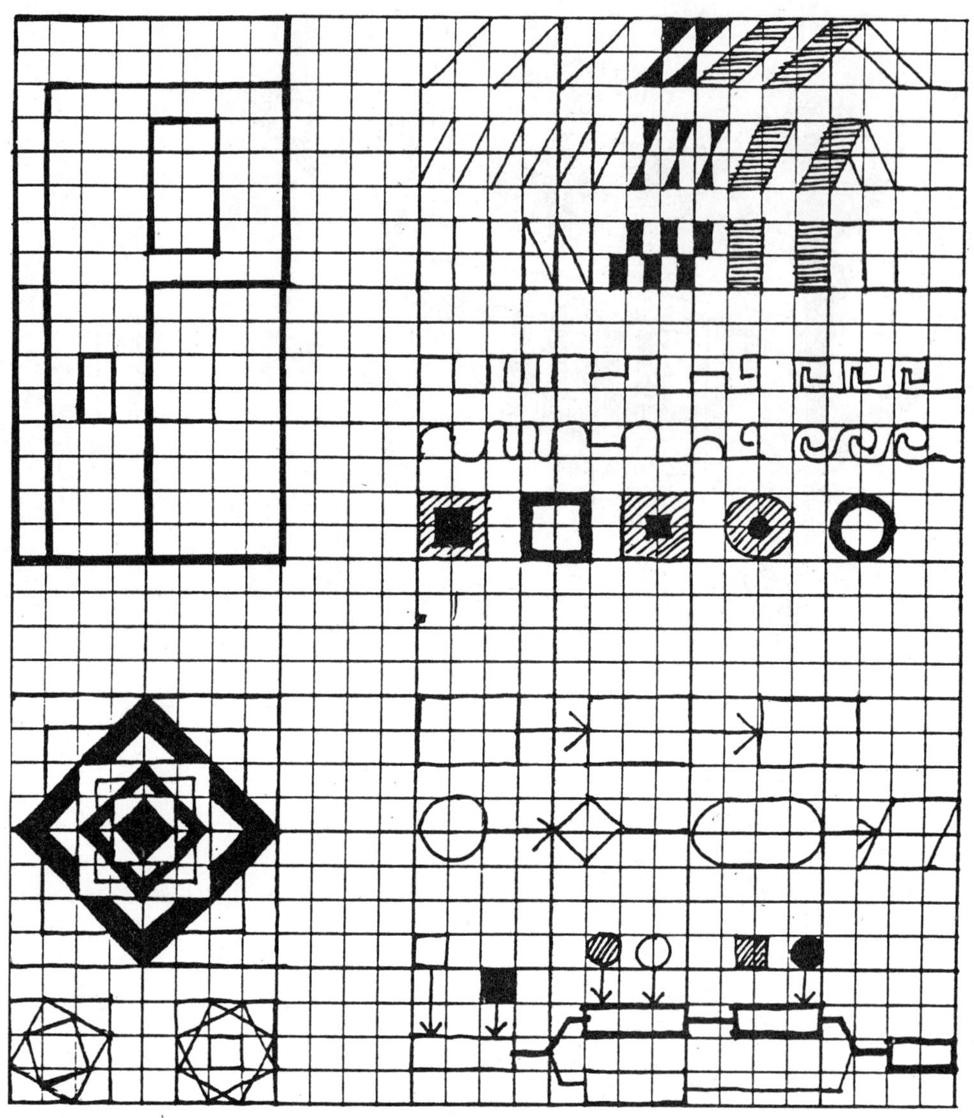

图 5-11 方格纸上的二维绘画

5.2.3 方格纸

有人使用带方格纸的笔记本。市场上有尺寸为$\frac{1}{10}$英寸、$\frac{1}{8}$英寸或$\frac{1}{4}$英寸的带有淡蓝色方格的笔记本。在作速写时，方格有很多用途。在速写的过程中，它可以帮助你迅速准确地描绘比例或丰富的韵律。方格使得绘制某些角如45°或90°角变得相当容易。记录者可以很快增大或缩小一张画的比例。方格在制图表和制常用图，如轴测图时也很方便。

图 5-12　放大及三维绘画

图 5-13 美国印第安纳州的谷仓

5.2.4 线条画

为了学习如何观察和记笔记，学会写实性地勾画对象是最有效且最有益的方法。我们的目标不是当艺术家，而是学会怎样绘制写实性的绘画，这是我们所有人的潜能。只要能够理解对于绘画的心理障碍并且在提高观察技巧的过程中学会克服这些障碍，任何人都能够学会绘画。绘画对初学者常常是耗时的，所以应该从有趣的主题开始。要花点时间观察可画的对象。对象应该有一定的复杂性，这样便不会使你在画到一半时感到厌倦。根据你所住地方的现实环境，可找个城市里的古迹、工业联合企业、造船厂或谷仓作为绘画的对象。

在场地周围走走，注意观察各种形体的关系或构图以及你走动时阴影图案的变化，然后挑选

图 5-14　美国南卡罗来纳州的查尔斯顿（Charleston）

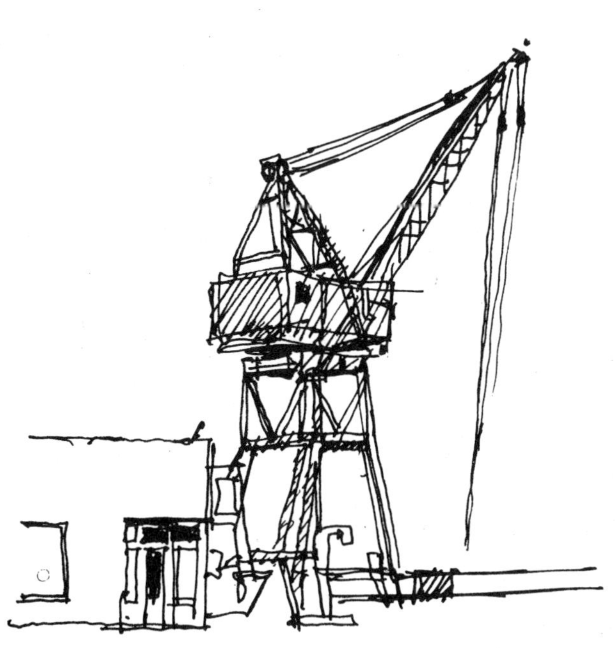

图 5-15　密尔沃基（Milwaukee）的海港起重机

图 5-16 意大利维琴察的长方形教堂和锡格诺里（Signori）广场

图 5-17

图 5-18

图 5-19 加重了部分规则线条的长方形教堂原始速写

一个有趣的画面。审视这个画面一会儿，并看看它是怎样构图的，有没有处于主导地位的水平的或垂直的形体？它们在画面的一边还是在中心？有没有任何其他占主导地位的特征？有没有大面积的亮部或暗部，比如：天空、大海、地面或墙体？它们的形状怎样？在经过仔细观察之后，首先画出大的构图要素的正确位置。这些要素可以被用来确定画面的细部位置。假如在开始时你发现所绘对象太复杂或太大，以致画不下各种联系，你的第一幅画可以只包括这个对象的一小部分。线条画在开始时的定形是所有其他信息的基础，因此，你应耐心地去做，并试着将每一部分的尺寸和位置都定得比较精确。

图 5-20　长方形教堂的最后速写

图 5-21　局部立面

图 5-22

图 5-23 希腊的海德拉（Hgdra）庭院

这种线条画可能是初学者受挫折的原因，因为他们怀疑自己的能力，或者对自己的首次尝试过分挑剔，同时他们大脑起符号作用的语言部分也力争取得支配地位。如果这是一个问题的话，可以做几件特殊的事以帮助解决问题。

·倒置画：找出一张主题有趣的幻灯片或照片，并将它倒置着观看。这将帮助挫败大脑符号化或理性化的企图，并将促使大脑运用它的观察能力。对于这些首次绘画，你应花充足的时间，避免心烦意乱，也不要给自己施加太大压力。要放松并愉快地去观赏。大多数人会因这些“倒置画”的现实特点而产生一种快意的惊奇，并发现通向正常摆正的绘画的步骤更为容易了。

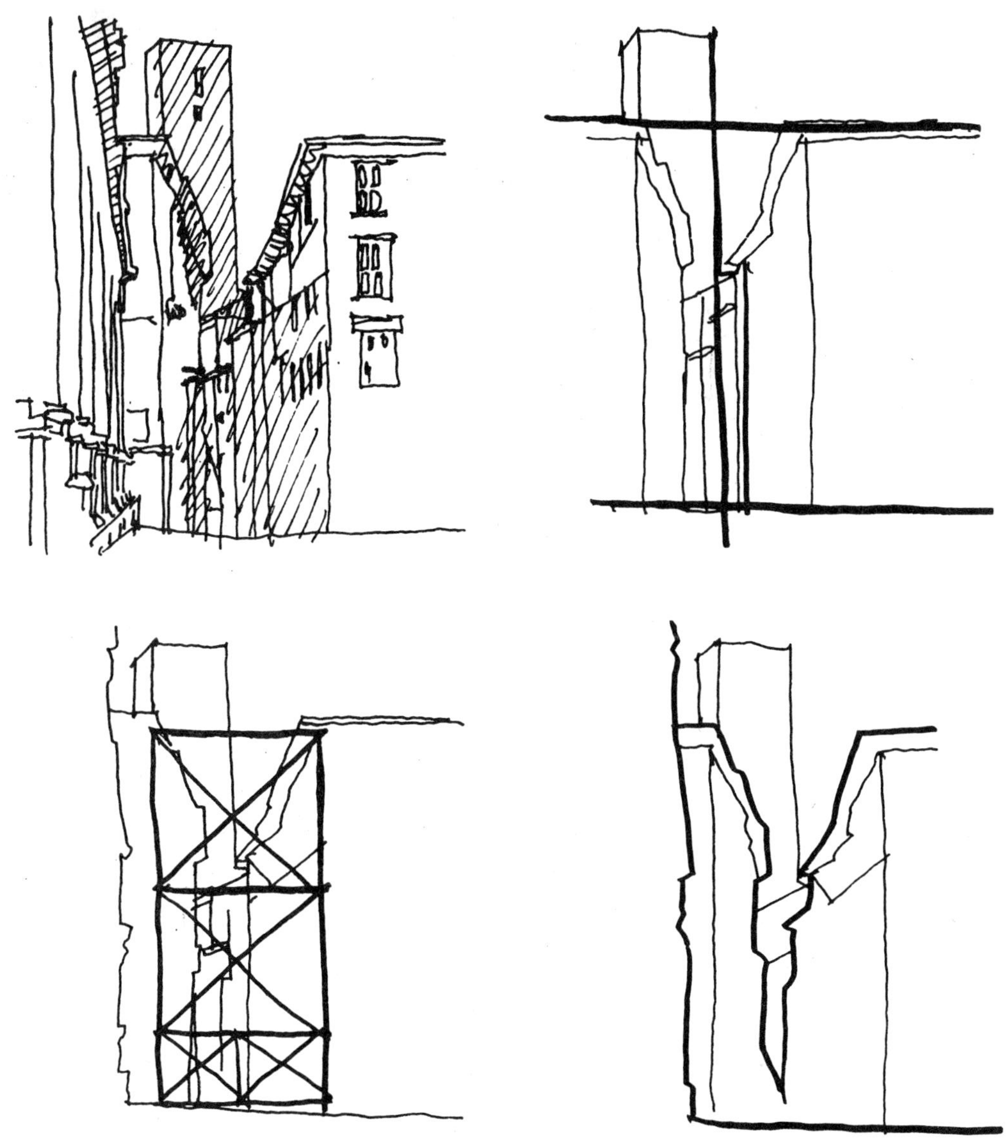

图 5-24 在意大利贝加莫的城市高低处组织的速写

·参照系：另一种有帮助的方法是使用有组织的线条或方格。在画面的中心附近寻求一个垂直的和水平的边或形体，在这些位置上画出穿过画面的一条水平线和一条垂直线。这样做就把整个画面划分象限，使物体不同部分的定位变得更容易。使用类似的方法，找出形成一个想象正方形的局部视域，轻轻地在画面上勾勒出正方形，然后像前面的做法一样，用这些正方形作为参考来确定对象的各个部分。你还可以找出视域中三到四个突出的点，然后根据它们的适当联系细心地绘出这些点，并把它们作为参照点。

·总体形状：提高线条画技巧的另一种有用的方法是，在一开始将视域定为几个大区域。这些区域可以是大的物体、物体群或它们之间的空间。假如它们相对于整幅绘画来讲足够大的话，那么你就只需确定一个或两个此类区域。仔细地描绘出这些区域的轮廓线；假如轮廓线不精确或区域的比例不准，你可在一张新的纸上重新开始。一旦这些形体被适当地绘出来，那么，完成其余部分的线条画将是非常简单的工作。

图 5-25 意大利贝加莫的城市高低处

5.2.5 明暗与色调

在完成了所绘主题的线条画之后，此画可以通过色调所表达的明暗关系来加强画的写实性。明暗指的是人们所看到的物体表面的明和暗。这取决于它们的颜色或落在它们之上的光与阴影。色调在识别物体上常有帮助，同时在表现三维空间上也非常有用。色调可通过许多种方法来表达，但正如本书中大多数的描述一样，我们强调用线的技巧，以使绘画必备工具保持在最少。最简单的创造色调的方法是使用平均分布的平行线。色调的明与暗通过线的间距（线条相距越近则色调越黑）来控制。另外一个需考虑的问题是平行线条的方向。一般而言，垂直线条因可能和初稿中的垂直轮廓线相混淆而避免使用。垂直面使用斜线条，而水平面则使用水平线条。

图 5-26

图 5-27

图 5-28

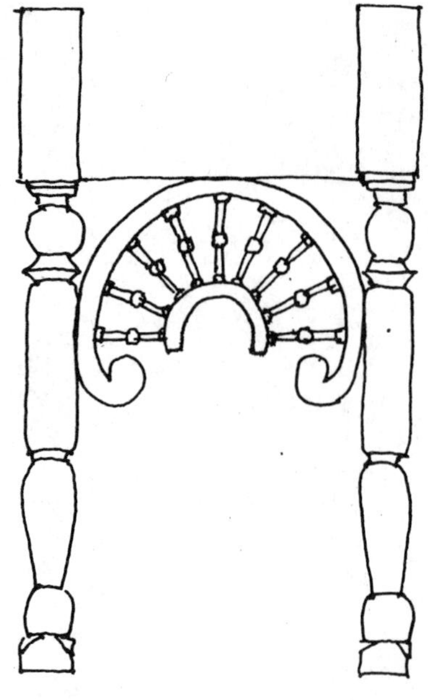

5.2.6 细部与图案

对于写实性的绘画来讲，第三个需要考虑的问题是所绘对象各部分的特殊形状。它们可能是单一的东西如路灯或标志牌上的文字，也可能是屋顶上的瓦、栏杆或篱笆上的立杆或墙中砖的图案等图案中的标准图形。

大多数人在表现屋顶或树的重复形状时，有一种被压迫感。面对这种枯燥无味的工作，我们就试图一带而过，乱画一些象征性的符号。有一种简单的方法可消除这种麻烦：对每种图案先认真记录一两个形状，然后在你空闲下来时再画完图案的其余部分。

图 5-29 意大利贝加莫地区的派拉乌尼（Cappella Colleoni）
——城市高低处

图 5-30 根据凯文·福塞思（Kevin Forseth）的技术绘制的基本人物形象

5.2.7 人物

我们中的许多人都不愿画现实环境中的人物，除非是由于建立尺度或表达一些行为概念的极端需要而不得不做。然而人物对于描述我们的体验及理解我们与环境的关系是一个重要组成部分。因此，用一些小技巧在画中表达相对现实的人物是有益处的。画现实人物的首要条件是尺度。人物必须和他们环境的尺度相合宜，而且人物自身的比例也必须很合适，这样才能使得人物各部分，特别是头部和身体的比例相谐调。第二要考虑简单性。人物距离观察者越远，我们所能见到的就越不细；在许多情况下，我们仅仅能区别形体和总体比例。第三个需考虑的因素是生动性。在任何一个特定的时间里，人们在一个环境中总是处于运动状态。即使他们在休息的时候，也包含了一种活力的平衡。为了理解此点，在现实生活中应多观察和进行人物写生；看看漫画家是怎样取得这种生动活泼感的。最后一点需要考虑的，是在一个环境里面人物的布置，他们是在哪里聚集，他们又是如何穿越环境的。因此，你需要作一些观察，以便真实地描述处在环境中的人们。

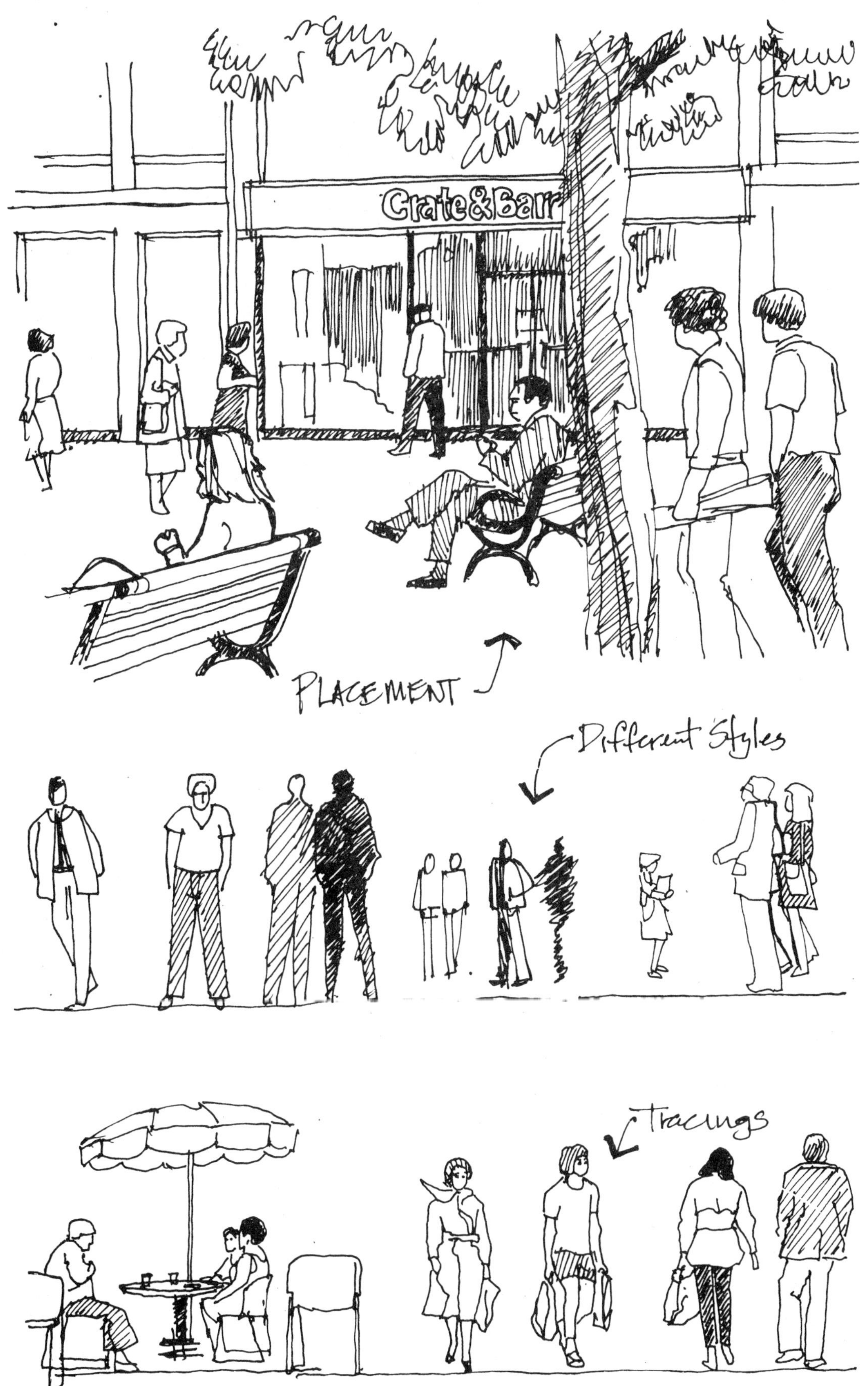

图 5-31　在不同环境中的人物形象

5.3 常规作图

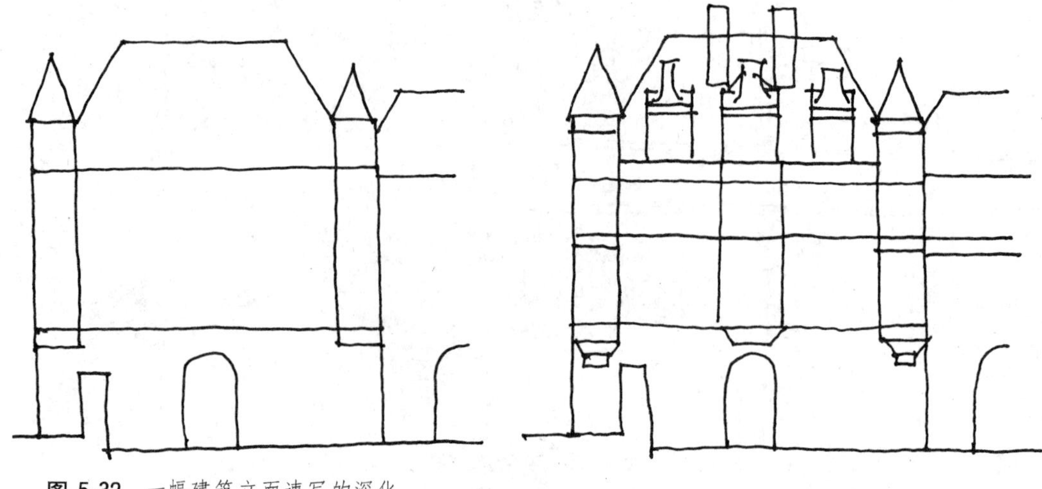

图 5-32 一幅建筑立面速写的深化

5.3.1 立面图

通常作为建筑墙体的正面形象，立面图是迅速记录一幢建筑或一个外部空间的式样和特征的方式。这种常规图表达了建筑物立面的所有要素，好像它们被挤压到一个平面之上。在此几乎没有透视或深度感。制作这样一幅画的第一步是仔细观察建筑立面的高与宽，这样，你就能够精确地表现出建筑的总体尺寸。第二步，寻找立面上形成次要分区的划分线，最终将窗户和其他洞口及特征放入次要分区中。这种从一般到特殊的过程使你能保持绘画的合适比例及精确度。

立面图和剖面图的配合是一种特别有用的传统绘画方式。当你获得一些对于三维空间的限定感后，你就可以理解空间围体的式样和特征。另一种类型的立面图是将一幢建筑的所有立面绘制在同一张图上，呈现为一种综合视图，或者把几道墙体的立面绘在一张图上，依次体验这些立面图，对于理解建筑物各部分的联系是很有帮助的。

图 5-33　法国卢瓦尔峡谷切诺恩凯厄克斯（Chenonceaux）的最后速写

图 5-34　意大利帕维亚地区卡尔特修道院

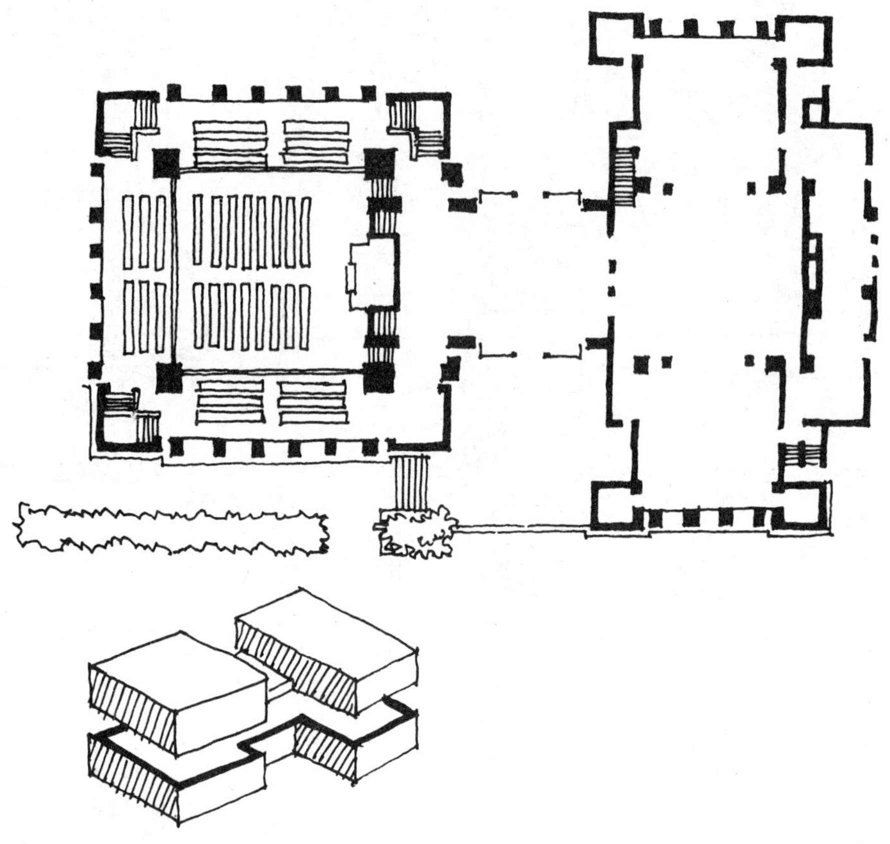

图 5-35　F·L·赖特作的联合教堂（Unity Temple）平面

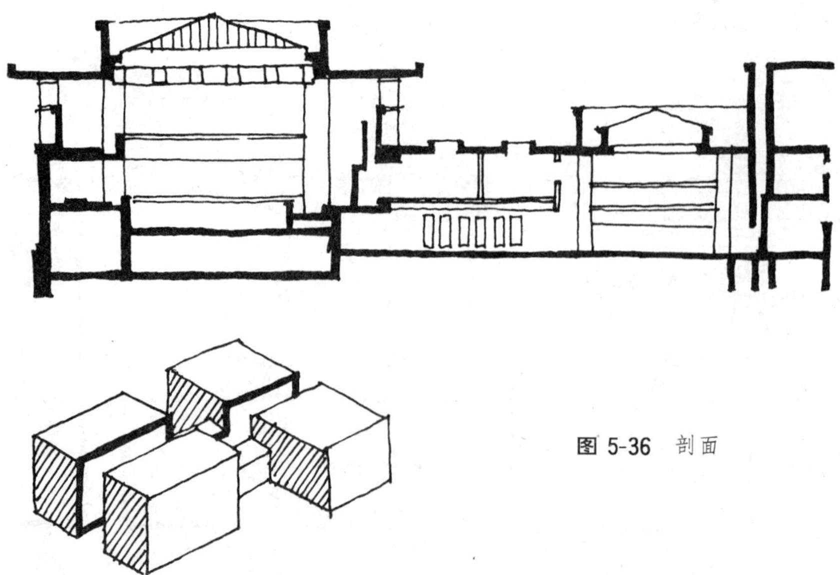

图 5-36　剖面

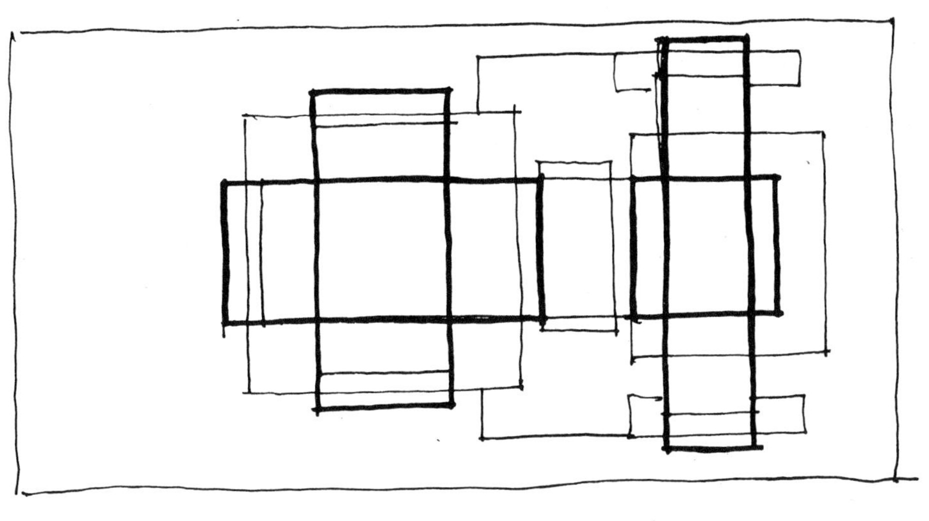

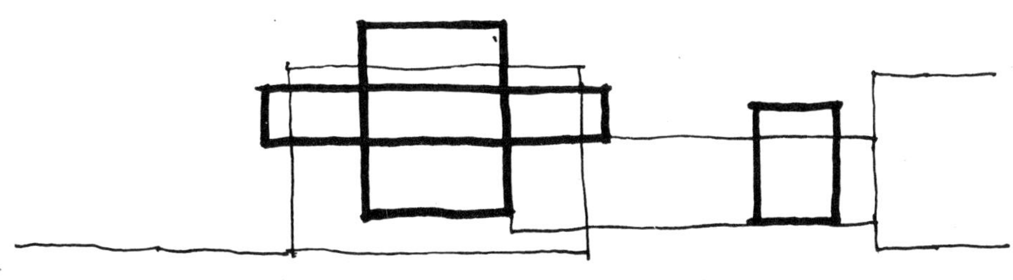

图 5-37 抽象的平面和剖面

5.3.2 平面图与剖面图

传统意义上的“平面”图就是横过建筑物作一个剖切，移去建筑物上部后，揭示其下半部分的俯视图。从严格意义上来说，这是一个平剖面。传统意义上的“剖面”指从建筑物竖向作一个剖切所得到的立面视图，更精确地说应该被称为立剖面。无论对于立剖面或平剖面，重要的是把被剖切到的东西和剖面以外的东西加以区分。通常人们通过对被剖切到的部分加重轮廓线来达到上述目的。平剖面对于人们理解建筑和物体有帮助。但它们的作用超过了它们实际表现的内容。用单线表示墙体或划出总体范围和分区的平面图，可以很快地表现出所给环境或所设计物体的概念性式样。这种图对于描述尺度和各部分之间的联系也有帮助。

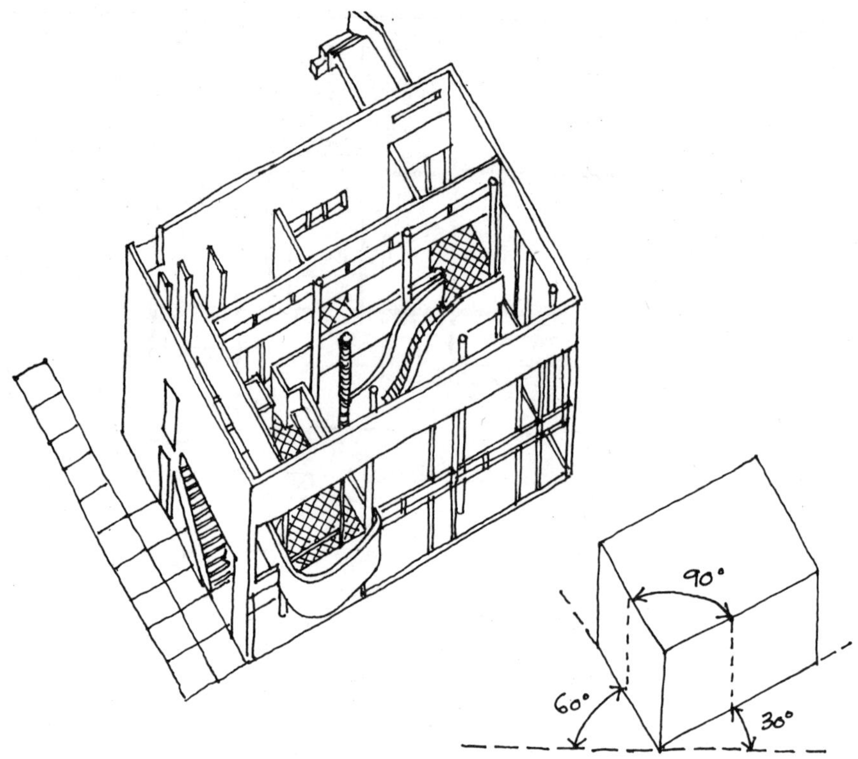

图 5-38 理查德·迈耶作的香伯格（Shamberg）住宅平面轴测

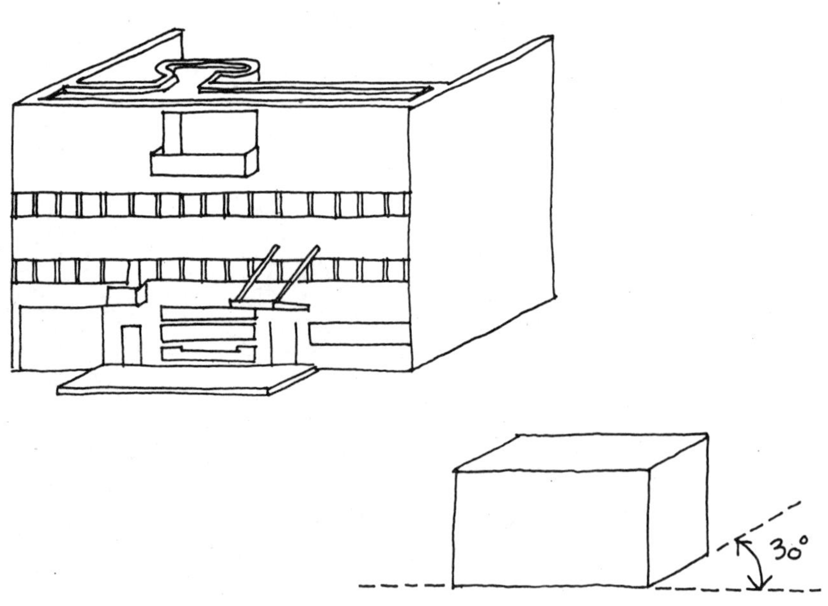

图 5-39 勒·柯布西耶作的斯藤（Stein）别墅立面轴测

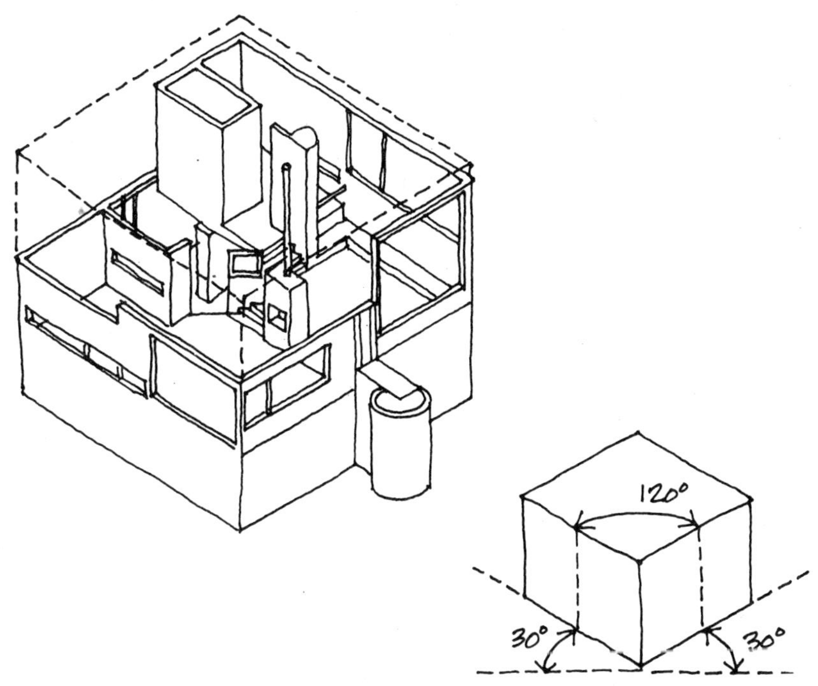

图 5-40　巴巴拉与朱利安·内斯基作的西蒙（Simon）住宅等角轴测

5.3.3　平行线图

这类图可以代替透视图来表现三维的空间或物体。在平行线图中，所有空间中的平行线在画面中也是平行的。平行线图有三种基本类型：平面轴测，即我们通常所指的轴测图；立面轴测；等角轴测。

平面轴测图本质上是一种平面视图，其中墙和其他要素在垂直方向上延伸，以创造三维空间的感觉，并且表达了关于垂直面的信息。这种作图法将平面放置成一个角度，通常相对于水平面成30°或60°角，然后从平面的各个不同点画出垂直线，这样就可以表现墙体了。平面轴测图中所有尺寸均以同样的比例来表达，所以，画平面轴测图比画透视图要容易得多，这点我们稍后还要讨论。

立面轴测图与平面轴测图的构图方式基本上相同，但首先要把墙或垂直面的一个立面画出，然后再绘制水平面及其他一些垂直面，这些垂直面均与立面画成一定角度。习惯于绘制透视图的人们在绘制轴测投影图，特别是在保持有角度的线的平行有一定的困难。一个有效的解决方法是先画出实际的平面或立面图，注意使线条互相垂直，然后勾勒出平行的投影线。方格纸对于这种要求有一定的帮助。只要使用每向上两格过一格的常规画法，就有可能很快画出平行线并使得平面图和立面图的尺度变形达到最小。

等角轴测图以同等的变形度来表达三维空间上所有的面。这种轴测图的基本骨架包括一条垂直线，及与它成60°角的左斜线和60°角的右斜线。在上述三种轴测图中，等角轴测图最接近于透视图表达的真实效果。

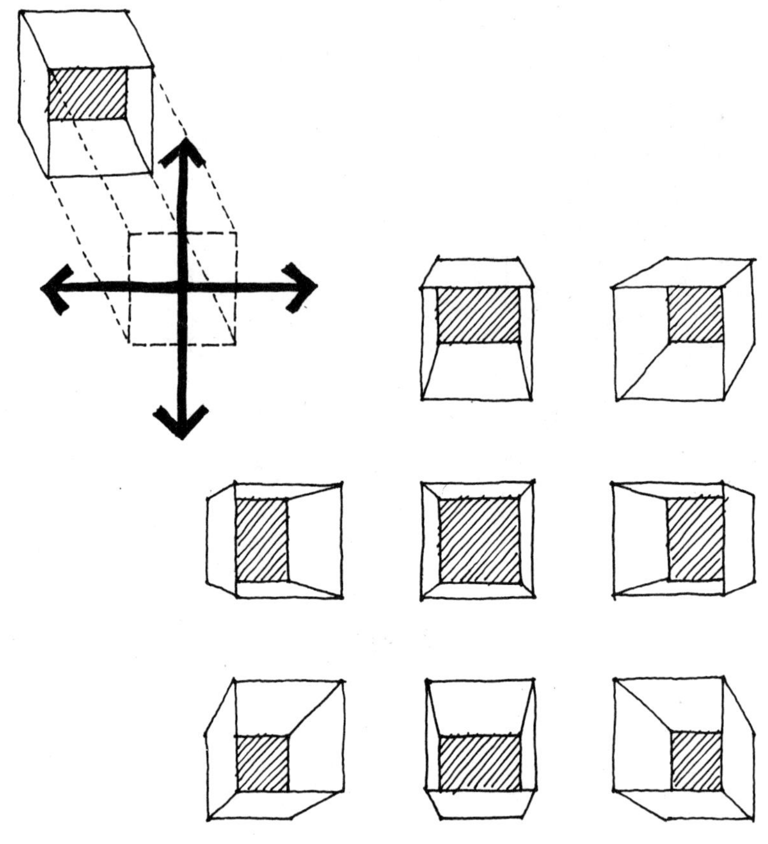

图 5-41 在一点透视中不同视点的效果

5.3.4 透视图

透视图试图模仿的是一种对于三维环境的深度和联系的感觉。一般而言，当你试图从现实生活中勾画三维空间时，你将开始获得这种透视的“感觉”，你通常依赖这种感觉来表现三维透视的空间。为了学习绘画你就必须去画，然而，在你搜集信息及为一个新环境创造设计方案时，你经常被要求绘制出并不存在的或者你看不到的三维空间。为了实现这个目的，有些构成一点透视的简单规则是很方便的。传统的一点透视法，基于这样一些规则，即一个人从空间中的一个点去观察环境或物体时，这些就适用。由于这个原因，理解观察者在透视中的位置对于画面产生的效果是非常重要的。首先，让我们看一下在绘制透视图中，观察者的位置如何成为首要的决定因素。用一个立方体作为我们的研究对象，我们可以看到由于视点的高低或位于同一视平面上视点的左右移动会影响到透视图的绘制。假如我们改变了立方体与我们的尺度关系，立方体就可以变为一个环境；我们能够看到在不同位置观看环境的视觉效果。总的看来，无论是物体的或空间的透视图，都应该基于你正常观看它们的视点。因此，一个烟灰缸应该放在桌子上从上往下看；而一个起居室，应从一个站着的或者坐着的位置去看。

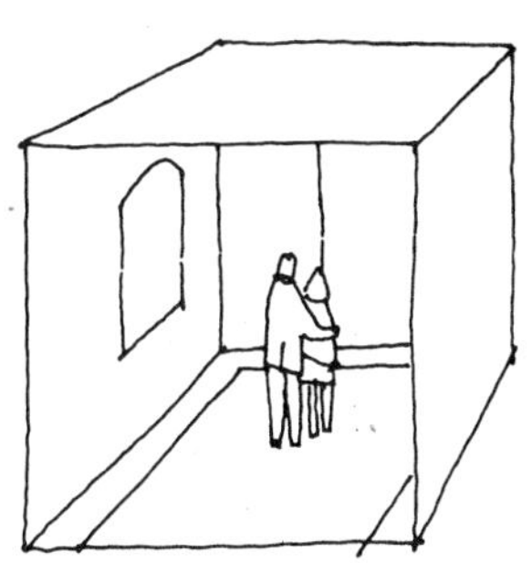

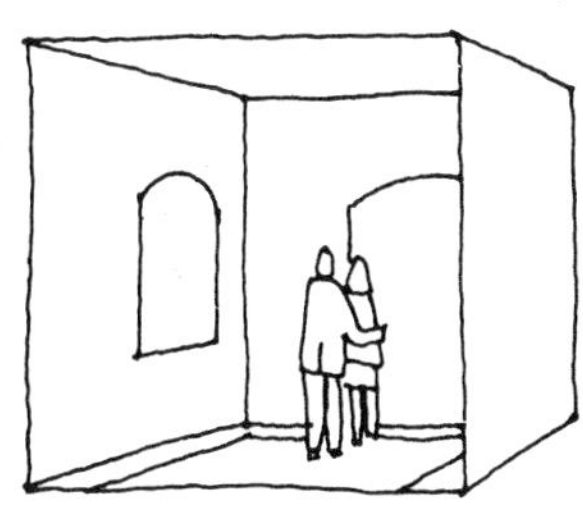

图 5-42

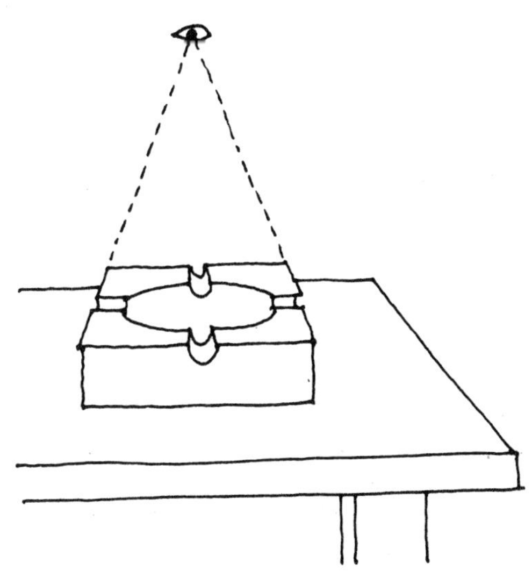

图 5-43 根据观察者的不同位置绘制的简单的一点透视图
a. 垂直位置
b. 从左到右的位置
c. 离物体的距离

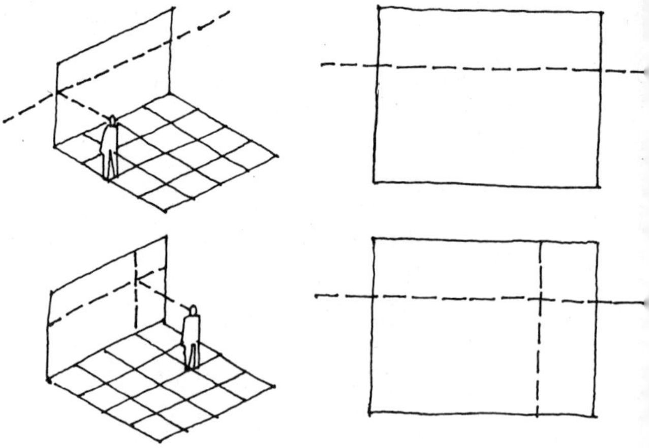

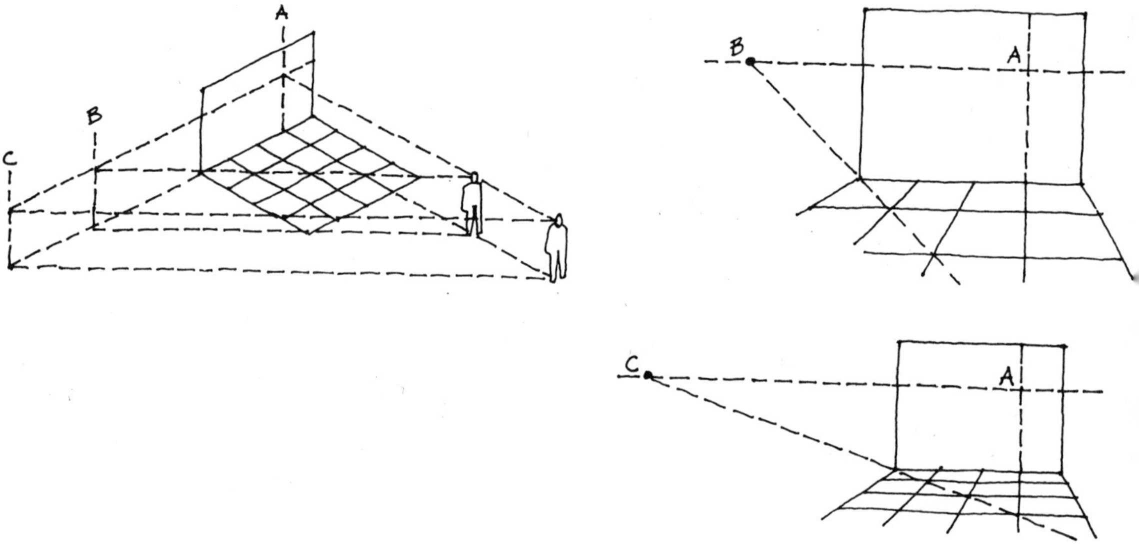

A
B
C
B
A
C
A

在绘制透视图时，首要的一步是通过绘画本身的提示来确定观察者的位置。位置的首要组成要素是垂直联系，也就是观察者的眼睛相对于被观察到的物体或空间的高度，这一点可以通过水平线来表达。第二个要表示的要素，是通过“站点”来表达在视平线上的左右距离。最后，你要表达观察者和被观察物体或空间之间的距离。虽然，这个位置本身不能在图面上表达出来，但是它对透视图有着显著影响。为了说明这个距离，我们在视平线上站点的左边或右边，以同样的视距确定一个点。通过观察者位于一个空间中不同的距离的两种状态，以及观察到从那一点产生的斜线是怎样形成空间底部的不同视觉效果，我们能够理解这一点的作用。

一旦你理解了透视图的原理，你就会考虑到在空间中表现物体的比例、尺度和位置。为了处理这个问题，我们画了一个三维的方格网。对草图来讲，不需要制作一个非常复杂的方格网；事实上，越简单越好。假如我们知道了我们所作的方格网的大小，那么，把不同的要素定位在这个方格网中，就非常简单了。画草图没有必要建立很精确的尺寸。用视平线、灭点和前面解释过的站点来创造这种三维网格是一件相当容易的事情。建立透视网格的基本步骤如右图所示。

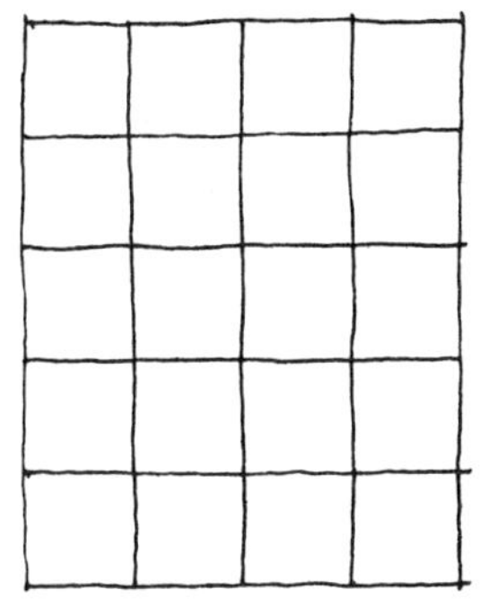

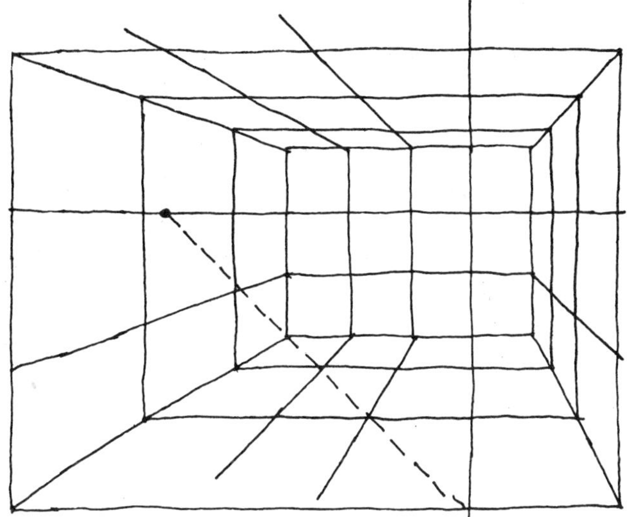

图 5-44 平面图和透视图的基本网格

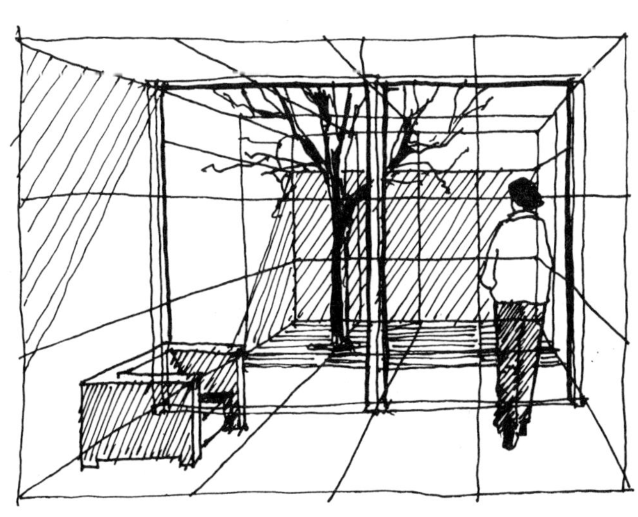

图 5-45 完成的平面图和透视图

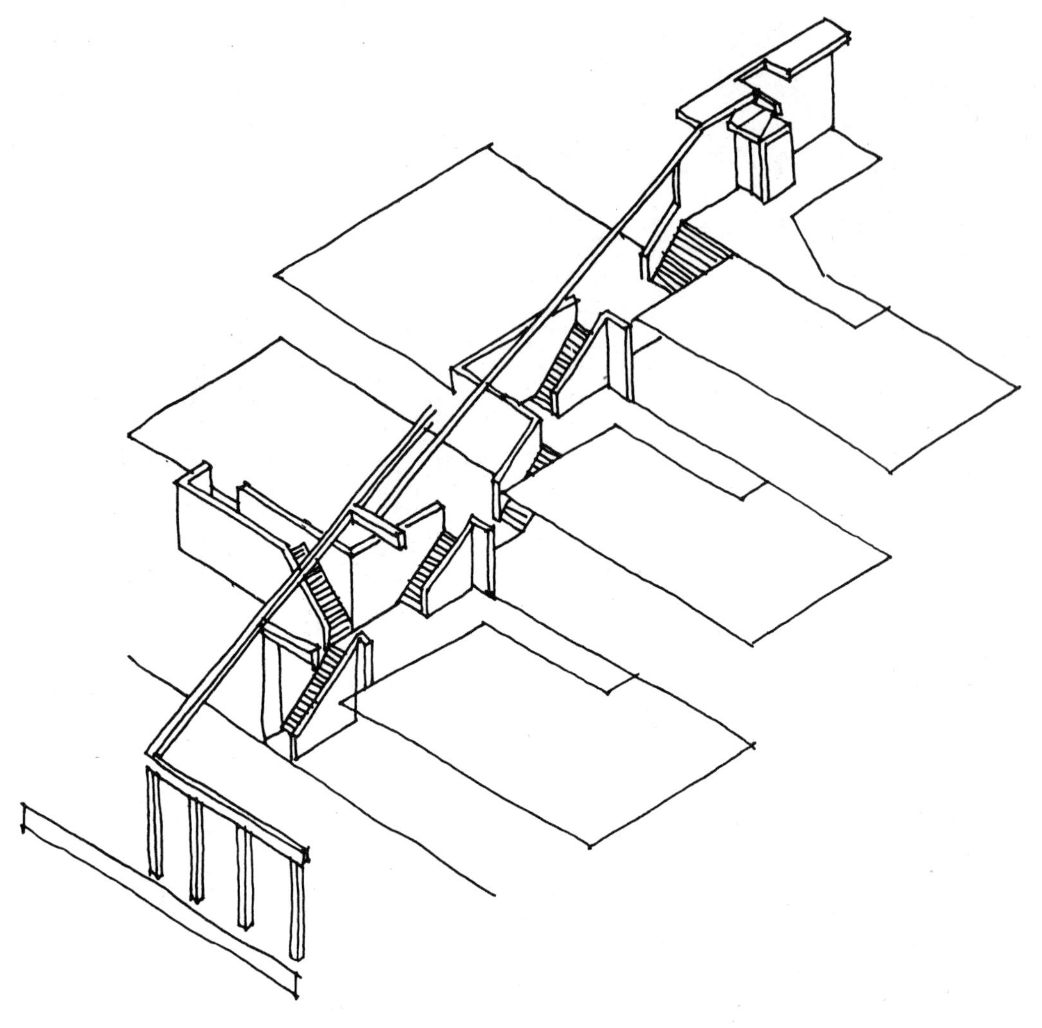

图 5-46 彼得·格利克（Peter Glick）所作的布克斯泰弗住宅

5.3.5 透明图

有时候表达一个物体或建筑的外部和内部的联系是很重要的。有一种方法是，把一部分墙或所有的墙都看作是透明的，这可以通过将墙完全移开或者用虚线显示被移开的墙的外轮廓线来做到。将所剖切到的墙体画黑，以表达墙原本应在的位置，这是有帮助的。透明的效果可以通过利用色调明暗或外轮廓线来对比建筑的室内和室外部分而强化。因为这种图的复杂性，所以最好利用最低限度的图来表达出最易看懂的内容；避免使用通过平面的弯弯曲曲的或不规则的剖切线，以保持这些图的简明。

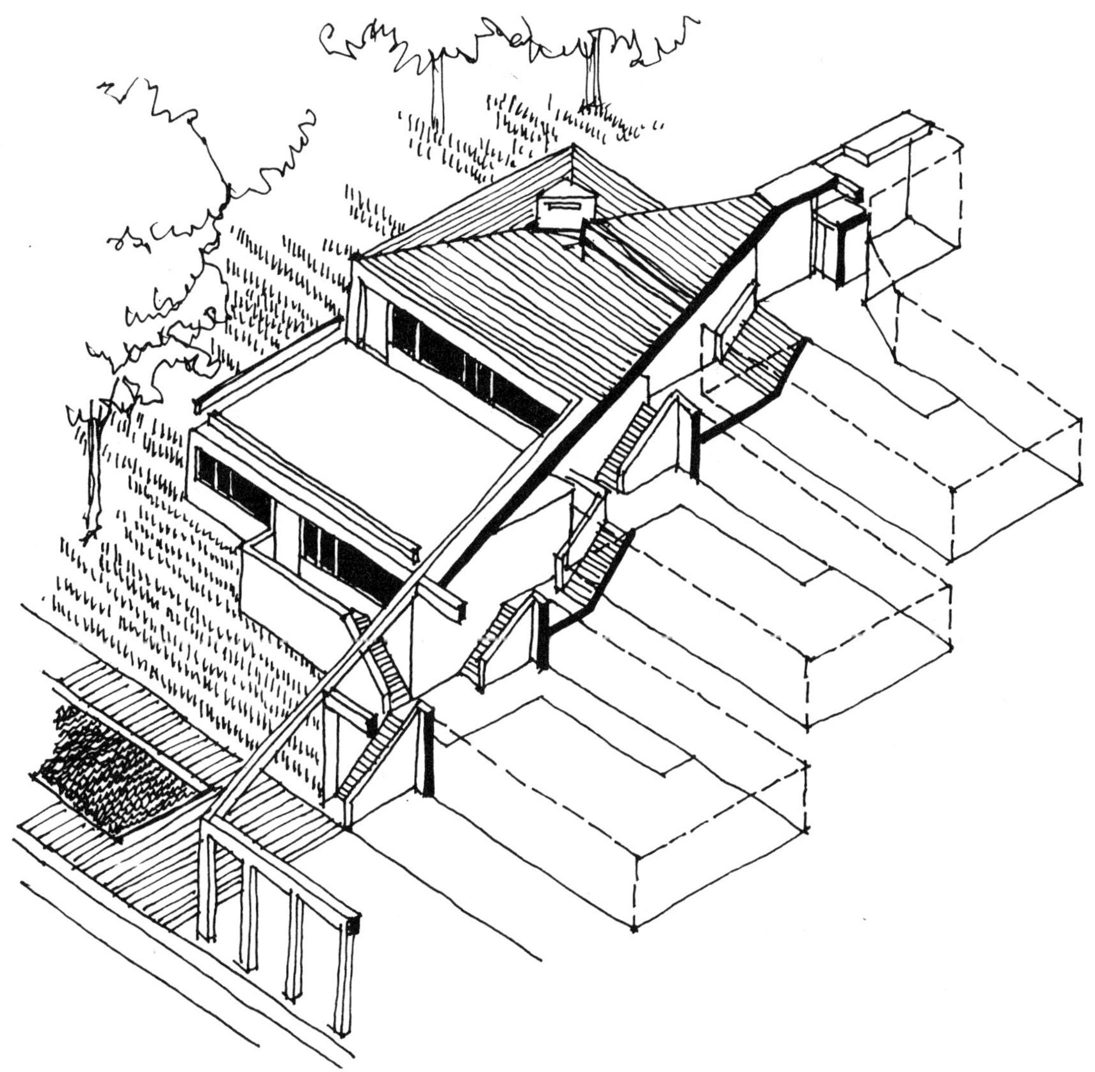

图 5-47

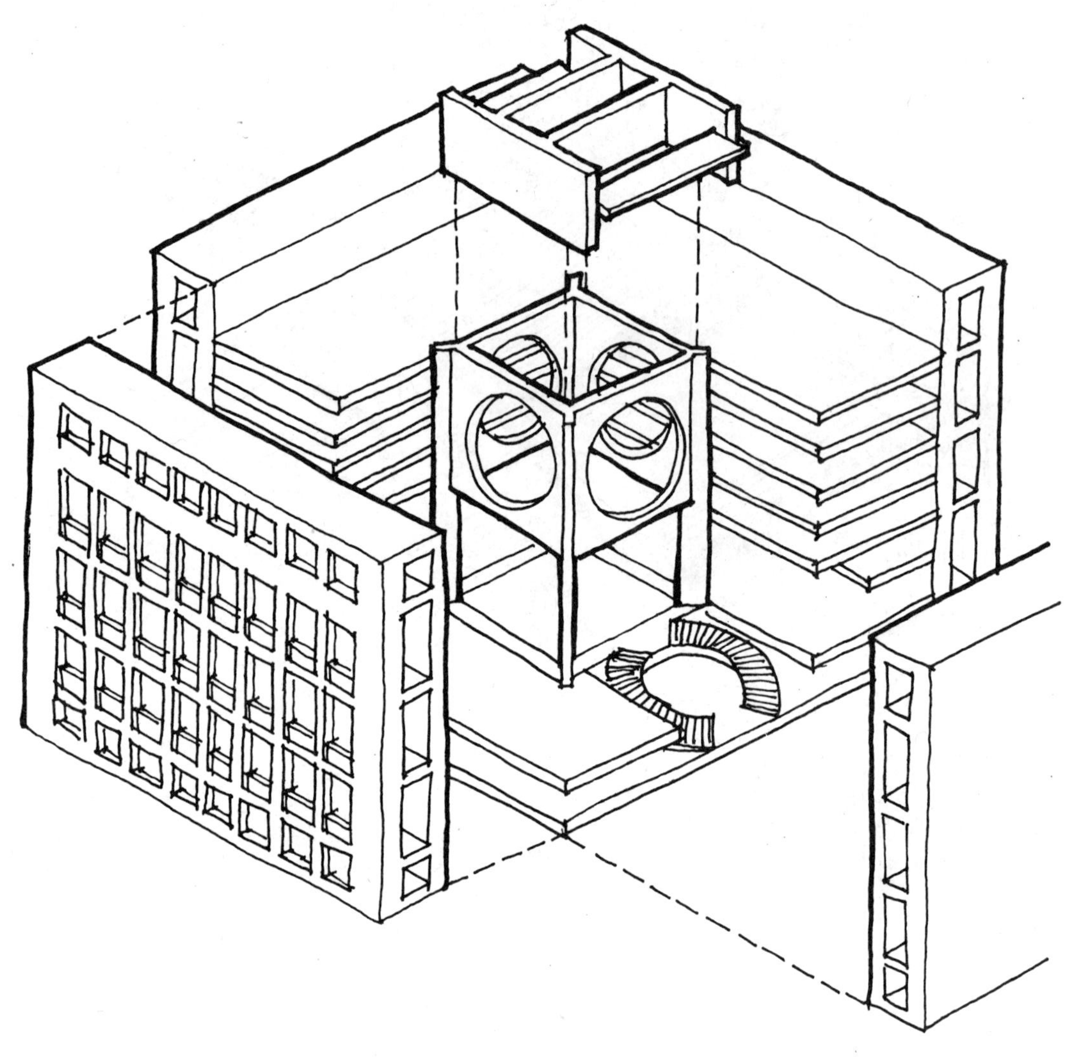

图 5-48 路易斯·康设计的埃克塞特（Exeter）高校图书馆

5.3.6 分解图

这些图表达了一个物体或建筑被分解成的几个部分所处的位置，通过这个位置你也能看出它们怎样能重新组合起来。轴线或虚线的使用表达了各部分重新结合起来时的移动路径。这可以帮助人们更清晰地理解各部分和欣赏整体的组合方式。这种类型的图有时被称为爆炸式分解图，因为它看上去像是被炸开似的。

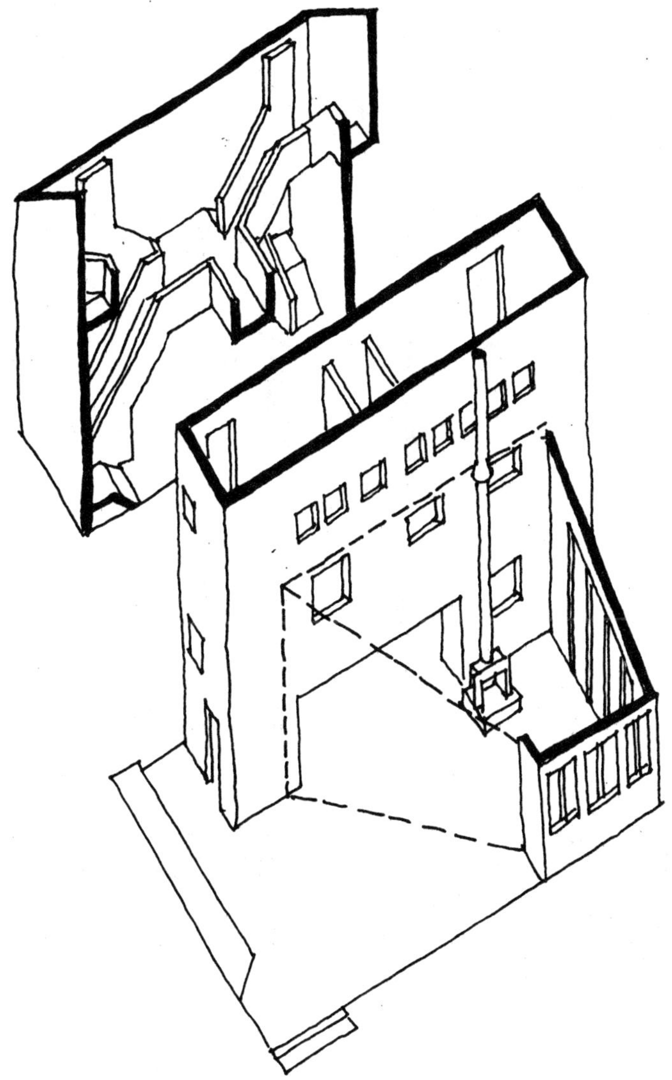

图 5-49 MTLW/特恩布尔事务所设计的塔特姆住宅

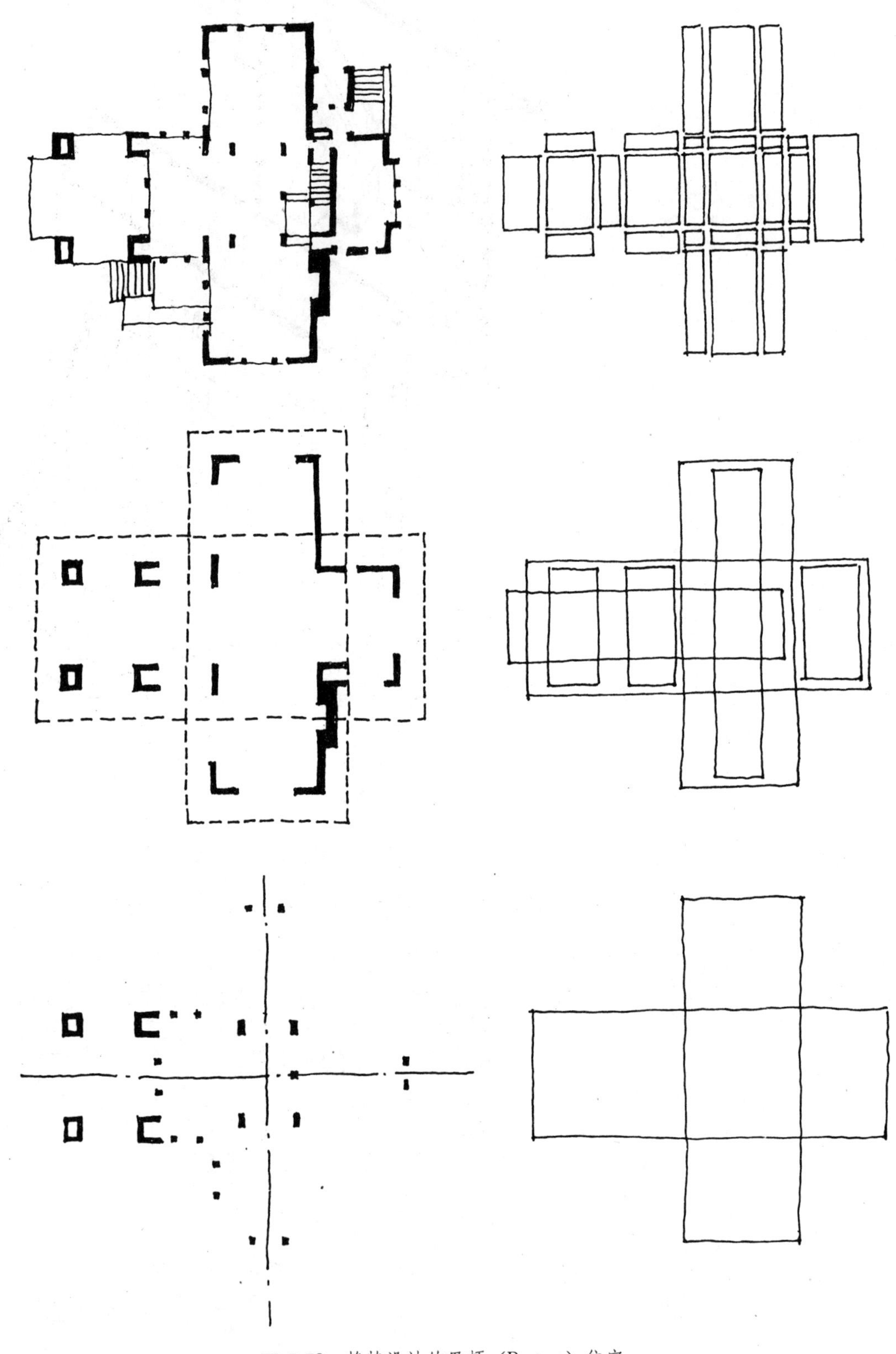

图 5-50　赖特设计的巴顿（Barton）住宅

5.4 分析图

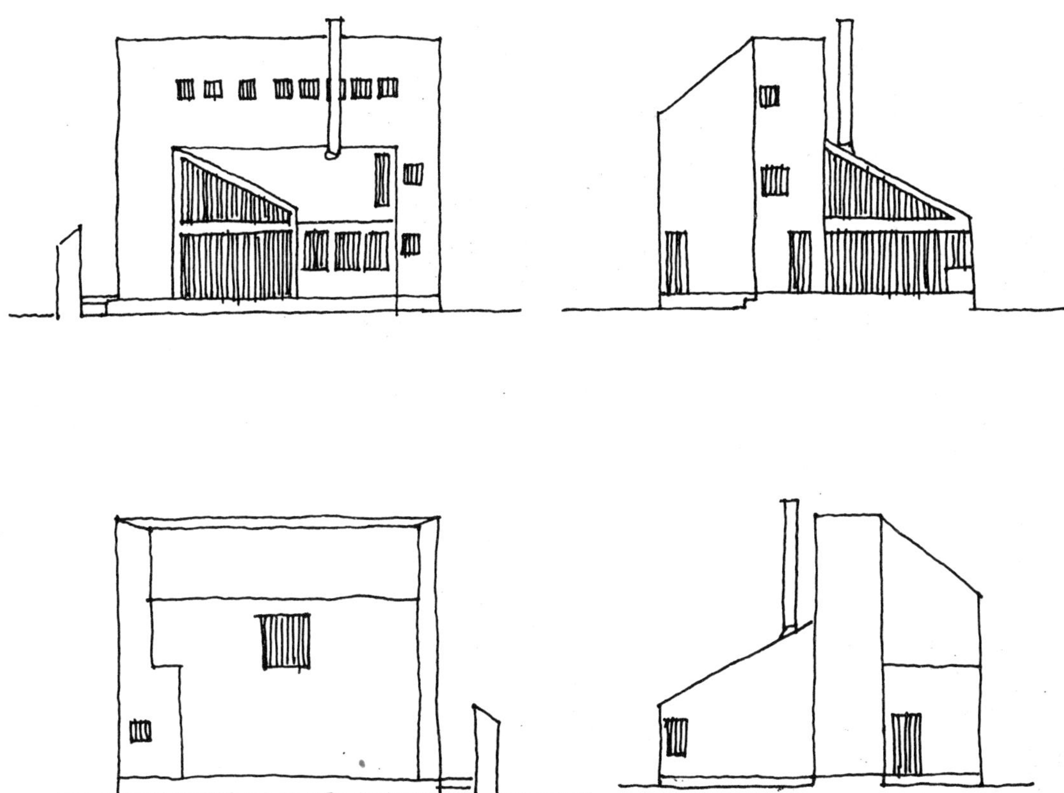

图 5-51 对 MTLW/特恩布尔事务所设计的塔特姆住宅窗户的研究

下面的技巧可以特别用来制作分析图，而不是表现图。绘制这些分析图没有正确的或错误的方式，但是，下面的例子至少能告诉你一种绘图方式。这些图，不同于表现图或实测图，它们有意采用抽象的方式，试图提取思想或经验的精华，并同时强调现实的特殊因素。

5.4.1 几何

作为设计师，我们经常关注于理解所给物体或形式的内在结构。有一种表达这种结构的方法，就是抽象出或识别出一种内在的几何结构，比如具有放射状轴线或直线平面的建筑。表达几何形的分析图，在多种尺度下都有作用，无论是区域或城市的规划，还是建筑的尺度小到一个窗户或地板的图案。在作这种分析图的过程中，设计者应首先在一个平面或立面中找到一个有组织作用的方格或一系列的线条，然后，例如表现这些基本方格中的次级分区。另外，设计者也应找出各不同部分的高度或相对尺度之间的联系。

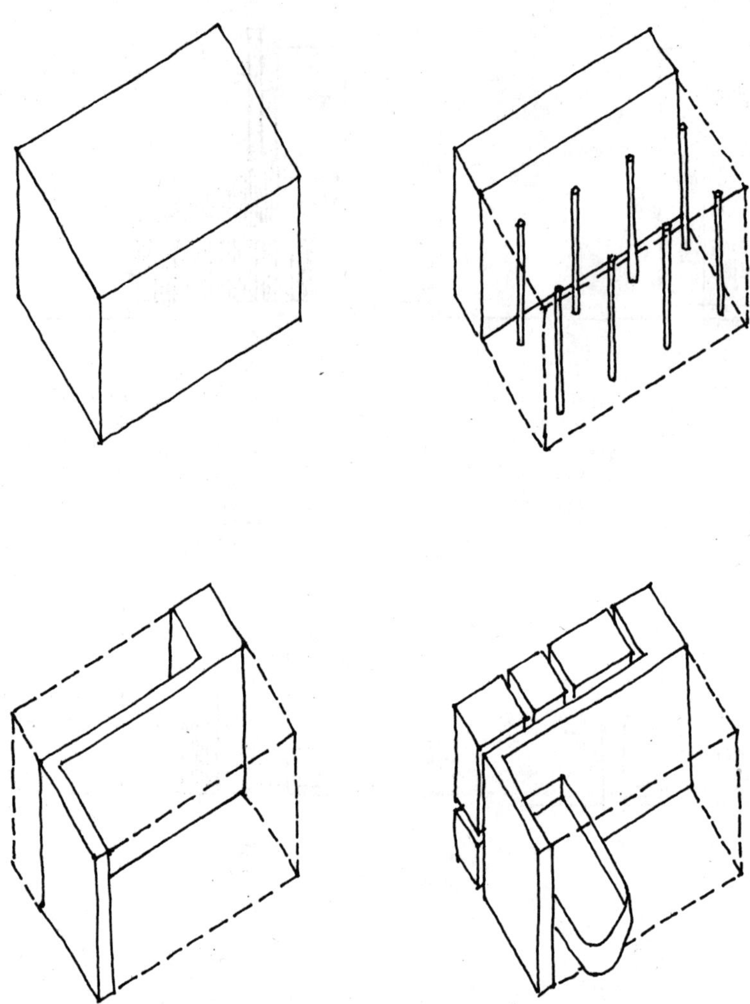

图 5-52 理查德·迈耶作的香伯格住宅

5.4.2 分区

也许在建筑中最基本的区别要素，是各项主要功能在空间内的分布方式。在给一个指定建筑注明分区图形时，我们可以理解各功能之间的基本联系方式以及它们可以从更大的尺度上被组织起来并相互协调的方式。在通常情况下，这种分区图是在平面图中表达出来。当然，也可以用剖面或立面来表达垂直分区。一张由你创造的与功能相联系的空间三维分区图可能是最有用的。

图 5-53 勒·柯布西耶设计的苏丹楼（Maison Shodan）

5.4.3 对比

区分周围环境要素的主要方式是看它们的相对明暗度或色调。这是某些物体区别于其背景的方式，正如一棵树的树枝显现于蓝色的天空中一样。通常一幅有色调层次但不用线条的速写能够极好地传达建筑物的空间特性，将建筑物的这种空间特性从其一般细部及其他特征中提取出来。明暗的对比反过来又能清楚地表现建筑物中元素的图形，例如建筑立面上成排的窗户。用这种方法工作的基本程序，首先是找出最暗的要素，然后是最亮的要素，最后再决定在这两个极端之间区分出几个层次。一般而言，一幅分析图的明暗层次不应多出五个。先画出最亮与最暗的色调，然后再加入其余的层次。

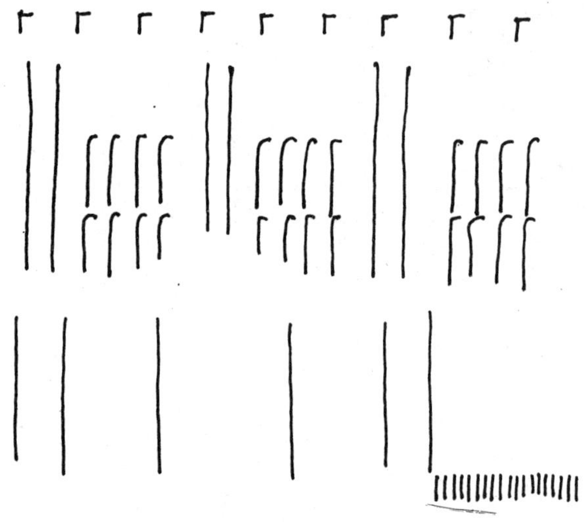

图 5-54 英格兰剑桥（Cambridge）

5.4.4 韵律

另一类型的绘画，可以表现建筑立面上不同部分的联系所形成的特定韵律。在一幢建筑中，你可以发现有更大尺度的重复和冗余，另外，还有更小尺度的部分创造了附加的韵律。假如把表现同一内容的写实性的图与分析性的图放在一块的话，那么，我们就能够看到创造建筑物韵律的这些要素。一般而言，这种类型的抽象画对比很强，以便这样的韵律能更清楚地被看出来。

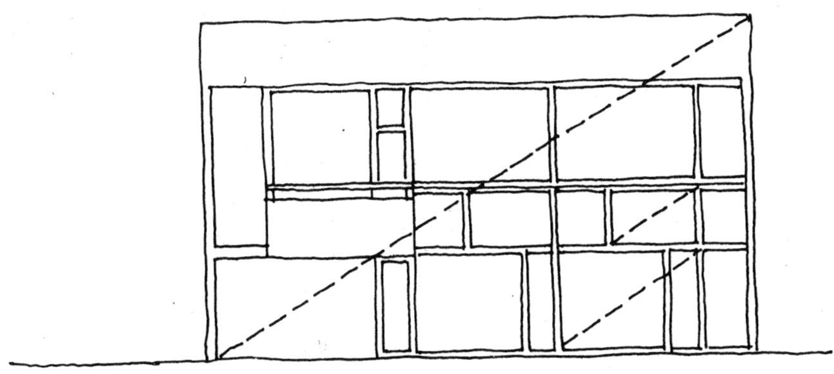

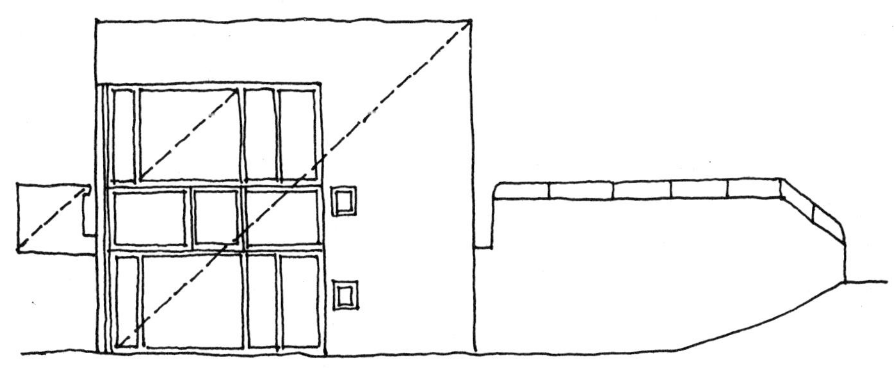

图 5-55 理查德·迈耶作的香伯格住宅

5.4.5 比例

比例的重复通常可以使建筑物的立面产生统一感。例如，在一个殖民时代建筑物的立面上，小尺度的窗户、大尺度的窗户和门都有着同样的比例。这种冗余或相似性可能是由于窗户功能的相似性所致，但也可能是由于设计师的苦心经营，才达到这种比例的统一以及它所提供的安宁气氛。加重窗户的外轮廓线对于识别比例的相似性同样是一种最有效的方式。当然，有些人用对角线来表达比例之间的联系。这样的作品使得比例的联系更加清晰，而且使作画者感受到一种印象，作画者会把这种印象带到其他的观察和设计中去。作这种类型的画，通常迫使一个人去仔细观察建筑物的不同部分，并理解它们的大小、比例和位置。

5.5 符号性绘图

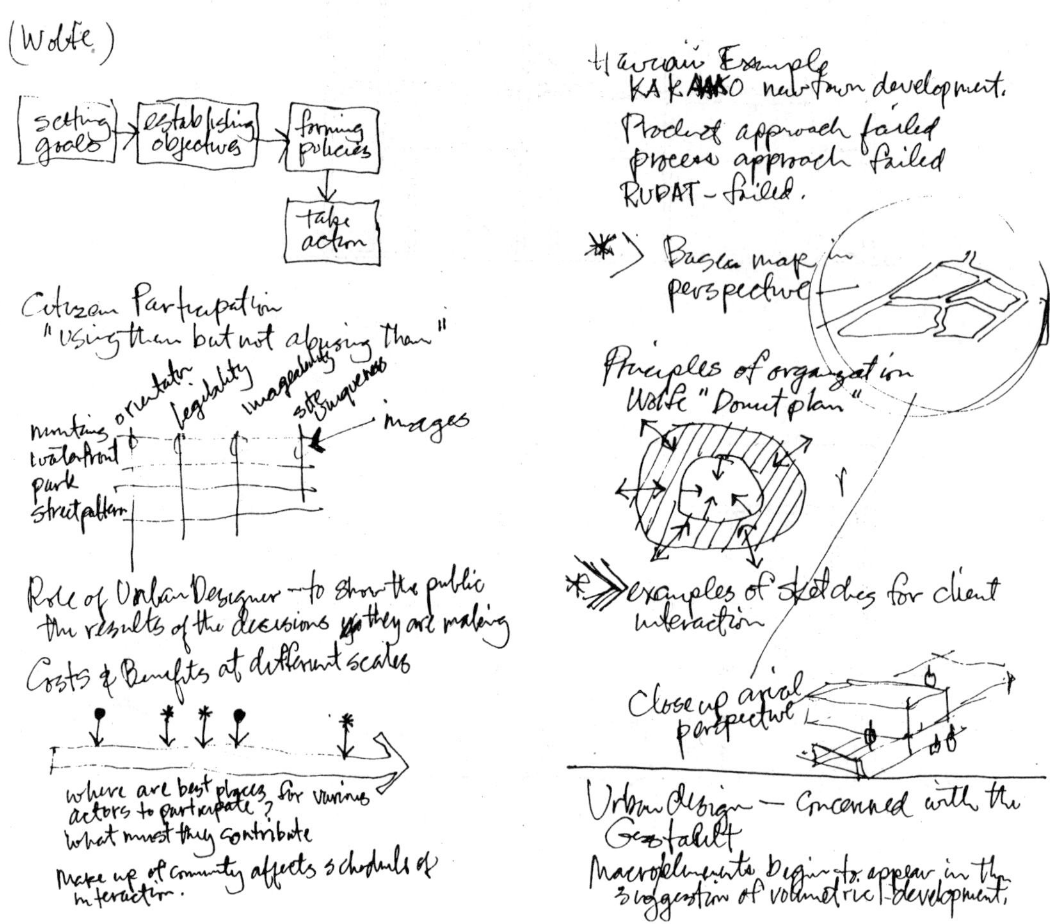

图 5-56 笔记中符号的应用

5.5.1 符号

在传统的写作中，视觉标志或记号被用来辅助阅读。例如，对于由句子所建立的段落的划分，即表示作者正从一个观点转向另外一个观点。空行进一步强调了从一段到另一段的转化。其余的一些记号也被用作进一步的强调；你可以在字下面划线强调，或用一种较黑的字体，或者在正文的外部重复这些字。在视觉笔记中，你同样可以用一条线来分开两种观点的方式来达到这种效果。如果两种观点虽然分离，但有很强的关系，则用长划线或虚线可能就足以表达这种微妙的关系。有多种可能性可以用来表达强调：圈出最重要的要素，画箭头指向重要的观点，或使用星号以引起注意(星号即星的代用符号)。使用多箭头及其他一些标志可以表达一系列的重要性。通常，符号是一种个人选择，一种个性化的代码。在本书中，你将发现许多种符号或标记可以用作识别或强调。在这几页中，我们又提供了一些可能对你有用的例子。

图 5-57

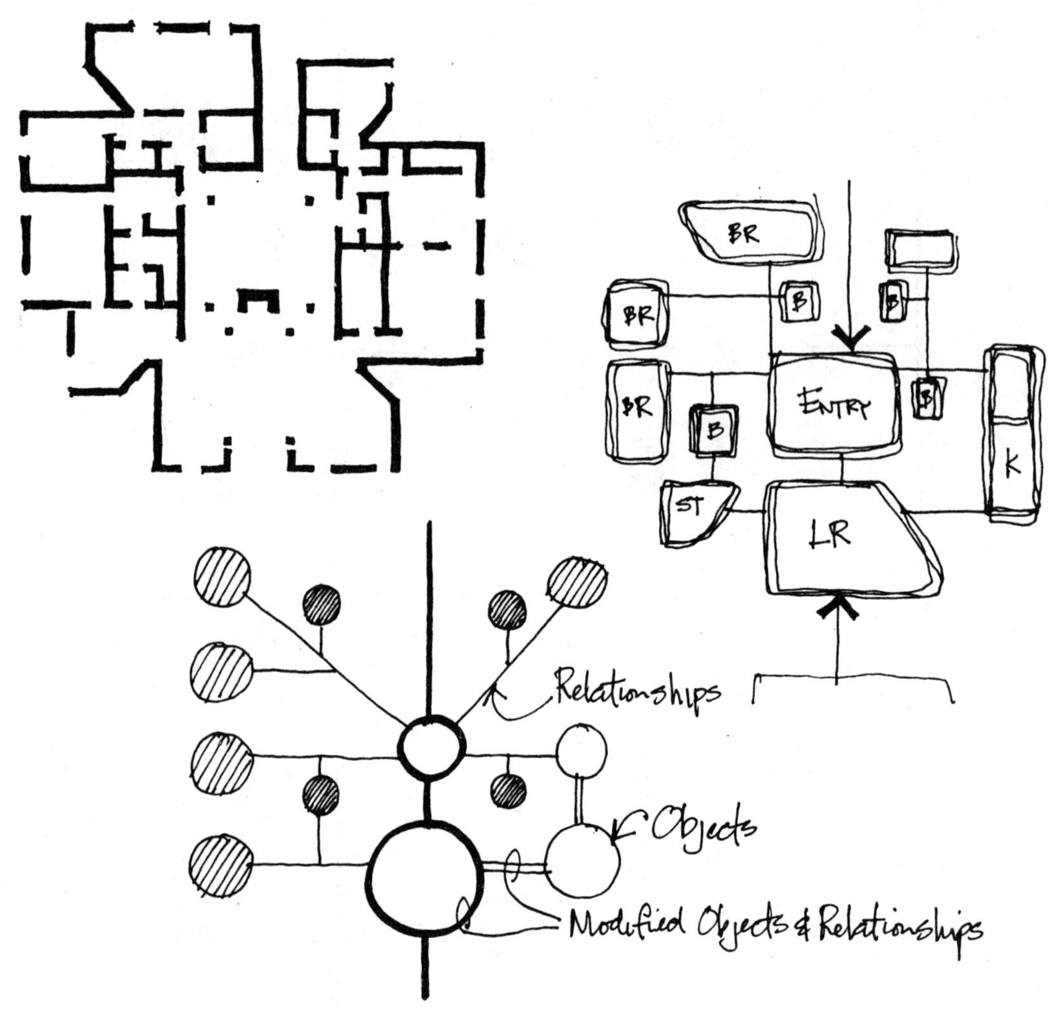

图 5-58 抽象的程度，路易斯·康设计的戈登堡（Goldenberg）住宅

5.5.2 关系图

关系图是一种简单、迅速地表达一个物质环境、物质设计或某种操作程序的内在结构与联系的方法。关系图帮助人们从复杂的整体中感觉到某种意义并建立自己的思想。最基本的一类关系图是气泡图，这种命名是因为它主要是由气泡状物体用直线连接而成的图。气泡代表着所想要表达的主题或同一体；而连线则代表各主题间的联系和相互作用；气泡或连线都可以根据它们的画法进行修饰。为了有效地使用气泡图，我们需要采用一些规则，即一种类似于文字语法的视觉语法。视觉语法提供组织关系或结构。

组织关系可以通过下列各点来表示：相似性，它根据各元素密切和不密切的关系表现出来；直接连接，它用一组线条表达各部分间不同类型的联系；几何形状，即把气泡布置在一条线上或是其他形状，如四边形、三角形或圆形；同一性，即相关的部分有共同的形状、大小、颜色或色调，或用同一种符号代表。上述每一种排序方法都有助于创建主题（气泡）的分级并象征性地表达其他的关系。气泡或连线均可以用许多技巧来加以修饰；把圆圈和连线加重或画双线可以表示重要程度的分级，而长划线或虚线则传达了更微弱的联系或是较不重要的元素。在这几页中我们展示了不同类型的识别元素、关系及修饰的方式，使你对其功能范围有所了解。

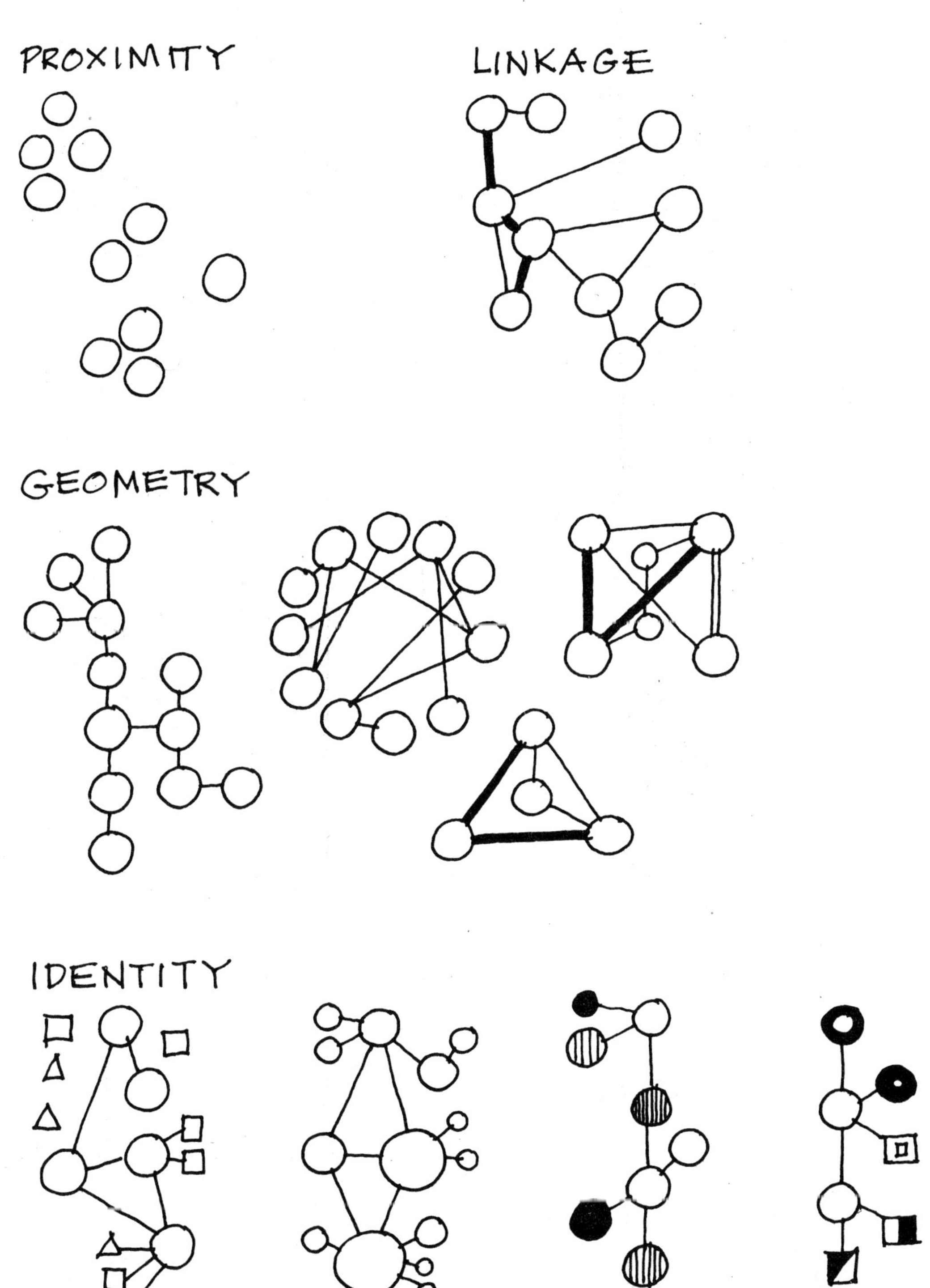

图 5-59 用作关系图的组织系统

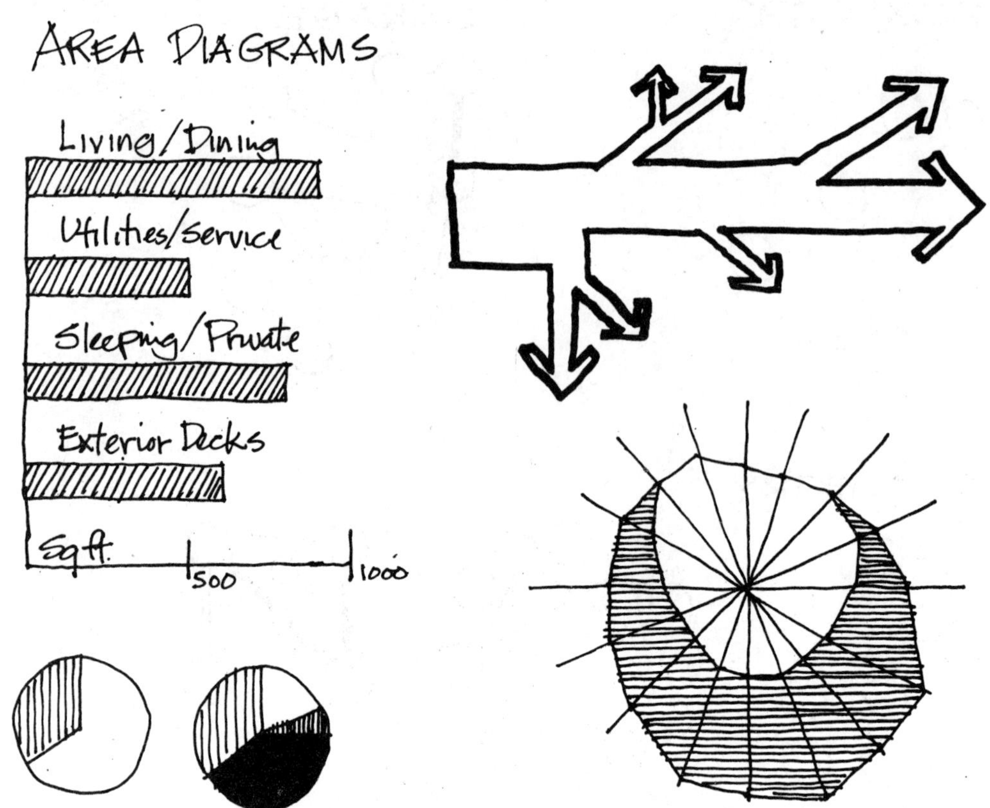

图 5-60 面积图

5.5.3 面积图、方格图与网络图

除了气泡式图表之外，我们还可以使用其他三种主要类型的图，即面积图、方格图及网络图。面积图由要识别的区域的大小和的形状来表示。举个最基本的例子，一个酒吧的面积图表达了酒吧各部分间的尺寸联系。一张日照路径图则通过阴影部分的形状表达太阳的每日运行轨道。另一方面，方格图则是一个坐标系，用来确定相似性之间的联系。方格就像一个储蓄箱，你将思想放入其中的目的是为了以后能更好地取出它们，并描绘你想要表达的东西。网络图是一种通常从左到右用以表达序列的联线模型。

在我们为写这本书而进行的研究过程中，我们发现没有两本笔记本是相同的。每个人都采用一种最舒适的速写风格或常规图。本章中提供的例子仅仅是一个开始。当你越来越习惯于记录视觉笔记时，你将偏离这些例子从而创立你自己的符号标记方法。我们所采访的人们喜欢记笔记，他们用它来满足表达或娱乐的个人需要。我们鼓励你从本章中采取一种最适合你需要的视觉笔记记录法。

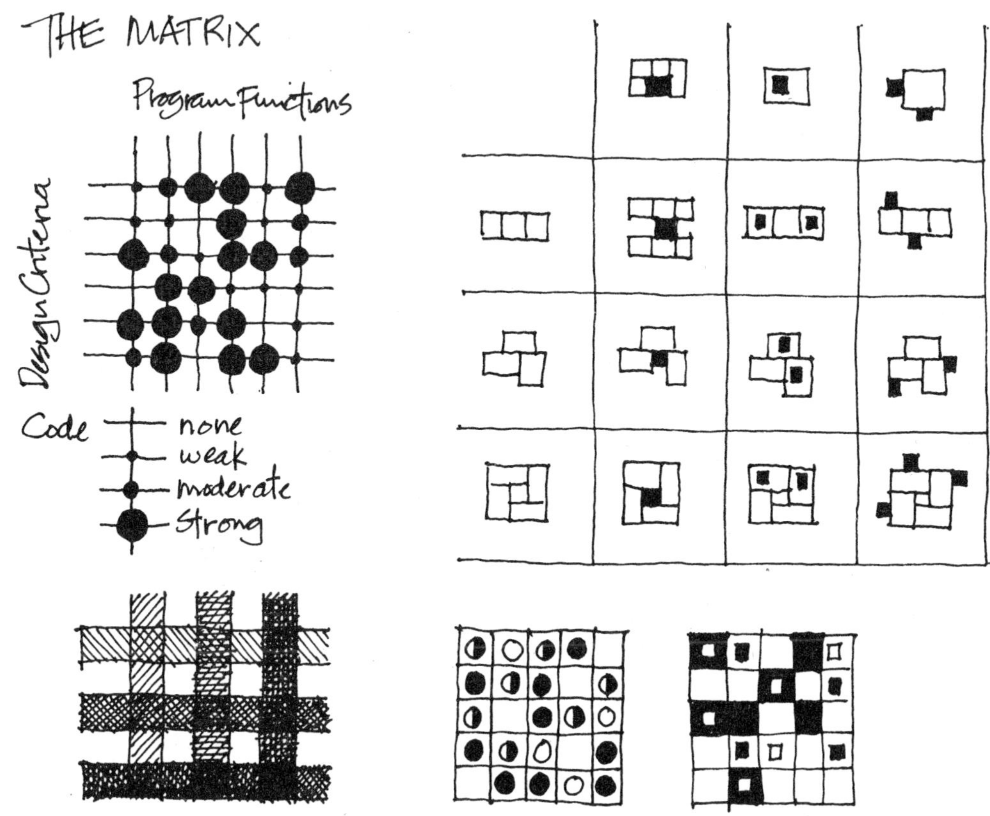

图 5-61 方格图

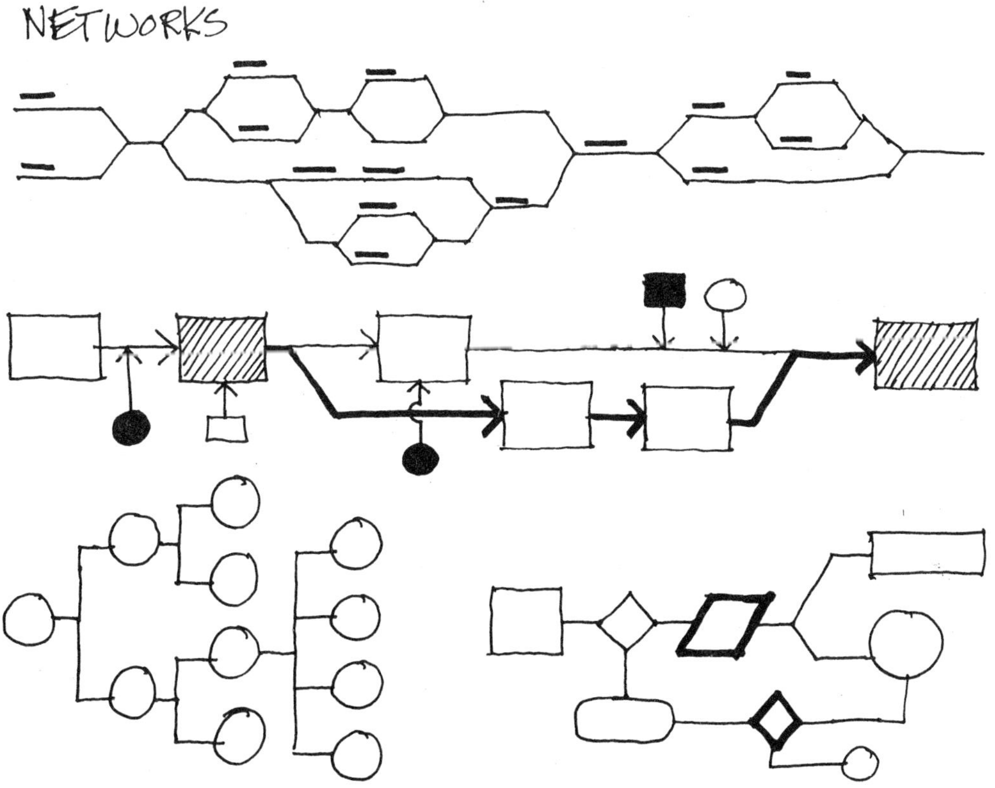

图 5-62 网络图

6 结 语

图 6-1

在本书中，我们首先介绍了视觉笔记的概念及其对视觉语言的作用，然后，我们介绍了做视觉笔记的基本程序：记录、分析和设计。从一本典型的视觉日记上摘录的例子论述了记笔记以及将它们应用于设计中的各种机会。其后又展示了设计界内外许多人的笔记，它揭示了记笔记的广泛潜能。最后一章介绍了开始记笔记时所需的器具和记笔记的方法。

在结束本书之前，我们先停下来谈谈食物（每本书都应有些谈论食物的内容）。美食家被人们描述为对食物和饮料有很高的鉴别品味能力。许多人把食物看作不仅仅是一个生活的必需品，而且能使每天或一天中的某一部分成为提高他们生活质量的特别的时刻，这就大大增加了他们生活的乐趣。他们提高了对吃的期待，因而相应地提高了体验的质量。此时，他们不但寻求烹调食物方法的多样性，而且还寻求食物摆放的方式以及就餐的环境。

有创造力的人经常以类似的方式对待他们的工作。他们把工作的环境、式样及内容当作快乐的事。他们对自己的工作质量以及这种质量对生活的贡献都有较高的期望。对于我们在准备此书时所采访到的人而言，速写是工作和生活质量不可缺少的一部分，它是幸福的源泉。经过多年的追求，这些作者养成了一种对于他们的绘画以及他们具有独特风格和品味的思维方式的美学敏感性。我们认为，视觉笔记在这个追求过程起到了重要的作用。

7 跋

[**注**：至少，我们给读者留下了这样一个观念，即视觉笔记自身可被用作捕捉视觉信息的一种媒介。我们采纳了这篇由建筑师托马斯·毕比（Thomas Beeby）写的论文。这中间包含了一种完整的文字与视觉世界的辩证关系。两者相互依存。这是描述“历史”（在这儿主要是想象的）片断的言语与想象力之间的辩证关系，这种想象力产生了对于那些想象的过去事件的明确证据。

我们把托马斯·毕比先生的论文作为后记，虽然它并不是像一般后记那样对前述部分作一个总结。然而，它确实为我们的讨论提供了颇有诗情的结语，我们希望它能够为既抒情又具现实意义的视觉笔记法提供一个令人欢欣鼓舞的前景。]

当我应邀为本书写篇文章时，我的思绪立即回到我为芝加哥理查德艺术画廊举办的“七个芝加哥建筑师”展览所作的绘画。这些绘画的构思及实施过程完全改变了我对于建筑的看法，并使我看到了象征的想象世界，这一切从那时起直到今天还一直影响着我的建筑作品。这些绘画作品的构思过程，包括通过对我自己创造过程的叙述来探索它们的环境。视觉形象从这种叙述中产生，并在这些视觉形象尚未从记忆中消失之前迅速由视觉笔记“抓住”。像这样记录下来后，这种视觉图像可以表现叙述的内容，并从叙述内容反馈回来而形成思想与图像的辩证关系。

在翻阅芝加哥展览的目录时，我再次阅读了伴随着我的绘画的陈述：

“这所房子建在一个被抛弃了的中西部农场的废墟之上。通过运用从帕拉第奥、杰斐逊（Jefferson）以及阿德勒（Adler）那里继承来的关于罗马的意象，我将几乎可称作经典的部分重新组合成一个文明的圣殿。这种传统的形式涉及到田园牧歌式生活的主题，并引向更深的地方，引向地球男神和女神、水、空气和火。古典建筑语言提供了充满象征意义的形象。它是一条通向人类下意识幻想世界的图形和文字之路，而这是很难通过抽象的方法感触到的。中部的半圆顶的亭从谷仓的废墟中升起。它是地球上的一种生物：垂直、集中而紧密。一根中央钢柱通过轴线穿越房屋；半圆屋顶被切开，以便天地之间的联系得以畅通。钢制的凉廊、坡道以及步行道延伸出来，以便连接外屋。入口立面被封闭，并因一条长长的纪念性道路而显得可怕，这条道路经过一所重建校舍，通过一个墓门，经过一个果园并环绕一座方尖碑，最终到达入口斜坡道。作为对比，其后部立面开向花园，这是房子的核心部分。在晚上，中心的灯光就像卫士的眼睛一样，引导游客走向车道，并使整幢房屋和花园沐浴在柔和的反射光之下。接待室在温室的同一个水平面上，温室两面是俯瞰花园的两个鸟笼。一道陡峭的旋转楼梯环绕着中央柱由温室上升到梦幻平台。宽阔对称的楼梯通过人工开挖的、

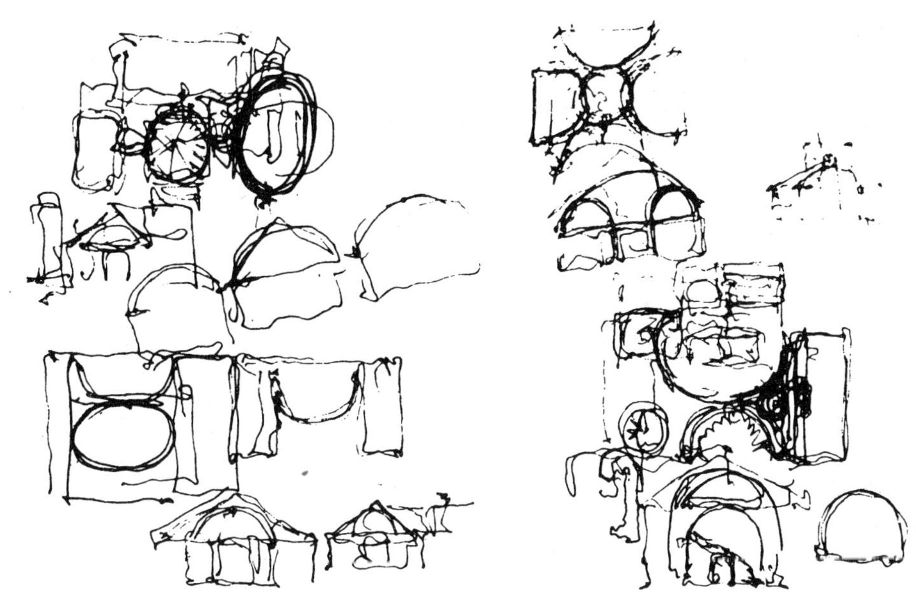

图 E-1 托马斯·毕比为维吉尔（Virgil）之屋所作的视觉笔记

黑暗的洞室下降到花园。水环绕在就餐区的周围，并从温室上部的墙上滴下。花园通过以前的畜舍的石墙而得以界定。水从洞室流过整个花园，漫过石踏步，流向“天堂之镜”大水池。地窖的废墟之上是火房。烟雾从顶部的开口升起，使人感到房屋的活力。已转换过功能，并正对着花园的马厩，其每一个分隔栏都是一间朴素的睡房。泉水房被改成一个带有能提供冷水、热水及温水的三个浴池且带玻璃屋顶的浴室。旧的农场住房被用作看管人的房间，虽然这是一间工作用房，但是它建造得很有迷惑力。

这个写于展览时的陈述，仅仅部分地解释了这些绘画的真实含义，因为我最切身的感受已经脱离了本文，不能对客体性质作批判性的分析。为了试图重建创造的精确过程，我更久远地追溯自己过去的思想，并以此来解释这种事情。

作为一个建筑师，我被训练以记住现代建筑的伟大作品，但不能抄袭它们。在概况课上，历史风格以一种持续的流动形象被表达出来，而这在某种程度上支持了唯有现代主义美学才适合我们这个时代的观点。然而，这些恐怕仅仅是现实前奏的幽灵，但它们却萦绕着我的学术生涯以及早期的职业生活，一个可能成为现实的建筑再次进入我的梦想。建于1976年的“维吉尔（Virgil）之屋”，就是我试图直接从过去来探讨意象的首次尝试。

我从可能来自于个人的、有意义的回忆中，来探索最有召唤力的想象。我在我的图书室里搜寻灵感。我重新找到了一些老朋友，比如，迈克·伊莱德的《神圣与亵读》、加斯顿·巴切尔德的《空间的诗》、威廉姆·莱瑟比的《建筑、神秘主义与神话》。在伊利诺伊工学院的图书馆里，我找到了精采的关于神话的研究，这是W. Y. 伊万斯-温茨所著的《天国的神话信仰》，我还再次啃读了《金色树枝》一书。

多年来，我对艺术的浓厚兴趣使我找了许多这方面的书，当我读了之后，便突然有了一种新的感觉。19世纪美国启蒙运动时期的绘画以及早期的德国浪漫主义画家如弗雷德里奇（Friedrich）及伦基（Runge）的作品，这些都是过去我所熟悉的东西。杜拉克（Dulac）、罗宾逊（Robinson），甚至马克思弗尔德·巴雷西（Maxfield Parrish），它们通过用插图说明的方式表达了儿童故事清晰的形象。具有个人远见的、独自探索的艺术家，包括乔治·德拉图尔（George de la Tour）、劳拉因（Lorrain）及弗莱克斯曼（Flaxman），如同诺德（Nolde）一样，总是深深地感染着我。我意识到所有的形象都被隐藏在我思想的某一深处，在那里，它们已被选择并沉积了十年或更长的时间。

帕拉第奥作为一个建筑图解的主要提供者而隐约地出现。我通过对密斯·凡·德·罗工作的熟悉，发现辛克尔（Schinkel）是以他的想象力和创造力作为帕拉第奥的竞争者而出现的。他的前辈大卫（David）和弗雷德里奇·吉利（Friedrich Gilly）提出了一个赤裸裸的、简化的力量词汇。建筑师和画家们之间的联系仍让人感到迷惑。

我还发现，我孩提时代的回忆提供了一连串连续的视觉记忆，这些，我都秘而不宣地把它视作宝贵的财富，特别是带有一组组使人感到脆弱的白色框架建筑物的美国中西部景观，它以永不停息的、变化的乡土建筑主题出现在田野之中。在我孩提时候的夏季，我探索了一个家庭农场的草地、森林及溪流。所有这些回忆都深深地印在了我的思想之中，但由于我受职业训练的结果，这已经是不可理解的了。

关于"维吉尔之屋"的绘画进展缓慢。我和我的妻子将我们所有的空余时间都花在了乡间，为的是修复我们刚刚获得的19世纪的校舍。建筑自身对于我们而言，已变成了一个过去的权力的象征。在劳作的间歇，我喜欢仰躺着观察天空多变的云彩，并梦想着美好的世界。慢慢地，一个记忆中诞生的神话开始在我的大脑中形成了，它统一了所有流经它的思维形象。当夏季炎热的阳光照在我的脸上时，我闭上了眼睛，草地上风的声音逐渐消失了，一个故事也逐渐地表露出来了。下面就是那个故事。

在大湖区和大河之间有一片美丽的土地。它被称作不飘动的地区，它像草的海洋中的一个小岛，从大草原中升起。由于某种无法解释的历史奇迹，即冰川分开向南运动时，创造了一个这样的自然天堂，就像文学中的伊甸园一样。据说自然之祖（花了许多时间四处旅行）将它的存在归结为一个偶然的事件：原本侵入的冰川将把整个地球都夷为平地，然而，这一地区却从死神的厄运中得到了饶恕。

带有蜿蜒的峡谷、岩洞及可怕岩石的神秘岛屿在自然力的控制下沉睡了漫长的岁月。在夏季，阳光从起伏的草地中升起，并照耀着花的向阳面。每天早上，一朵新的玫瑰花迎着太阳开放，前一天开的玫瑰花的花瓣掉落在大地上。燕子掠过大草原搜寻昆虫，在傍晚时分它们往下飞翔，并掠过寂静水池的表面，在它们的翅膀轻触镜子般的水面时，便激起了点点涟漪。每年无数的候鸟从头顶上飞过，它们追随着太阳，并沿着它们自己永恒的路径飞越，人们时常可以听到它们的声音。

树木以树林的形式存在着，它们为了保持一个立足点，就同有敌意的、入侵的草地作坚决的斗争。每年大草原都被焚烧。白天，天空被烟熏黑，而到了夜幕降临之时，天空又被辉煌的桔黄色火光照得通亮。当前进的火苗毁灭了它前进道路上的一切东西时，太阳也被遮蔽了数个星期。夏季，从山间云雾中释放出的闪电火花，击中了干草，并引发了这个火的炼狱。随之而来的大雨，也不总能扑灭暴风雨的火烧残局。一道环状的彩虹，从池塘平静的水面上拱起，一直伸向雾状的上天，这一自然的迹象标志着暴风雨的最终逝去。

猎人们占据着土地，他们也是伟大的建设者。他们以自己祖先的形式建造了巨大的土丘。他们的祖先被认为是同他们共同分享土地的走兽和飞鸟。猎人们知道自己也是自然的一部分。当他们神秘地消失后，他们居住过的唯一证据就是那些纪念物。从天空往下观望，像雕像般的燕子仍带着过去的精神翱翔在大地之上。

新的猎人部落于是重新作为自然的一部分而居住在这片土地之上。他们没有建立什么永久性的人造物来庆祝他们的存在，因为他们总是被来自东方的不友好的兄弟们推向西部，朝夕阳西下的方向漂泊。新的力量在这片土地上耕耘，新的不同的种族又越过大海侵入到这里，这些人破坏了大自然对土地的无可争议的控制，并带来了他们自己的上帝。

这些入侵者的首次出现，标志着人们对宇宙秩序的感觉的一个变化，因为这些人带来了不同于以前猎人们的梦想。他们中的先驱者是来这儿抢劫土地的恩惠——即卖到他们先前居住过的堕落的土地上的毛皮和用来制造能带来死亡的发射物的金属。随之而来的是那些搜寻自然财宝的农民。由于敬畏大草原的宏大气魄，他们聚集在森林

图 E-2 场地上现存的校舍，它是早期定居者的“一个立体空间”

中，白天冒险出来去改变草原千年来无限制的增长，并将沃土开发出来。大地形成之初所创造的有机财富在十年内被他们的贪婪所毁灭。第一批定居者放弃了故土的穴居，紧跟着贸易商和淘金者向更西部搜寻新的土地。风暴开始携带着灰尘掠过大草原，最终使得天空变得黑暗，溪流也变成了棕色。

接踵而来的人们停留下来了，他们是来这儿开垦土地的，他们也把土地视为自己的家园。一旦回忆起远在大湖区之外自己国家的一些地方，就会产生对家的向往。荒野是狂乱的，必须把它赶出领土的边界。秩序被强加于自然，田野中的岩石被清除，并被用来形成围墙，这样，在一片荒乱之中就建立起了自己文明的领地。当凛冽的寒风吹过大草原漫长的冬季时，果菜园中种植了作物，为他们的给养提供了保证。水是从流入池塘的喷泉中汲取的。起初，他们的房屋是木制的简单立方体。他们完全不知道建筑，但在使用服务性建筑以提供动物的遮蔽场所这一点上，他们的概念是相同的。节俭是一种美德，因为生活中唯一的奖赏是死后的报答，而物质上的欲望满足则是不允许的。土地被欣赏，但不被珍爱。坐在家庭的餐桌旁阅读着

圣经，当升起的太阳光穿过玫瑰色的天空照射在犹太人身上的时候，夜空中大草原上的火光标志着最后审判日的到来。猎人们的土丘被犁过，这标志着曾占有这片土地的异类精神被驱逐出去。尽管如此，燕子依旧翱翔在草原的上空，当它掠过池塘的时候，身体被浸染成微黑色，其翅膀仍轻触着平静的水面。

数代人过去了，农民们富裕起来了。城镇出现了，先驱者生活的艰辛逐渐消失了。农民们的上帝被看作是更慈祥的，更少要求人们供奉。大草原之火不再燃烧。唯一的烟雾来自于房屋的烟囱，它标志着灶台的温暖。富裕允许人们以新舍来代替多年前建设的破屋。来自于新城镇的木匠们带着房屋建造的计划，在整个大湖区建造房屋。为了满足他们对于文明的需要，富裕的农夫选择了一种能显示文化可信度的房屋，这种文化可信度超出了他们自己的和社会的实际知识。在有高建筑艺术正面背后的房屋同它们所取代的老式房屋没有什么不同。窗户、门以及屋檐，雕有象征起源的粗糙雕刻，这些雕刻通常是笨拙的而又具有特殊的癖好。平面图显示了一种从过去延续过来的、在建筑的更高序列上所发现的对称，而楼梯及壁炉架的室内细部则充分显示了农夫们的抱负。这些房屋表达了从东方入侵来的人们持续的努力，他们想在过去记忆的范围内对土地进行重建，以便将它的巨大力量置于控制之中。他们所使用的建筑符号有着悠久的历史，这些建筑符号除了在大湖区东部的土地上存在之外，还可以追溯到古老的世界中去，在那里，这些同样的符号在黑暗的中世纪的原始风尚中被保存了下来。它们源于伟大的古迹，在古迹中，它们经历了数个世纪的发展，并在艺术、哲学和文学领域里取得了相似的成就。在文明的初期，符号因其外观而具有的力量是得到证明的，它们在农夫的手中被作为武器，用来对抗强大的自然力量。

第一批公共建筑进一步说明了象征性元素的力量，它体现出所有人的抱负。现在实际的建筑布置方法已被代表古典的对称法所代替。建筑元素的细部是对过去的完全象征化的模仿；规则代替了随意组织。农夫们用这些公共建筑在土地上建立了一个据点，并将它转化为一个对他们自己的文化有帮助的世界。大草原变成了肥沃的牧草地，花园中种满了来自东半球的花卉；自然景观被人工景观所代替。在荒凉的山顶上竖着篱笆，死者从入口处被放入最后的安息地；他们的坟墓上每年都放着百合。然而，野玫瑰依旧生长在坟墓的边缘。每天清晨一朵新的玫瑰花迎着太阳开放，昨日的花瓣落在了土地上。一个在遥远的另一个时

日被杀害而死的上帝，其血液将玫瑰的颜色染红了。

农夫们的雄心再次将他们自己拉上征途而进入城市，在那里他们变成了商人，他们生活得更加安逸了，居住社区也更加安定了，同时，他们也将永远免于劳作之苦。自然的力量和神奇已不再长久地吸引住他们。候鸟依旧是一边追逐着太阳一边迁徙，但人们已不再去倾听它们的声音。

来自东半球的移民们买下废弃的农场，他们还带来了自己的语言和梦幻。对于家乡整齐的田野的回忆，唤起了他们通过世代的耕种所取得的田野的平衡。当这些移民漫步在自己新土地的田野之上时，他们看见类似于东半球的、具有长期民间传统的花卉以及具有巫术力量的树林。土地自身也用人们熟悉的神话和传说般的声音对他们说话。飞禽和走兽在经过数个世纪的田野劳作而演化了的神秘意象中再次拥有了一席之地。民间传统中想象的生物也刺激了他们的思想。独角兽驮着它们纯洁主人在草地上放牧。空气、水和陆地的精神，则从集体意识中超脱出来，而存在于田野和树林之中。

移民们将一种新的耕作方式和对家庭秩序的高期望带到了这片土地之上。前面用石墙界定的围栏被拉直并合拢，以防止走散的动物进来。果园沿着整齐的格子种植，并被仔细地施肥。从东半球带来的成群的牲畜在树篱的包围中平静地吃着草。新的谷仓是由一块块石头垒成的，它们好像是从地球上生长出来似的。它们的形式追随着几世纪以来在这些牧民心中演化着的图案。畜栏和马厩在谷仓后面建立起来，泉水房用来保持牛奶的新鲜，甚至在炎热安静的夏天也不例外。在奶牛耐心等待挤奶的时间里，它们聚集在池塘的水中纳凉。树林被小心地分割成小块林地，以获取烧火用的木材。移民们耐心地将土地改造成一个田园诗意般的形象，这个形象可以和他们对东半球模糊的记忆相吻合。

他们居住在自己所得到的房子里，因为房子的象征性语言，如同对以前的建造者说话一样，也对他们说话。牧人们用从其他地方带来的宝物装满了这些房屋。他们财产中的一部分，像房屋一样同他们说着同样的语言，但它被一种更为古老的神秘语言所遮掩，这些语言与从古代借来的象征符号共存着。在一个多世纪的时间内，牧人和农夫的梦想被合并为一个组合的形象，这一形象目前在整个地区都很普遍。

然而，当人们再次离开土地去小镇和城市寻找生活的时候，社会秩序的演化破坏了人们对于土地的看法。继承机制和耕作方式的改变，迫使人们放弃老式的家庭农场。人们世代的梦想无法阻挡受机械化支配的经济现实。曾经辉煌的农场被废弃于山谷之中；机械在一天之中就夷平了一个世纪所创造的财富。

城市和小镇中有一些工人，现在开始感到了与土地分离的不幸以及土地自身重新引发的神话般的力量。他们重新回到了山谷，看到了被抛弃的农场，因为没有人照顾而长满了野草，这些野草还侵入到周围的墙并盘旋在石灰石的基础上。这些方盒子建筑因为长期失修而深深地打动了参观者的心扉，因为在他们那个时期象征主义在建筑中是被禁止的。在炎热夏季的一天，从多年前被涂白的表面反射来的阳光依旧纯净得令人炫目。残留下来的日百合、福禄考、冬青，令人想起更早的花园——这是花卉天堂的残存痕迹。野玫瑰和山楂由于带刺而有自我保护的功效，而没有遭受到一个世纪以来放牧的影响与干扰，它们又重新占据了以前肥沃的土地。钱线莲依旧顽强地缠绕在门廊的圆柱上，它们的卷须从棋盘状的油漆层之间钻入老朽树木的缝隙和组织之中。这些从城市中回来的人们，当他们认识到牺牲自己的过去而蒙受了这么大的损失时，泪水禁不住模糊了他们的双眼。

在这些闯入者当中，有一位是建筑师，他和他的家人们一同站立在被抛弃的农场院子中。当低吟的风声吹过萦绕着空荡建筑物的草丛时，植物中昆虫的叫声和头顶上鸟的鸣叫声压住了经久不断的飒飒风声。他们以同情和关注的眼光注视着这片废墟（正如以前的居住者也一定有过的那样）。他们看到排成长线在石头基础面上移动奔向建筑物黑暗的凹进处去觅食的蚂蚁，催促着人类结束对土地的梦想与自然重新回到支配地位的日子的到来。穿过被打破的窗户，大黄蜂侵入到了室内的荫凉处，它们与无数在夜间飞行的、隐藏在没有阳光的断墙裂缝中的动物分享着这些黑暗的房屋。燕子无所畏惧地穿过没有铰链的门去寻找小燕子。老鼠在遍及墙内的迷宫中无声地乱窜，并从被忘却家庭的废弃物中堆筑起它们自己安逸的巢居。食肉动物夜间隐藏并熟睡于由基础墙体所形成的石洞中。在一片潮湿中，从泥土散发的湿气威胁着那些曾受到保护而免于水的肆虐的古老木构件。

图 E-3 建筑师和他的家人在那里生活了三年之久的校舍室内

石谷仓壁歪歪斜斜地立在地窖废墟的附近。数量不多的发黑的纪念性木建筑的残骸说明了很久以前这里曾有过一场大火。烈焰照亮了黑暗的夜空及周围的田野，这场谷仓大火所产生的恐惧令人难忘。像大海中燃烧的大船一样，它的烈焰反射到了附近池塘的水面上。丰收的希望被一场毁灭性大火所逆转，最后一批居民也从这块土地上被驱逐了出去。他们将自己的所有行李装在卡车上启程走了，再也不回来了。野草向前蔓延着，它抹去了通行道路的踪迹，只留下废墟，并把它作为对人类抛弃土地的辛酸的提醒。

建筑师和他的家人们在搜寻一幢可能使他们回到过去的建筑物。他们找到了一幢位于远处一英亩珍贵土地上的被弃的校舍。对于他们来说，这意味着一种社区的自豪感及象征性建筑的力量（正如对以前它的建造者一样）。他们欣然花了一年时间来清理被荒废的室内空间。第二年，他们恢复了室内构造。在全部工作完成时，第三年也已悄然而过。在这段时间里，他们目睹了日月星辰的起落，燕子飞过草地和每天玫瑰的盛开。他们搜集了农夫和牧人们抛弃的财宝，并用他们来装饰房间。当他们走进田野之时，他们发现了首批居住在山谷内的猎人们所丢失的工具。他们站在土丘上并环视四周的大地，感受到过去的力量传给现在的意义。田野和树林依旧保持着原来的居住者给这块土地所带来的神秘精神。

建筑师仔细观察他的房屋以及其他的象征性细部。它们表达了一种将荒野转变为文明的抱负。整幢建筑对于建筑师来说，表达了人类的心愿，即通过使用过去的象征性符号来创造一个有秩序的充满神秘色彩的梦幻世界，尽管有势不可挡的迹象表明这种梦幻世界并不代表历史的真实，但它是理想主义者的，又是人道的世界这种梦幻世界考虑到这块土地的神秘传统，甚至以它为基础，它允许了人作解释，而不失去传达文化记忆力的信息的能力。

在土地上经过一天的辛苦劳作之后，建筑师的思想漂流到了一个梦幻的世界中，他想象以某种方式将他所有的记忆都集拢到一幢建筑物上，这幢建筑物是他们视为珍爱的物品的避难所。整整一个夏天，他让自己的思想自由地驰骋，从他的记忆中寻找最能充分表达他对建筑和他自身的情感世界的形象。显而易见地，他为不能在自己的记忆中探索到潜在的想象力而感到深深地困扰。他发现那些形象似乎有三方面来源：首先，带有普遍性的形象似乎来自无意识的绘画，并且通过美丽故事、神话和梦幻中发现的一种图解来刻划其性格，第二系列的形象是从他的文化记忆中提取的，这些文化记忆论述了共同具有文明的意义，其中包括建筑的象征性要素。最后，是由个人所提供的一个丰富的、具有感召力的记忆世界，这个记忆世界帮助他朝向独特的发展。他认为，用建筑图解的方法来表现理解力在所有这三个层面的深刻反应，是一定可能的。他开始认识到有一种机制使这一点变为可能。它是一种现象，发生在一个人的记忆超脱日常生活而隐藏在寂寞思想的深处，并渐渐地消失在梦幻般宇宙世界的时候。记忆的循环从共有的现实知觉世界退出，通过个人记忆的领域进入神话和梦幻的强有力的世界，以建立起象征性符号的意象，这些意象在记忆的三个层面中尽力发挥作用，且最终在一个有意识的层面上被赏识。当他历经这样的心灵之路时，所出现的形象深深地感动了他。慢慢地、一篇记叙文就这样形成了，这些形象被整理到一个故事中，并经允许转变为绘画。

这就是那篇记叙文；没有它，绘画不可能被设想出来。没有这些绘画，其后的建筑也不可能实现。梦想和现实再次合二为一。

托马斯·毕比

闭上你的双眼，这样你就能首先用你的心灵之眼来观察你的绘画作品。然后，将你在黑暗中所见到的东西带到光明的地方来，这样，你就能从外到里地把它传递给别人。

C·G·弗雷德里奇

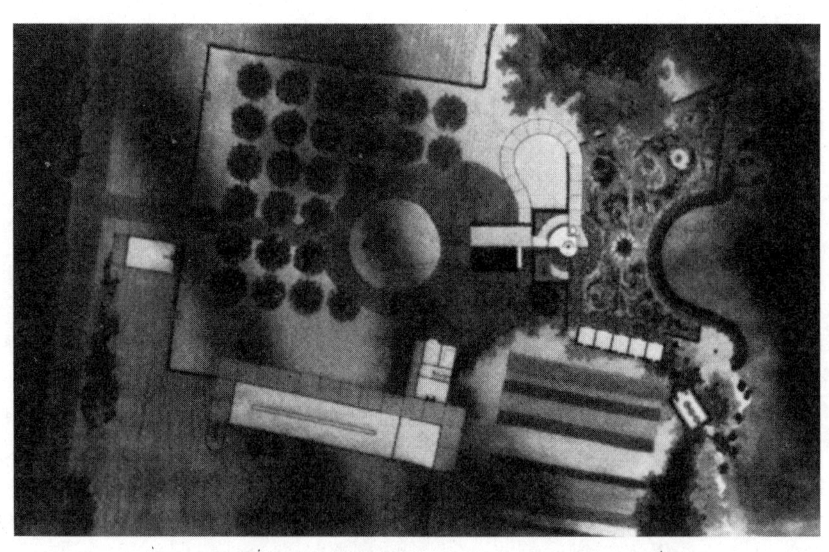

图 E-4 源于维吉尔之屋的叙述和形象的建筑物图

图 E-5 源于维吉尔之屋的叙述和形象的建筑物图

图 E-6 源于维吉尔之屋的叙述和形象的建筑物图

8 插图和照片目录出处

第 1 章

1-1 After a sketch from Charles Darwin's Transmutation Notebook.

1-2 Pictorial sketch after a drawing by Charles Rennie Mackintosh.

1-3 After a drawing in Edifices des Rome Moderne by Paul Marie Letarouilly, 1849 edition.

1-5 After a drawing from The Book of the Dead. Original on papyrus, about 1450 B. C.

1-6 Bild—Archiv der Oesterreichischen Nationalbibliothek: Fonds ALBERTINA; Wien.

1-7 Reproduced by Courtesy of the trustees of the British Museum

1-14 After a drawing in Drawing on the Right Side of the Brain, by Betty Edwards. Los Angeles: J. P. Tarcher, Inc., 1979.

1 -15 From Drawing on the Right Side of the Brain, by Betty Edwards. Reprinted by permission of J. P. Tarcher, Inc., Houghton Mifflin Company.

1-16 All rights reserved, The Metropolitan Museum of Art.

1-18 Reprinted from Richard Saul Wurman and Eugene Feldman. The Notebooks and Drawings of Louis l. kahn. Cambridge, Mass.: MIT Press, 1962.

第 2 章

2-2 Reproduced by courtesy of Douglas Garofalo.

第 3 章

3-1 SPADM, Paris/VAGA, New York 1982.

3-2 SPADM, Paris/VAGA, New York 1982; from Le Corbusier Selected Drawings. published by Academy Editions, London and Rizzoli International Publications, New York.

3-19 Photo by Steven Hurtt.

3-53 Photo: Bruce Harlan and the University of Notre Dame.

第 4 章

4-1 After a drawing by Albert Einstein from Einstein: A Centenary Volume. A. P. French (Ed.) Cambridge, Mass.: Harvard University Press, 1979.

4-3 Reproduced from Alvar Aalto: Synopsis. Edited by Bernhard Hoesli, published by Birkhauser Verlag, Basel, 1970.

4-7, 4-8, 4-9. Reproduced by courtesy of Satoru Nishita, CHNMB Associates, San Francisco.

4-8, 4 -9, 4-10, 4-11, 4-12, 4-13, 4-14, 4-15. Reproduced by courtesy of Kathleen M. O'Meara.

4-16, 4-17. Reproduced by courtesy of Steven Hurtt, Architect, Professor of Architecture, University of Notre Dame. The drawings were made during a study trip to northern Italy in the summer of 1969.

4-18, 4-19. Reproduced by courtesy of paul R. Gates, University of Notre Dame.

4-20 Reproduced by courtesy of Douglas Garofalo.

4-21 Reproduced by courtesy of Patrick Horsbrugh, Professor of Architecture, University of Notre Dame.

4-22, 4-23, 4-24, 4-25. Reproduced by courtesy of Barry Russell, Architect and Professor of Architecture, Portsmouth Polytechnic.

4-26, 4 -27, 4-28. Reproduced by courtesy of Michael Graves, Architect.

4-29, 4 -30. Reproduced by courtesy of Leonard

Duhl, M. D., University of California School of Public Health, Berkeley.

4-31, 4-32. Reproduced by courtesy of Stephen J. Paddack, Goddard Space Flight Center, from his personal, informal record of ideas, thoughts, results and some analysis on experimentation with radiation pressure.

4-33 Reproduced by courtesy of Kenneth E. Moore, Department of Anthropology, University of Notre Dame.

4-34 Reproduced by courtesy of John R. Russell, Professor of Landscape Architecture, Ball State University.

4-35, 4-36, 4-37, 4-38, 4-39, 4-40. Reproduced by courtesy of Eugene L. Hayes, Architect.

4-41, 4-42. Copyright 1982 Merce Cunningham, reproduced by courtesy of Merce Cunningham.

4-43, 4-44, 4-45, 4-46. Reproduced by courtesy of Frederick Bianchi.

4-47, 4-48, 4-49. Reproduced by courtesy of Laurence Booth, Booth/Hansen & Associates, Architects

第5章

5-1 Reproduced by courtesy of Madeleine Laseau.

跋

E-1. Drawings Courtesy Thomas Beeby; originally published in Laseau, Paul. Graphic Thinking for Architects and Designers, Van Nostrand Reinhold Co., 1980

E-2. Photo courtesy Thomas Beeby

E-3. Photo courtesy Thomas Beeby

E-4, E-5, E-6. Drawings courtesy Thomas Beeby; originally exhibited by Richard Gray Gallery, Chicago, II linois in exhibition entitled "Seven Chicago Architects".

9 参考文献

VISUAL AND DRAWING THEORY：

Arnheim，Rudolf. The Dynamics of Architectural Form. Berkeley，CA：University of California Press，1977.

Arnheim，Rudolf. Art and Visual Perception：The New Vision. Berkeley，CA：University of California Press，1974.

Arnheim，Rudolf. Visual Thinking. Berkeley. CA：University of California Press，1969.

Dondis，D. A. A Primer of Visual Literacy. Cambridge，MA：The MIT Press，1973.

Edwards，Betty. Drawing on the Right Side of the Brain. Los Angeles：J. P. Tarcher，Inc.，1979.

Gombrich，E. H. The Sense of Order. Ithaca，NY：Cornell University Press，1979.

Huxley，A. The Art of Seeing. Seattle：Madrona Publishers，1975.

Pye，David. The Nature of Design. New York：Reinhold Publishing Corporation，1964.

Sommer，Robert. The Mind's Eye. New York：Dell Publishing，1978.

Wechsler，Judith(Ed.). On Aesthetics in Sclence. Cambridge，MA：The MIT Press，1978.

NOTEBOOKS AND NOTATION：

Architectural Sketches & Flower Drawings by Charles Rennie Mackintosh. New York：Rizzoli Publications，Inc.，1977.

Bucher，Francois. Architector：The Lodge Books and Sketch Books of Medieval Architects. Vols. 1 & 2. New York：Abaris Books，1979.

Da Vinci，Leonardo. Notebooks. New York：Dover Publications，Inc.，1970.

Feldman，Eugene and Wurman，Richard Saul The Notebooks and Drawings of Louis I. Kahn. Philadelphia：Falcon Press，1962. distributed by Wittenborn and Company.

Hogarth，Paul and Spender，Stephen. America Observed. New York：Clarkson N. Potter，Inc.，1979.

Le Corbusier Selected Drawings. introduction by Michael Graves，New York：Rizzoli International Publications，1981.

Le Corbusier Sketchbooks. Vols. 1－4. Cambridge，MA：The Architectural History Foundation and The MIT Press，1981－82.

The Notebook of Paul Klee. Vol. 1：The Thinking Eye. New York：Wittenborn，1978. Steinberg，Saul. The passport. New York：Random House，Inc.，1979.

DRAWING AND GRAPHICS：

Ching，Frank. Architectural Graphics. New York：Van Nostrand Reinhold Company，1975

Czaja，Michael. Freehand Drawing：Language of Design. Walnut Creek，CA：Gambol Press，1975.

Edwards，Betty. Drawing on the Right Side of the Brain. Los Angeles：J. P. Tarcher，Inc.，1979

Hanks，Kurt and Belliston，Larry. Draw！A Visual Approach to Thinking，Learning，and Communicating. Los Altos，CA：William Kaufmann，Inc.，1977.

Hogarth，Paul Drawing Architecture. New York：Watson－Guptill Publications，Inc.，1973.

Lockard，William Kirby. Design Drawing. Revised Edition. Tucson，AZ：Pepper Publishing，1982.

McGinty，Tim. Drawing Skills in Architecture. Dubuque，lowa：Kendall/Hunt Publishing Co.，1976.

McKim，Robert H. Experiences in Visual Thinking. Monterey，CA：Brooks/Cole，1972.

Thiel，Phillip. Freehand Drawing，A Primer. Seattle：University of Washington Press，1965.

译后记

《建筑师与设计师视觉笔记》是一本有关视觉修养与视觉记录的应用性图书。本书从一开始就详细地介绍了视觉笔记的应用，以及如何去做视觉笔记，又怎样地从事视觉笔记的收集等。全书阐述了这样一种观点，即视觉表达与文字表达同等重要。本书作者认为，用草图作记录可以帮助你分析、发展构思，并认识参与全部设计过程的重要地位和作用，同时，这些风格、层次各异的草图对读者会有很大的启发。本书还收集了大量的视觉笔记实例，这些实例的作者又大多为建筑师与工程师。

全书内容丰富，题材新颖，在编排上又图文并茂，令人一目了然。目前国内尚未出版过同类书籍，因此，我们确信，本书是一部不可多得的实用性很强的好书，它的出版将无疑对我国的建筑师、设计师、建筑与美术院校的师生员工产生积极的影响。

本书译者历时四个月的业余时间，终于完成了译稿的工作。

本书第 1～3 章由本人负责翻译，第 4～6 章由我的合作伙伴——北京林业大学园林学院教师刘晓明同志负责翻译，其中刘晓明老师的学生王朝忠同学为其试译了第 5、6 两章的初稿内容。

本书在翻译过程中得到了一些专家、学者、朋友们的热情帮助，程里尧和蔡秉乾二位先生对译稿进行了认真审校，使译稿质量得以提高和保证，在此表示衷心感谢。

本译作如有不恰当之处，敬请专家及同仁提出批评指正。

吴宇江　　1998 年 11 月 15 日